マイクロリアクターの開発と応用

Development and Application of Microreactors

監修:吉田潤一

シーエムシー出版

はじめに

　最近"マイクロリアクター"に対する関心が非常に高まってきている。これは，"マイクロリアクター"が化学産業に大きな変革をもたらす可能性があると期待されているためであろう。本書は，この"マイクロリアクター"に関する国内外の研究・開発状況を概観し，今後の発展に資するように企画したものである。

　筆者が"マイクロリアクター"という言葉に出会ったのは，1997年7月に関西化学工業協会で「合成化学の新しい手法―自動有機合成システムとマイクロリアクターの最新の動向―」という題目で講演を引き受けた時である。この講演の依頼を受けた時点では"マイクロリアクター"についてはほとんど情報をもっていなかったが，銅金巖氏（当時・住友化学㈱有機合成研究所所長，現・住化技術情報センター社長）のたっての依頼であったので，必死に情報を集めて話題提供を行った次第であった。同氏の先見の明に感服し，感謝している。

　当時，有機化学者が通常読むジャーナルには本書で対象にしている"マイクロリアクター"に関する論文は皆無であった。文献検索を行うと"マイクロリアクター"に関するものが数多く出てきたが，それらはいずれも小さい実験用の触媒反応装置であり，工業的な大きな装置と比べてミクロであるという意味でマイクロリアクターと呼ばれていた。大きさもセンチメートルオーダーのものであった。しかし，インターネットで調べてみるとマイクロメートルオーダーの空間内で化学反応を行う"マイクロリアクター"に関する情報がどんどん見つかってきた。それらのWeb情報をもとに，IMMのリアクターやIMRETについて紹介した。

　翌年（1998年），筆者が代表幹事をしている近畿化学協会合成部会ロボット合成研究会（現・ロボット・マイクロ合成研究会）で第2回公開講演会を行った時には，S. DeWitt氏（当時・Orchid Biocomputer Inc.）に「Miniaturization of Automated Organic Synthesis」と題して，W. Ehrfeld氏（当時・Institut für Mikrotechnik Mainz, IMM）には「Microreaction Technology—A Novel Approach to Chemistry」と題して講演をしていただいた。また，本書の執筆者の一人である藤井輝夫氏（当時・理化学研究所，現・東京大学生産技術研究所）には「マイクロワークベンチの開発―微小スケール反応の自動化に向けて―」と題して，そして柳日馨氏（当時・大阪大学工学研究科，現・大阪府立大学総合科学部）には「マイクロリアクターとは」と題して講演をしていただいた。おそらくこの講演会は"マイクロリアクター"に関するまとまった講演会としては日

本で最初のものではなかったかと思っている。

それ以降，日本でも"マイクロリアクター"に関する関心が次第に深まってきた。㈶化学技術戦略推進機構や㈶マイクロマシンセンターでの調査研究など活発に情報収集が行われるとともに，実際の研究も進められるようになり，現在の熱い状況を迎える。2002年にはNEDOのプロジェクトである高効率マイクロ化学プロセス技術プロジェクト（委員長：小宮山宏東大教授，マイクロ化学プラント技術グループリーダー：吉田潤一京大教授，マイクロチップ技術グループリーダー：北森武彦東大教授，マイクロ化学プロセスの体系化グループリーダー：黒田千秋東工大教授）も始まった。本書が，国内外の研究開発の現状認識と今後の発展の方向を探る上で幅広い分野の研究者，技術者，学生の方々にお役に立てれば幸いである。

最後に，本書の各章の執筆および翻訳を快く引き受けてくださった諸先生方に厚く御礼申しあげます。

2003年1月

吉田　潤一

普及版の刊行にあたって

本書は2003年に『マイクロリアクター―新時代の合成技術―』として刊行されました。普及版の刊行にあたり，内容は当時のままであり加筆・訂正などの手は加えておりませんので，ご了承ください。

2008年9月

シーエムシー出版　編集部

執筆者一覧(執筆順)

吉田 潤一	京都大学大学院 工学研究科 合成・生物化学専攻 教授
菅原　　徹	㈱ケムジェネシス 開発本部
細川 和生	(現)㈱理化学研究所 前田バイオ工学研究室 先任研究員
藤井 輝夫	(現)東京大学 生産技術研究所 教授
Klavs F. Jensen	Departments of Chemical Engineering and Materials Science and Engineering Massachusetts Institute of Technology
J. Brandner	Forschungszentrum Karlsruhe GmbH Institute for Micro Process Engineering
L. Bohn	Forschungszentrum Karlsruhe GmbH Institute for Micro Process Engineering
U. Schygulla	Forschungszentrum Karlsruhe GmbH Institute for Micro Process Engineering
A. Wenka	Forschungszentrum Karlsruhe GmbH Institute for Micro Process Engineering
K. Schubert	Forschungszentrum Karlsruhe GmbH Institute for Micro Process Engineering
Holger Löwe	Institut für Mikrotechnik Mainz GmbH
Volker Hessel	Institut für Mikrotechnik Mainz GmbH
Katharina Russow	Institut für Mikrotechnik Mainz GmbH

菅　誠　治	（現）京都大学大学院　工学研究科　准教授	
港　晶　雄	京都薬科大学　薬学教育研究センター　講師	
柳　日　馨	（現）大阪府立大学大学院　理学系研究科　分子科学専攻　教授	
佐　藤　正　明	（現）大阪府立大学　総合教育研究機構　教授	
前　一　廣	京都大学大学院　工学研究科　化学工学専攻　教授	
長 谷 部 伸 治	（現）京都大学　工学研究科　化学工学専攻　教授	
佐　藤　忠　久	（現）富士フイルム㈱　R&D統括本部　有機合成科学研究所　研究主幹	

―――― 翻　訳 ――――

井　上　朋　也	旭化成㈱　化学・プロセス研究所	
	（現）㈱産業技術総合研究所　コンパクト化学プロセス研究センター　研究員	
和　田　康　裕	（現）三菱化学㈱　イノベーションセンター　主席研究員	
柏　村　成　史	（現）近畿大学　理工学部　教授	
石　船　　　学	（現）近畿大学　理工学部　准教授	
大　寺　純　蔵	岡山理科大学　工学部　応用化学科　教授	

執筆者の所属表記は，注記以外は2003年当時のものを使用しております。

目　　次

　　　　　はじめに　　　吉田潤一

【第Ⅰ編　マイクロリアクターとは何か】

第1章　総　論　　　吉田潤一

1　はじめに……………………………… 3
2　マイクロリアクターとは…………… 4
3　マイクロリアクターの特長………… 4
4　マイクロリアクターを用いた化学研究… 5
5　マイクロリアクターの化学産業への応用…………………………………… 6
6　マイクロリアクター研究の世界の動向… 6
7　マイクロリアクターの今後の展望… 8

第2章　マイクロリアクターの特長　　　菅原　徹

1　はじめに………………………………10
2　マイクロチップとマイクロリアクター…11
3　マイクロリアクターの特長と利点………13
　3.1　マイクロリアクターの特長 ………13
　3.2　マイクロリアクターの実用面における利点 ………………………………16
　3.3　マイクロリアクターの工業的応用面における潜在的利点 …………………18
4　マイクロチャンネルの特長を活かした応用……………………………………20
4.1　分析（アッセイを含む）分野への応用 ……………………………………23
　4.1.1　μTAS ………………………25
　4.1.2　Electrophoresis-on-a-chip ……26
4.2　合成への応用 ……………………27
　4.2.1　マイクロミキサー ……………27
　4.2.2　マイクロ熱交換器 ……………29
　4.2.3　溶液反応への適用 ……………30
5　おわりに………………………………32

第3章　化学合成用マイクロリアクターの開発（構造体・製作技術）　　　細川和生

1　はじめに………………………………37
2　微細な溝を加工する技術……………38

Ⅰ

2.1 フォトリソグラフィー ………39	3.1 陽極接合 (anodic bonding) ………42
2.2 エッチング ………39	3.2 直接接合 (direct bonding) ………43
2.3 LIGA ………40	3.3 拡散接合 (diffusion bonding) ……43
2.4 厚膜レジスト SU-8 ………40	3.4 融接 (fusion bonding) ………43
2.5 成形加工 ………41	3.5 接着剤 ………43
2.6 逐次加工 ………41	4 おわりに ………44
3 接合技術 ………42	

第4章 マイクロリアクターにおける流体の制御と計測技術

藤井輝夫

1 はじめに ………47	3.1 圧力による送液と分子拡散 ………50
2 マイクロスケールでの流体の特徴 ………47	3.2 層流の利用 ………52
2.1 低レイノルズ数 ………47	3.3 表面張力の利用 ………53
2.2 表面積体積比 ………49	3.4 電気浸透流 ………56
2.3 表面張力 ………49	4 マイクロリアクターにおける流体の計測 ………57
3 マイクロリアクターにおける流体の制御 ………50	5 おわりに ………59

【第Ⅱ編 世界の最先端の研究動向】

Chapter 5　Microsystems for Chemical Synthesis, Energy Conversion, and Bioprocess Applications Klavs F. Jensen
第5章 マイクロシステムの応用
―化学合成・エネルギー変換・バイオプロセス―

翻訳：井上朋也　和田康裕

1 はじめに ………63	2.4 反応性の高い反応へのマイクロリアクターの応用 ………67
2 マイクロ化学システム ………64	
2.1 集積分光デバイス ………64	3 マイクロ化学システムにおける"分離" ………69
2.2 触媒評価 ………65	
2.3 多相反応用マイクロリアクター ……67	4 エネルギー変換のためのマイクロシス

	テム……………………………69		の応用……………………………70
5	マイクロシステムのバイオプロセスへ	6	おわりに…………………………72

Chapter 6 Microstructure Devices for Thermal and Chemical Process Engineering
J.Brandner, L.Bohn, U.Schygulla, A.Wenka, K.Schubert

第6章 熱化学工業に用いられる微細構造装置
翻訳：柏村成史　石船　学

1	概要………………………………75	4.2	カウンターフロー装置………79
2	序論と要約………………………75	4.3	熱移動を向上させた装置……80
3	作成方法…………………………76	4.4	微細構造加熱器とエバポレーター…80
	3.1 微細加工法…………………76	5	スタティックミキサー…………81
	3.2 多薄層化と接合……………76	6	微細構造反応装置………………81
	3.3 液体への適応………………77		6.1 触媒活性金属により造られた微細構造反応装置……………………82
	3.4 品質の制御…………………78		
4	微細構造熱交換器………………78		6.2 電極酸化……………………83
	4.1 クロスフローマイクロチャンネル…79		6.3 ゾルゲル法…………………84
	4.1.1 熱移動の実験結果………79		6.4 ナノ粒子の固定化…………84
	4.1.2 数値の研究………………79		

Chapter 7 Microreactors-An Emerging Technology for Chemical Industry
Holger Löwe, Volker Hessel, Katharina Russow

第7章 マイクロリアクター —化学工業のための新生技術—
翻訳：大寺純蔵

1	はじめに…………………………88	5	最先端のマイクロ反応技術……90
2	マイクロ反応系の基本的特徴…88		5.1 マイクロミキサー—研究とプロセス開発のための柔軟な手段—…………90
3	マイクロリアクターの構成部分の組立て技術……………………………89		
			5.2 落下フィルムマイクロリアクター—気液接触型モジュールの縮小化によるプロセス改善—……………92
4	製造および研究におけるマイクロリアクターの利点……………………90		

III

5.3 触媒のスクリーニング ……………93 | 6 おわりに ……………………………95

【第Ⅲ編 マイクロ合成化学】

第8章 マイクロリアクターの有機合成反応

吉田潤一，菅　誠治，港　晶雄

1 はじめに ……………………………99	5 液－液界面反応 ……………………108
2 有機合成におけるマイクロリアクターの	5.1 芳香族化合物のニトロ化反応 …… 108
特長 ………………………………99	5.2 相間移動ジアゾカップリング …… 109
3 均一系有機合成反応 …………………100	6 固－液界面反応 ……………………109
3.1 ジアゾカップリング反応 ……… 100	6.1 マイクロリアクターを用いる有機電
3.2 カルボニル化合物と有機金属反応剤	極反応 ………………………… 109
との反応 ……………………… 101	6.2 マイクロリアクターによる電気化学
3.3 Wittig反応および関連反応 …… 102	的プロセスの理論的研究 ……… 110
3.4 Michael付加反応 …………… 103	6.3 アミノ化合物の電解酸化反応 … 110
3.5 アルドール反応 ……………… 103	6.4 芳香族側鎖の酸化 …………… 110
3.6 エナミン合成 ………………… 104	6.5 カチオンフロー法とコンビナトリア
3.7 尿素誘導体の反応 …………… 104	ル合成 ………………………… 111
3.8 エステル合成 ………………… 105	7 反応条件の最適化 ………………… 112
3.9 ペプチド合成 ………………… 105	8 多段階反応 ………………………… 113
3.10 酵素反応 …………………… 105	9 反応のスケールアップ …………… 114
3.11 光化学反応 ………………… 106	10 今後の展望 ………………………… 114
4 気－液界面反応 ……………………107	

第9章 マイクロリアクターによる触媒反応と重合反応

柳　日馨，佐藤正明

1 触媒反応とマイクロリアクター ……… 117	での鈴木・宮浦カップリング …… 119
1.1 シクロデカトリエンの選択的水素	1.3 マイクロリアクターを用いる
添加反応 ……………………… 118	Kumada-Corriu反応 ………… 119
1.2 マイクロリアクターによる不均一系	1.4 微小空間における光化学反応 … 120

1.5 メタセシス反応を用いる不飽和化合物の合成 ……………………… 120
1.6 マイクロリアクターを用いるエチレンの酸素酸化 ………………… 121
1.7 マイクロミキサーを利用した1-ヘキセン-3-オールの触媒的熱異性化反応 ……………………… 121
1.8 均一系触媒反応：イオン性流体による薗頭反応のマイクロリアクターによる実施 …………………… 124
2 重合反応とマイクロリアクター…… 125
2.1 ラジカル重合 ………………… 125
2.2 アニオン重合 ………………… 127
2.3 金属触媒重合 ………………… 127
2.4 逐次反応による高分子合成 … 129
2.5 不均一触媒を用いる高分子合成 … 129
2.6 微粒子の製造 ………………… 130
3 今後の展望 …………………………… 131

【第Ⅳ編　マイクロ化学工学】

第10章　マイクロ単位操作研究　　前　一廣

1 はじめに ……………………………… 137
2 マイクロ単位操作の役割…………… 137
3 マイクロ流路でのスケーリング効果… 138
4 マイクロ混合操作…………………… 139
5 マイクロ反応操作…………………… 146
6 マイクロ分離操作…………………… 152
7 おわりに ……………………………… 154

第11章　マイクロ化学プラントの設計と制御　　長谷部伸治

1 マイクロ化学プラントの可能性……… 157
2 マイクロ化学プラントの設計問題…… 158
2.1 マイクロ単位操作の設計 …… 158
2.2 マイクロ化学プラントのシンセシス ……………………………… 164
2.3 ナンバーリングアップ ……… 166
3 マイクロ化学プラントの計測と制御… 168
3.1 マイクロ化学プラントにおける計測 ……………………………… 168
3.2 マイクロプラントの制御 …… 169
4 おわりに ……………………………… 171

【第Ⅴ編　展　望】

第12章　化学産業におけるマイクロリアクターへの期待　　佐藤忠久

1　はじめに ……………………………… 175
2　化学産業が着目するマイクロリアクターの特徴 …………………………… 177
　2.1　マイクロリアクターのとらえ方 … 177
　2.2　マイクロリアクターの特徴 ……… 179
3　化学産業はマイクロリアクターに何を期待しているか……………………… 181
3.1　研究・開発のスピードアップ …… 181
3.2　スケールアップ技術の革新 ……… 184
3.3　安全性上懸念される反応への適用 … 186
3.4　反応の高度制御実現 ……………… 187
3.5　新しい材料開発への利用 ………… 190
4　おわりに……………………………… 193

【第Ⅵ編　原著論文】

Microsystems for Chemical Synthesis, Energy Conversion, and Bioprocess Applications（本書第5章）……………… 199
Microstructure Devices for Thermal and Chemical Process Engineering
（本書第6章）……………………………… 213
Microreactors-An Emerging Technology for Chemical Industry　（本書第7章）
………………………………………………… 224

第Ⅰ編　マイクロリアクターとは何か

第1章 総 論

吉田潤一*

1 はじめに

　コンピュータの世界に代表されるように，社会の様々な分野において今ダウンサイジングが進んでいる。ダウンサイジングすることにより，効率化がはかれるとともに省資源，省エネルギーの点からの社会的要請に応えることができるからであろう。ダウンサイジングを実現するマイクロデバイスの発展は微細加工技術の飛躍的な進歩によるところが大きい。最近マイクロデバイスはコンピュータなどの電気・電子分野だけでなく，機械や光，流体の分野にまで浸透してきている。化学の分野でも約20年前からダウンサイジングの試みは始まり，初期のチップ上のガスクロマトグラフィーの試みに代表されるように，主に分析装置のマイクロ化が行われてきた。最近の分析化学でのマイクロデバイスの発展はめざましく，μTAS(micro total analysis) など実用化に近づいている。また，DNA チップなど生物化学の分野においても，実用化が進んでおり，研究開発の強力な道具となっている。

　一方，化学産業の中核となる高分子合成や有機合成の分野での取り組みは，分析化学に比べて遅れていたが，最近ドイツなどを中心に活発に研究が行われるようになってきた。化学反応を行うためのマイクロデバイスはマイクロリアクターと呼ばれているが，マイクロリアクターは従来の合成化学を大きく変えようとしている[1]。実験室での合成のスタイルは，人間が手でフラスコの中に溶媒と基質，反応剤などを入れて行うというように，現在も19世紀と本質的に変わっていない。しかし，このような合成のスタイルはマイクロリアクターの出現によって大きく変わるのではないだろうか。また，マイクロリアクターによって提供されるミクロな反応場は化学反応そのものにも本質的な影響を与える可能性も秘めている。実験室での合成から工業的な生産へのスケールアップのためには，従来多大な時間と労力を必要としてきたが，マイクロリアクターは大きさを変えずに数を増やすことにより生産量を増大させる（ナンバーリングアップ）ために，実験室での合成から工業的な生産（マイクロ化学プラント）への移行が格段に高速・効率的に行えると期待されている。以下，化学合成の観点からマイクロリアクターの概略について述べる。

---

* Jun-ichi Yoshida 京都大学大学院 工学研究科 合成・生物化学専攻 教授

2　マイクロリアクターとは

マイクロリアクターという言葉は，現在のマイクロリアクターが出現する前から触媒化学の分野において使われている。触媒化学で使われていたマイクロリアクターは，工業的な大きなリアクターではなく実験室で用いるリアクターという意味で，サイズも μm よりもかなり大きく mm，cm オーダーのものであった。しかし，ここで述べるマイクロリアクターは，以前の触媒化学分野のそれとは全く異なるもので，μm オーダーの反応器である。マイクロリアクターの定義については，様々なものがあるが，次の定義がもっとも一般的ではないだろうか。つまり，マイクロリアクターとはマイクロ加工技術などを用いて製作された幅数 μm から数百 μm を中心とするマイクロ空間内の現象を利用した化学反応・物質生産のための装置である。装置全体の大きさについては，必ずしも微少である必要はなく，また製造法についても RIGA などの現在の微細加工技術に限定する必要もない。本書ではできるだけ広くマイクロリアクターをとらえ，化学合成の観点から有意義なものは含めるようにしたい。

3　マイクロリアクターの特長

化学合成の立場からみたとき，マイクロリアクターはどんな特長をもっているのだろうか。また，その特長を合成にどのように生かせばよいのだろうか。詳細は後の章にゆずるとして，ここではごく簡単に，マイクロリアクターを合成で用いる場合の一般的な特長について簡単にまとめてみよう。

① 単位体積（流量）あたりの表面積が大きい

サイズを小さくしていくと単位体積あたりの表面積が大きくなることはよく知られている。これを反応容器にあてはめると，反応容器の体積あたりの容壁の表面積が大きいことになる。フロー系では単位流量あたりの器壁面積が大きいことになる。この特長が以下に述べる特長の元になっている。

② 温度制御が効率よく行える

マイクロリアクターは装置全体が小さく，反応溝の単位体積あたりの表面積が大きいために熱交換の効率がきわめて高く，温度制御が容易に行える。この特長は精密な温度制御を必要とする反応や，急激な加熱または冷却を必要とする反応でも，マイクロリアクターを用いれば比較的容易に行える可能性を示唆している。例えば，通常のフラスコ中では部分的な発熱により暴走する可能性のある反応でもマイクロリアクターを用いると制御して行えるようになるであろう。このような特長はマイクロリアクターを用いて工業的生産を行う場合にもあてはまる。

第1章 総論

③ 界面での反応が効率よく起こる

単位体積あたりの表面積が格段に大きいというマイクロリアクターの特長は，また，気―液，液―液，固―液反応のような界面での効率的な反応や，相を利用した反応後の生成物の分離・精製にも有効であると考えられる。

④ 効率的な混合が行える

混合は，最終的には分子拡散に依存する。分子拡散による混合では，混合に要する時間は拡散距離の二乗に比例する。従って，マイクロ流路を利用して拡散距離を格段に小さくすることにより，通常の混合器では実現できないような高速かつ効率的な混合が行える。

4 マイクロリアクターを用いた化学研究

マイクロリアクターは化学研究に役立つのであろうか。よく，マイクロリアクターで新しい化学が可能かどうか議論されることが多い。フラスコでの化学と全く異なる化学が，あるいは化学現象・反応があるかどうかについては，まだそのような現象・反応がほとんど見つかっていないので何ともいえない。しかし，基本的には化学の原理はどこでも同じであり，化学現象・反応についても同じであるはずである。しかし，従来のフラスコやマクロな反応器が化学現象・反応を行う器として最適かどうかは大いに疑問である。フラスコやマクロな反応器では，滴下や混合の際の濃度の不均一性や，温度の不均一性があるにもかかわらず，従来これらのことが認識されていないか無視されてきた。しかし，マイクロリアクターを利用することによって，そのような不均一性などの問題が全くなくなることはないにしても，その影響を格段に小さくすることができるはずである。3節で述べたマイクロリアクターの化学工学的な特長が，化学現象・化学反応の実施にとって有利に働くことは間違いない。また，オンラインモニターリングも容易になるので，現象をその場で精密に観測でき，このことは詳細な反応機構の解明に役立つだろう。

このようなことから，マイクロリアクターを用いることにより，新しい化学現象・化学反応を発見する機会が増大するのではないかと期待される。現在のフラスコを用いた化学研究では発見困難な現象・反応が，マイクロリアクターを用いることにより容易に発見できる可能性もあるのではないだろうか。また，本質は同じであっても，マイクロリアクターを用いることによってきわめて顕著に現れる化学現象もあるに違いない。そのような現象の発見からマイクロリアクターでしか実質的に可能でない反応も発見・開発されると期待される。

5 マイクロリアクターの化学産業への応用

化学産業においてマイクロリアクターはどのように役立つのであろうか。まず，研究開発から工業的生産への移行が高速にかつ効率的に行えることがあげられる。従来は，実験室での合成，パイロットプラント，プラントというスケールアップの際に反応条件等の再検討が必要で，そのために費やす労力・時間が多大であった。マイクロリアクターを用いることにより，反応条件の最適化は実験室段階で終わり，工業的生産のためにはリアクターを並列化するだけでよい。もっとも並列化も一般に考えられているように簡単ではないと推定されるが，並列化の問題は，個々のプロセスに依存する部分は少なく，より一般的に解決できるのではないかと期待される。従って，一旦並列化の問題が一般的に解決されれば，個々のプロセスを実験室で開発するだけで，容易に工業的生産にもっていけるのではないだろうか。

また，マイクロリアクターを主体とするマイクロ化学プラントは，従来のプラントに比べて高収率・高選択的に物質生産が行えると期待されるので，省資源・省エネルギー・環境保護の面からも有利である。「持続可能な発展」という社会的要請に化学産業が応える方法としてマイクロ化学プラントが重要ではないだろうか。

6 マイクロリアクター研究の世界の動向

1997年にドイツでマイクロリアクターに関する第1回の国際会議(IMRET)が開催された。1998年には第2回(アメリカ)，1999年第3回(ドイツ)，2000年第4回(アメリカ)，2001年第5回(ドイツ)，2002年第6回(アメリカ)とドイツとアメリカで交互に会議が開かれ，多数の発表が行われている。2003年は第7回目の会議がスイスのローザンヌで開催されることになっている。このことからわかるように，ヨーロッパと北米における取り組みが先行している。両国を含めて海外での事例を中心に，マイクロリアクターを用いた化学合成に関する動向の概要を以下に示す。

マイクロリアクターを用いた合成研究は，特にドイツが先行的な研究を行ってきた。ドイツには，ケムニッツ工科大学のHönicke教授[2]やマインツ・マイクロ工学研究所(Institute of Microtechnology, Mainz(IMM))のEhrfeld教授[3]，カールスルーエ研究センター(Karlsruhe Research Center(FZK))のSchubert博士[4]のような先駆者がいたとはいえ，それをサポートした組織的取り組みがこの分野におけるドイツの地位を築いたと思われる。特に，1997年にドイツ連邦科学技術省(BMBF)が助成プログラム「化学プロセス用マイクロリアクターシステム」を発表したのが大きなインパクトを与えたと考えられる。現在，ドイツの中ではLöwe博士[5]を中心とするIMMとSchubert博士を中心とするFZKが重要な役割を果たしており，この二つの研究機関が種々の

第1章　総　論

大学や企業と共同研究を行っている。この二つの研究所では，多流路をもつ三次元的なマイクロデバイスを用いて，工業的な物質製造をめざして研究を行っている。また，IMMの創始者であるEhrfeld博士が新しくEhrfeld Mikrotechnikを創設しているのが最近の動きとして注目される。その他，CPCシステムズ[6]やミクログラスなどの企業も現れ，マイクロリアクターシステムをパッケージとして販売するに至っている。

イギリスでは，1999年に分析および合成用マイクロリアクターシステムを実現する技術開発のためのコンソーシアムをつくり，この分野の発展を促すことを開始した。コンソーシアムは，イギリスのリーダー的7大学，大企業3社および7つの組織により構成されている。このプロジェクトでは，

① マイクロリアクター特有の化学反応の特徴を明らかにし，合成化学反応を制御し選択性を改良するために，使用可能な新しいパラメーターを決定すること
② 計測・制御能力を有する分析および合成用デバイスの集積加工技術プラットホームを確立すること

をめざしている。このコンソーシアムの中心的存在がハル大学のHaswell教授[7]である。ハル大学では主にガラス上に作製した微少流路の中で，遷移金属触媒反応やペプチド合成反応などさまざまな有機反応を行っている。

オランダではTwente大学に，多分野にまたがるMESA＋という研究所があり，その研究分野の一つとしてマイクロ化学システムがある。ここでは，μTASの研究を中心にマイクロ化学の研究を行っている。

フランスでは，リヨン大学のde Bellefonら[8]が，マイクロリアクターを触媒探索に利用した研究を行っている。

北米においては，オークリッジ国立研究所，ローレンスリバモア国立研究所(LLNL)，パシフィックノースウエスト国立研究所(PNNL)などで研究が行われている。大学ではMITのJensen教授[9]やHarvardのWhitesides教授[10]などによってマイクロ化学の研究が進められている。また，カナダのアルバータ大学のHarrison教授[11]もLab-on-a-chipの先駆的研究者として活躍している。

日本でもこれまで，反応スケールの小さい化学反応や化学分析へのマイクロリアクターの適用に関しては，㈶神奈川科学技術アカデミー(KAST)など大学や研究所において精力的に取り組まれてきた。合成的な反応に関しては，近畿化学協会合成部会ロボット合成研究会[12]や㈶化学技術戦略推進機構，㈶マイクロマシンセンターを中心にマイクロリアクターの調査が進められてきた。そして，これらの調査の中からいくつかの研究が開始されている。また，化学とマイクロシステム研究会，化学工学会マイクロ化学プロセス研究会，触媒学会マイクロリアクター研究会などが

創立されるなど，この分野に対する関心が最近急速に高まっている。

最近，NEDO のプロジェクトとして高効率マイクロ化学プロセス技術プロジェクトが開始された。これは微少空間における化学反応の解明とその産業利用をめざすもので，マイクロ化学プラント技術，マイクロチップ技術，マイクロ化学プロセス技術の体系化から成り立っている。

7 マイクロリアクターの今後の展望

マイクロリアクターは今後の化学研究において強力な道具となるに違いない。マイクロリアクターを使うことによって精密な実験条件の制御ができるので，従来のフラスコで実験を行うよりもはるかに新現象，新反応を発見する確率が増大すると期待される。オンラインでの測定も容易であるので，詳細な反応機構の解明にも有力な方法となる。滞留時間や温度制御を精密に行うことにより，非常に活性で不安定な化学種を自由自在に扱えるようになるとも期待される。また，単一の反応を効率よく行うだけでなく，フロー系でいくつかの反応をインテグレートできることも特長である。このように，マイクロリアクターは化学研究に不可欠な道具として今後広く使われるようになるだろう。

化学産業においてもマイクロリアクターは重要な役割を果たすに違いない。反応条件の最適化を高速に行うとともに，ナンバーリングアップにより，実験室から工業的な生産への移行が迅速かつ効率的に行えるようになるだろう。そのために，市場の要請に生産が即応可能になる。また，省資源・省エネルギーの点からもマイクロ化学プラントは重要な役割を果たすに違いない。医薬やファインケミカルの合成には，マイクロ化学プラントが主流になる日がくるのも遠くないかもしれない。

マイクロリアクター技術の発展には化学や化学工学だけでなく物理や機械工学など学際的な研究・開発が必要である。今後，このような学際的な研究を通じて，化学研究，化学産業にパラダイムシフトをもたらすものとしてマイクロリアクターが大いに発展することを期待したい。

文　献

1) (a) W. Ehrfeld, Ed., *"Microreaction Technology"*, Springer, Berlin (1998)
　(b) A. Manz, H. Becker, Eds., *"Microsystem Technology in Chemistry and Life Sciences"*, Springer, Berlin (1999)
　(c) 岡本秀穂，化学工学，**63**，27 (1999)

第1章 総論

  (d)岡本秀穂, 有機合成化学協会誌, **57**, 805(1999)
  (e) S. H. DeWitt, *Curr. Opin. Chem. Biol.*, **3**, 350(1999)
  (f) K. F. Jensen, S. K. Ajmera, S. L. Firebauch, T. M. Floyd, A. J. Franz, M. W. Losey, D. Quiram, M. A. Schmidt in "*Automated Synthetic Methods for Speciality Chemicals*", W. Hoyle Ed, Royal Society of Chemistry, 14(1999)
  (g) S. J. Haswell, P. D. I. Fletcher, G. M. Greenway, V. Skelton, P. Styring, D. O. Morgan, S Y. F. Wong, B. H. Warrington in "*Automated Synthetic Methods for Speciality Chemicals*", W. Hoyle Ed, Royal Society of Chemistry, 26(1999)
  (h) W. Ehrfeld, V. Hessel, H Löwe, "*Microreactors*", Wiley-VCH, Weinheim(2000)
  (i)菅原徹, ファルマシア, **36**, 34(2000)
2) T. Zech, D. Hönicke, *Erdoel Erdgas Kohle*, **114**, 578(1998)
3) Löwe, H. Ehrfeld, W. *Electrochim. Acta.*, **44**, 3679(1999)
4) K. Schubert, *Chem. Technol.*(*Heidelberg*), **27**, 124(1998)
5) K. Jaehnisch, M. Baerns, V. Hessel, W. Ehrfeld, V. Haverkamp, H. Löwe, Ch. Wille, A. Guber, J. *Fluorine Chem.*, **105**, 117(2000)
6) S. Taghavi-Moghadam, A. Kleemann, K. G. Golbig, *Org. Process. Res. Dev.*, **5**, 652(2001)
7) (a) S. J. Haswell, R. J. Middleton, B. O'Sullivan, V. Skelton, P. Watts, P. Styring, *Chem. Comm.*, 391(2001) (b) C. Wiles, P. Watts, S. J. Haswell, E. Pombo-Villar, *Chem. Commun.*, 1034(2002) (c) P. D. I. Fletcher, S. J. Haswell, E. Pombo-Villar, B. H. Warrington, P. Watts, S. Y. F. Wong, Z. Zhang, *Tetrahedron*, **58**, 4735(2002)
8) C. de Bellefon, N. Tanchoux, S. Caravieilhes, P. Grenouillet, V. Hessel, *Angew. Chem. Int. Ed.*, **39**, 3442(2001)
9) H. Lu, M. A. Schmidt, K. F. Jensen, *Lab. Chip*, **1**, 22(2001)
10) A. D. Stroock, S. K. W. Dertinger, A. Ajdari, I. Mezić, H. A. Stone, G. M. Whitesides, *Science*, **295**, 647(2002)
11) H. Salimi-Moosavi, T. Tang, D. J. Harrison, *J. Am. Chem. Soc.*, **119**, 8716(1997)
12) 近畿化学協会編, マイクロリアクター技術の現状と展望, 住化技術情報センター(1999)

第2章　マイクロリアクターの特長

菅原　徹*

1　はじめに

　現在までの数十年間,合成実験室内の風景にはそれほど劇的な変化はみられなかったように思われるが,最近では,コンピュータやマイクロテクノロジーの発達により,コンビナトリアルケミストリーで代表されるような新しい合成手法とともに,合成や分析を高効率・高精度で行うための自動化が図られるようになり,次第に実験室の様相が変わろうとしている。さらに,装置自体も小型化（miniaturization, downsizing（図1））されることにより,省スペース,省エネルギー化が図られるばかりでなく,性能や効率向上を目指しての開発や応用が盛んに行われはじめている。

　本章では,マイクロテクノロジーの合成や分析への適用の一つとして最近話題を集めているマイクロリアクターに焦点を当てながら,有機合成やアッセイなどの評価を含む分析化学の立場からみたとき,マイクロリアクターはどのような特長をもっているのか,また,その特長がどのように活かされ,また将来どのような分野に活かされようとしているのかについて解説する[1]。

図1　分析機器の小型化

＊　Tohru Sugawara　㈱ケムジェネシス　開発本部

第2章　マイクロリアクターの特長

2　マイクロチップとマイクロリアクター

　マイクロチップがコンピュータやエレクトロニクス産業に大変革をもたらしたように，マイクロチップに載ったリアクターによる実験装置の小型化は，合成や分析に一大変革をもたらしはじめている[2]。マイクロチップとは，シリコン結晶の薄片（チップ）で，切手より軽く，指先にも載る大きさだが，内部には，大都市の街路網に匹敵する複雑な電気回路が組み込まれている。単なる記憶装置（メモリー）として使われる場合もあるが，情報処理に用いられる時にはマイクロプロセッサーと称され，チップ一つでコンピュータの役割を果たす。1991年，インテル社から「新時代が到来…チップに載った微小コンピュータ」といった広告が出され，また1997年7月11日には，同社のグローブ会長がどのような分野でチップが使われているかを調査し，その実例を載せた写真集を出版した。その中にはたとえば，
① 米西部の牧場では，牛の健康管理のために牛の足にチップを取り付けている
② 米東部の火災現場では，煙の向こう側の火勢を映像でとらえるため，消防士がチップ入りの眼鏡を付けている
③ 東京では，ハイテクの便座を開発し，簡単な医療診断（脈・糖尿病）も同時に行う
④ アフリカのサバンナでは，チーターなどのような希少動物の行動解明のため皮膚の下にチップを埋め込む
⑤ スイスでは，犬のようなペットに必ずチップを埋め込み一種の登録の目的で使われているというような例があり，新聞でも報道がなされている（読売新聞，2001年2月11日）。
　マイクロチップはコンピュータや電子回路などでは広範に使われているが，機械的・化学的マイクロチップも使われはじめている。たとえば，機械的マイクロチップは自動車のエアバッグを膨らませるための起動装置に，化学的マイクロチップはインクジェットのヘッドに使われていて，持ち運びの可能な血液分析器にもマイクロチップ由来の化学検出装置が用いられている[3]。小さな物作りを得意とする日本が，宇宙と深海に次ぐ「第三のフロンティア」の開拓に乗り出した。夢の未来技術といわれたマイクロマシン。ミクロの世界は21世紀のキーテクノロジーになるであろう[4]。
　今まで，マイクロシステムという術語は世間に広く受け入れられてきた。一方，マイクロリアクターとは，少なくともその構成の一部が，マイクロテクノロジーや精密エンジニアリングの手法によって作られたミニチュア化された反応システムであると定義されている。マイクロリアクターは内部構造が$1\mu m$から$1mm$の範囲にある微小装置であり，ナノリアクターとミリリアクター（ミニリアクターともいわれる）の中間に位置しているが，$500\mu m$以下の微小装置をマイクロリアクターといわれることが多い（図2）。一般的には，内部が微細なマイクロ構造からなるユニッ

マイクロリアクター —新時代の合成技術—

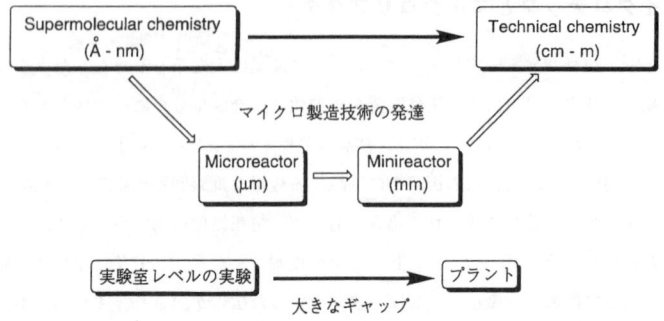

図2　サイズの違うリアクター；小さな超分子化合物のシステムから巨大プラントまで

トが複数個集合してデバイスとなり，このデバイスを numbering-up（数を増やす）することでマイクロリアクターが構成される。たとえば，チャンネルのようなマイクロ構造からなる構成要素が複数集合してユニットとなり，さらにこれが複数集合してデバイスに，最終的にはシステムになるといった，すなわち階層構造から構成されている。

　化学合成におけるマイクロリアクターという術語については，装置を構成する全てがマイクロ（微小）である必要があり，微小な反応装置をマイクロリアクターと表現するよりも，マイクロチャンネルリアクターと正確に表現すべきであると主張するアメリカ型と，装置の一部だけでもマイクロ化されていればいいと主張するヨーロッパ型とがある。私見としては，もちろん前者の主張のように，最終的にはシステム全体の構成成分がマイクロであるのが理想ではあるが，最初から全てをマイクロ化しなくとも，後者のように，できる所からマイクロ化すればよいと考える。マイクロリアクターは，創薬のみならず一般の化学反応にも使われ，最近では，有用な触媒を見出すためのスクリーニングや，環境負荷の少ない効率的な燃料電池の開発などで広く研究されるようになってきた。このような目的を実行するために，マイクロリアクターを構成する主なデバイスとして，特に，マイクロ撹拌・混合器，マイクロ熱交換器，マイクロ分離器，気相反応器，液相反応器，気—液反応器などが精力的に研究されている。

　マイクロリアクターの応用分野には，大きく分けて，主に分析・評価のために使用されるバイオ・生化学関連と，生産を目的として研究される化学工業・一般化学の分野とがある。特に最近では，効率的な創薬を実施するための一手段として，活性情報を得るための HTS（High Throughput Screening；高効率スクリーニング）や UHTS（Ultra-High Throughput Screening；超高効率スクリーニング），数 mg の化合物を確保するためのコンビナトリアル合成の技術（HTOS：High Throughput Organic Synthesis；高効率有機合成）が創薬の世界で広く使われるようになってき

第 2 章　マイクロリアクターの特長

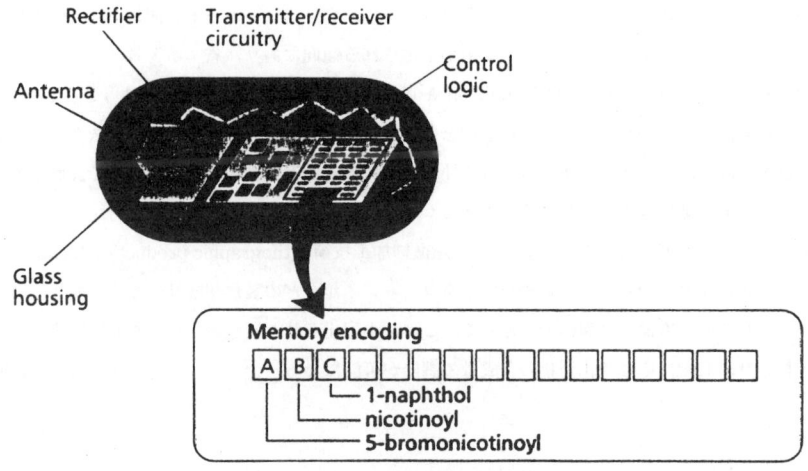

図 3　Radio-tag のマイクロ内部構造

た。

　マイクロテクノロジーが合成や分析の分野に適用される場合の様式からの区別では，連続フロー型と，従来型のバッチ型とが知られていて，この区別は一般的なマクロの自動合成装置と何ら変わることがない。マイクロリアクターの分野における連続フローマイクロ流体装置は，1980年代の終わり頃に分析の目的のために開発された。生化学や化学分析に用いられる μTAS（Micro Total Analysis Systems）は，ろ過・撹拌（混合）・分離・分析が一つのユニットに組み込まれている。また最近では，この延長線上の発展として PCR（Polymerase Chain Reactor），電気泳動やプロテオーム分析などの遺伝子関連にも用いられている。創薬におけるマイクロバッチ型としては，アッセイやコンビナトリアル合成で汎用されるマイクロプレートやナノプレートを使った実験に代表され，特にコンビナトリアルケミストリーの分野では，マイクロテクノロジーの応用の一つとして，高周波発信機を載せたマイクロチップを樹脂とともにケージに入れ，反応条件などの情報を外部からコンピュータで直接管理する技術（direct sorting）が IRORI 社などで開発され，実用化されている（図 3）[5]。

3　マイクロリアクターの特長と利点

3.1　マイクロリアクターの特長

　マイクロリアクターの一番の特長は，文字通りマイクロ（小型）化された装置であるということ

マイクロリアクター —新時代の合成技術—

である。実験装置がポケットに入るような大きさから，クレジットカードと同じぐらいの大きさになり，最近では切手サイズへとますます小型化される傾向にあり，省エネ・省スペース化の可能な Laboratory-on-a-chip（LOC；Lab-on-a-chip とも表現される）が実現されようとしている[6]。研究の初期段階ではそれほど多量の化合物を合成する必要がなく，できるだけ少量スケールで化合物群を合成し，たとえば創薬における活性などの性質を最近の進歩した科学技術で評価することで，限りある地球資源を無駄に使うことなく，環境に優しく，しかも省資源化を図ることができる。コンピュータ産業などで既に確立された超微細加工技術（lithographic production technique）などの応用により，マイクロ反応槽やマイクロチャンネルなどの製作が容易になり，同じ仕様のチップのレプリカも簡単に製作できるので，これら小型化された複数のチップを並列に連結することにより，必要に応じて化合物の合成量の調節が可能になる（マイクロリアクターの製作技術

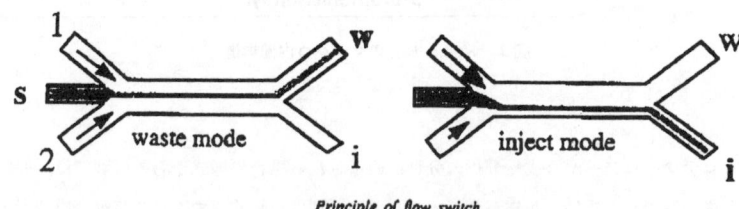

Principle of flow switch.

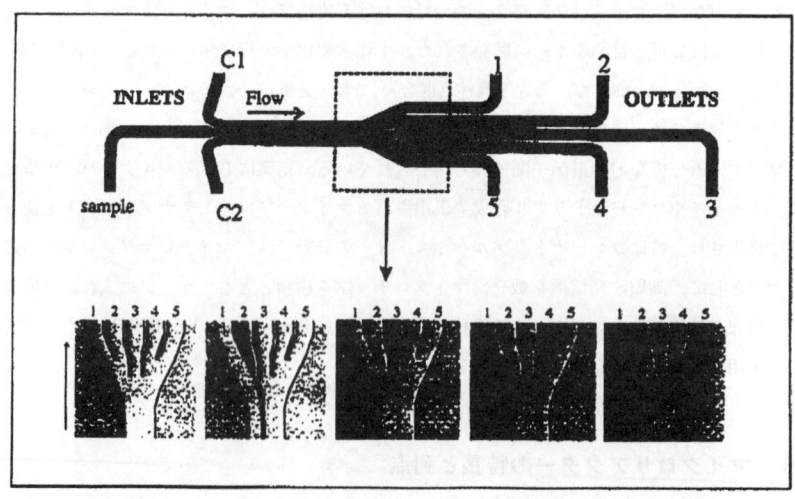

図4　フロースイッチ；下図は5つの出口を有するフロースイッチのマイクロ写真
　　（電圧を変えることで，試料の流路が任意にそれぞれ5つの出口に導かれる）

14

第2章 マイクロリアクターの特長

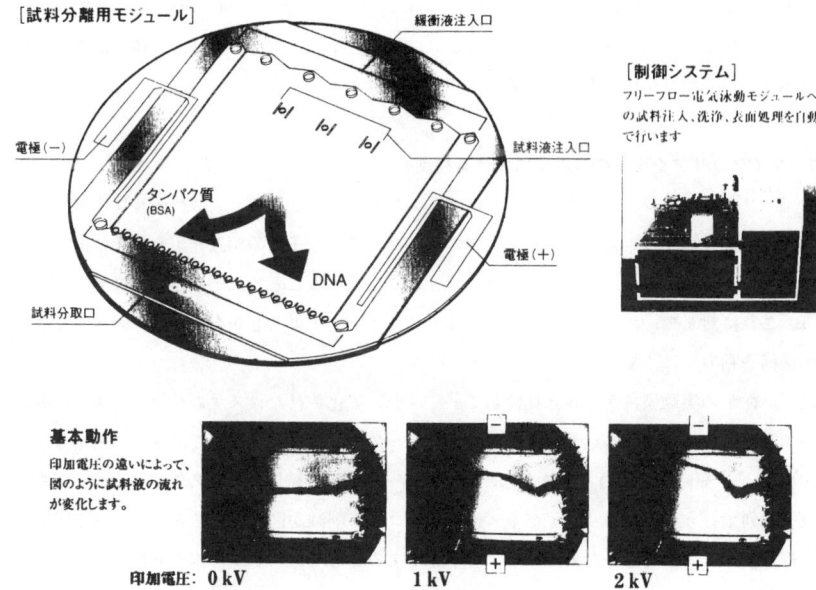

図5　フリーフロー電気泳動の試料分離用モジュール
印加電圧の違いによって，試料液の流れが変化する様子（オリンパス光学㈱のパンフレットより抜粋）

に関しては，細川氏による第3章を参照のこと）。したがって，近い将来，持ち運び，使い捨て，モジュール化が可能な小型化された装置で，オンデマンド・オンサイトの合成ができるようになるであろう[2]。

実際の合成や分析の分野において，マイクロリアクターのどのような特長が活かされ，あるいは活かされようとしているかを以下にまとめる。

① 微少量での合成が可能。すなわち，必要な場所で，必要に応じて，必要とする量だけの化合物が合成され，従来の化合物保管や輸送も再検討されることになるであろう
② 時間・コスト・環境負荷の低減が図れる
③ 密封系で反応ができるので，毒性・危険性のある化合物が安全に合成できる
④ 小スケール・閉鎖系によるコンタミネーションの除去が可能
⑤ マイクロチャンネルに特長的な層流の活用により，効率的な混合，生成物の分離・精製に適用が可能。たとえば，フロースイッチの利用により[7]，従来のバルブと同様な操作も可能になる（図4，図5）
⑥ 高い熱交換率（大きな表面積/容積比）により，効率的・精密な温度制御が可能になり，短

時間の急激な加熱・冷却にも対応できるとともに，ホットスポット（局所加熱）ができにくく，爆発的な反応やそれに基づく副反応も起こりにくい。また，気体―液体，液体―液体，固体―液体などの界面反応にも有利である。

3.2 マイクロリアクターの実用面における利点

分子ハサミ，ゼオライト，ミセル，リポゾームなどに代表されるナノスケール反応器の基本的な利点は，これらがほとんど分子レベルでの反応なので，分子力の相互作用や電子構造を反応の場に利用して，分子を一つのコンフォメーションに規制することで反応の起動力にすることができる。これに対して，マイクロリアクターはナノリアクターよりもかなり容積が大きくなるが，反応機構や動力学は不変である。

以下，従来の実験室スケールと比較して，ミニチュア化されたシステムを使った場合の実用面での利点を考えてみる。当然装置を設置するスペースや取扱量が少なくて済み（エネルギーの消耗が少ない），短時間で実行できるため，単位スペース・単位時間当たりの情報量が多い。さらにこれを並列で行うことにより，デバイス当たりのコスト削減が図れる。さらに，小さな機能性素子を複数使うことができるため，サイズを小さくすることでシステム自体の実行度が上がる。さらに詳細には，

① **容積の減少**

熱・物質移動や，単位容積あるいは単位面積当たりの拡散流量が増加する。50～500μm幅のマイクロチャンネルを使うと，普通の熱交換器よりも少なくともワンオーダー効率的であるといわれている。さらにマイクロミキサーを使用する場合でも，スターラーによる普通の撹拌やミキサーでは実行できないような，ミリセカンドや，時にはナノセカンドの短時間で撹拌・混合を行うことも可能である。

② **表面積に対する容積の比（容積/表面積）が大きい**

実験室で使われている反応容器の比表面積は約1,000m²/m³で，生産現場で使われる反応容器の比表面積が約100m²/m³であるのに対して，マイクロチャンネルのそれは約10,000～50,000m²/m³である。また，液相触媒反応の場合には，チューブの内壁に触媒活性物質を塗布しているので，さらに接触面が大きくなる。

③ **容量の減少**

マイクロリアクターの内容積は数μLである。ドイツMerck社で行われた有機金属反応の場合には，5個のミニリアクターを使うことで，それまで用いられてきた6,000Lのタンクが数mLに減少した。内容積が少ないということは，安全面から重要であるばかりではなく，内部滞留時間が短いため，選択性も増加すると考えられる[8]。

第2章　マイクロリアクターの特長

④　ユニット数の増加

　マイクロ構造を有する流体デバイスは，分析用には serial に，生産用には numbering-up，すなわちパラレルで用いられるのが一般的である。これによって物質の合成やプロセス開発においては，かなりの経費節約が図れる。

　従来の常識では，反応槽の容積が小さくなればなる程，経済的には生産コストが増加すると言われていたが，マイクロリアクターでは，反応容積に対する生産物質の比は非常に高い。実際に，マイクロリアクターが工業的に適用される時に認められる現実的な有利点を以下に挙げる。

①　バッチ型を連続フロープロセスに変更

　現在の多くの化学合成のためのプロセスでは，撹拌羽根のついた反応容器(バッチ型)で物質の生産が行われているが，物質や熱の移動が遅いため，操作上，動力学的に必要とされる以上の反応時間を取らざるを得なかった。これをマイクロリアクター（連続フロー型）に変更することにより，迅速な物質・熱移動が可能になり，プロセス自体も素早く実施できる。たとえば，ドイツ Merck 社で実施されている有機金属反応では，装置を小型化することにより，高い変換率と選択性の増加が認められている[8]。

②　プロセッシングの強化

　マイクロシステムでは，短い拡散距離のため変換率が高く，特に高温熱縮合反応では有利である。通常の技術でも，ミニチュア化することで実行度が高くなり，約1/1,000倍の触媒量で十分であるとの結果も得られている[9]。

③　安全面

　爆発の危険性のある化合物の取扱いにおいても，個々のユニットが小さく，これを numbering-up することである程度の量が確保できるマイクロリアクターを用いると安全である。水素と酸素のある比率での混合を取り扱うことは，昔から非常に危険であるといわれてきたが，このような混合でも安全に取り扱うことができるとの報告もある[10]。また，従来の反応サイズではホットスポットなどの形成により，爆発的に進行する反応などの危険を避けることができなかったような実験でも，安全にできる場合があるというのは驚嘆に値する。

④　生成物の性質の変化

　たとえば均一な分子組成分布を有するポリマーなどの合成においては，効率的なマイクロミキサーの使用で均一な物質の合成が可能である[11]。

　現在のところ，分析のために汎用されるようになったマイクロ化された測定装置のように，信頼性の高い合成用のマイクロリアクターは，一部の大企業(たとえば，BASF, Dupont, Merck, Bayer など）で実施されてはいるものの，まだ揺籃期と言わざるを得ない。しかし，自動車産業などでは，水素発生装置として，軽量でコンパクトな燃料電池などは近い将来実現されようとし

マイクロリアクター —新時代の合成技術—

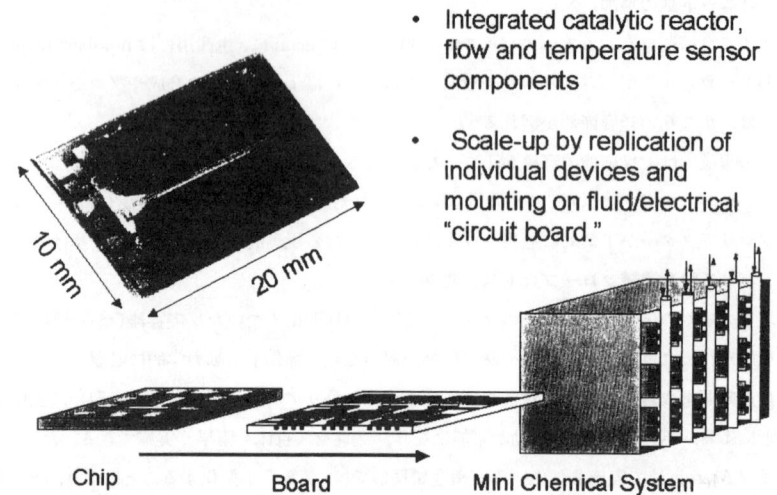

図6 多数のマイクロリアクターを搭載したチップを numbering-up することによるミニ化学システムの構築

ているので，これが実用化に一番近い研究といえる。

　最近のコンビナトリアルケミストリーの適用は，創薬の分野のみならず，一般化学物質・触媒・ポリマーの分野にまで広がりをみせはじめていて，その手法は微小化されたパラレルで行われることが多いが，連続フロー操作のできるマイクロリアクターは逐次合成（serial synthesis）にも使うことができる。しかし，パラレルであろうが，逐次であろうが，効率的に合成した化合物を迅速に評価するためには，迅速分析は是非とも必要な手段である。したがって，なるべく一つのデバイスに関連成分をまとめて載せることにより，合成と分析（評価）を一つの装置にまとめようとする研究が多くなり，これは装置自身がコンパクトになるだけではなく，数々の利点が得られる。また，生産の自由度を増すために，scaling-up から numbering-up が実行されようとしている（図6）。プロセス開発や生産用のマイクロ化されたデバイスは，同等な複数のユニットから構成されるようになり，ますます小型化し，使用者の要求に応じて簡単に種類や数を変化させることができ，さらにモジュール化により自由度の増した対応が可能になる。

3.3 マイクロリアクターの工業的応用面における潜在的利点

　次に，マイクロリアクターを使用することによって，実際どのような潜在的な利点が，工業化への応用面において考えられるかを以下に示す。

第2章　マイクロリアクターの特長

① 安全面のみならず，他の方法では得られないような情報や正確なデータ（実験結果）を，そのまま素早く生産に移すことが可能
② 低コストで生産を早期にスタートすることが可能
③ Numbering-upなどにより，生産量を容易にスケールアップすることが可能。したがって，現在行われているような，実験室で得られた結果を工場に移管する場合に必要な中間試製のためのステップは省略される
④ 生産のためのプラントが小さくて済む
⑤ 輸送・保管や，物質を合成するために必要なエネルギーなどのコスト低減が図れる。また，毒性のある化合物や，危険性の高い化合物の取扱いに関して，現在の大規模な輸送体制・保管・大規模生産が必要ではなくなり，必要な物を，必要とされるだけ，必要な場所で合成することが可能になる
⑥ 使用する人の要求に応じて柔軟な対応が可能

　合成や反応システムとは，物を作ることや，物質や原料をある物に変えることであり，分析システムとは，それらの情報を収集することを主目的とする。一般に，分析化学とは試料からできるだけ正確な情報を得ることを目的とするので，同じ情報が得られるならば，試料は少なく，しかもスピードの速い方が効率的で好ましい。したがって，反応追跡，分析，HTS(UHTSを含む)などの分析は，マイクロスケールからナノスケールへとますます微小化の方向にある。一方，合成化学では，ある程度の量を合成する必要があるが，評価・分析のミニチュア化に対応して，取り扱う合成化合物の量が少量で済むことになり，微小化した分析技術に限りなく近づくことができる。すなわち，生産の効率化は，反応容積あるいは数に直接関係するが，情報収集・分析は分析システムの大きさとは無関係である。

　しかし当面，ある程度の合成量を確保する必要性から，分析への適用のようにマイクロスケールからナノスケールへとさらなる微小化が指向されるよりも，マイクロスケールからミリスケールへの微小化が指向されるようになると思われる。分析の手段のために開発された反応デバイスは，時として合成用には十分でない場合もあるかもしれないが，少なくとも最適反応条件を検討するために諸因子のデータを測定することが中心となるプロセス開発や，微量で十分なスクリーニングだけにはすぐにでも適用されるであろう。したがって，両者を微小化することによって，合成用とか，プロセス開発用とか，スクリーニングや分析用とかの区別も薄くなってくるように思われる。良い性質（創薬の場合は生物活性）を有するかどうかが不明な段階で必要以上の化合物を合成することは，環境負荷の問題から考えても得策ではないと考えられるので，少なくとも有用な化合物の探索研究の段階では，実験装置はますます微小化の方向に向かうものと考えられる。なお，「化学産業におけるマイクロリアクターへの期待」に関しては，佐藤氏によって本書の

19

マイクロリアクター —新時代の合成技術—

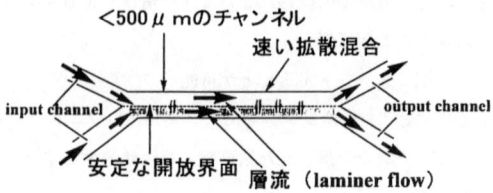

図7 層流支配によるマイクロリアクター内の液の流れ

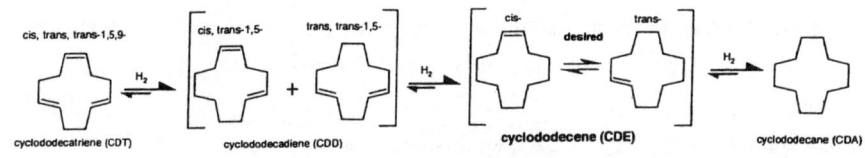

図8 CDTの水素化反応

第12章で解説されているので参考にしていただきたい。

4 マイクロチャンネルの特長を活かした応用

先に記述したように，マイクロチャンネルを利用するマイクロリアクターにおける形状上の最大の特長は，体積当たりの表面積が大きいということである。この特長を活かすことによって，温度の精密制御が可能になり，急激な発熱反応などにも対応できるとともに，滞留時間が短いので，短寿命・不安定活性種の利用もできると考えられる。また，非常に小さなチャンネルの中を流れる液体の挙動は，普通のマクロスケールで観察される現象とは，表面効果［（壁の表面積）/（液体の容積）の比率が高い］と，小さなReynolds数を有する点で異なっている。Reynolds数とは，Re＝（慣性力）/（粘性力）で表され，たとえばY字型の流路に2種類の液体を流した場合，2層間の接触界面を介しての拡散でしか混合されないことを意味し，層流支配域以下（Re＜2,000）では液体が2層を保ったままで移動する（図7）。なお，層流の理論的な説明に関しては，岡本氏の解説があるので参考にしていただきたい[12]。

さらに，マイクロチャンネルで反応を行うことにより，化合物の安定性が増加することも特長の一つである。その一例として，水素化反応の過程をマイクロチャンネルで行うことで制御する実験がBayer AGから報告された。すなわち，マクロ系では副生成物による還元や，熱分解・転移などによる収率低下が認められるが，マイクロチャンネルの中での物質は，マクロの状態の時

第 2 章 マイクロリアクターの特長

よりも非常に安定性が増す。たとえば，ナイロン-12 の合成中間体である cyclododecene(CDE) の合成反応をマイクロチャンネルで行うことにより水素化反応が制御でき，高選択(86%)，高収率(95%) で CDE を得ることができた。これは現行法よりも25%も高い収率である。この実験では，一個のマイクロチップを200時間連続的に操作することにより，CDE が14.3g 得られたとも報告されている[13]（図 8）。

単一のマイクロチャンネル型チップ上で合成できる化合物の量は限られているが，このユニット自身の形状をただ単に大きくするのではなく，同じサイズのチップを，まるで細胞のように複数個使うことによって多量の化合物を合成できる可能性がある。しかし，たとえ小型化された同型の反応槽を多数並列的に使って合成を行っても，一日当たり高々数 kg であり，現在のところ量的にはやや不満足な点もないわけではないが，少なくとも不快な，あるいは危険性の伴うような化合物の合成には最適な手法であり，これは環境問題から考えても将来必要な技術になるであろう。

また，普通の環境下で行うと爆発の危険性がある反応でも，マイクロチャンネルで実施することにより安全に取り扱うことができる。たとえば，先に記した水素と酸素の反応や，メタノールを酸化して二酸化炭素と水にするような触媒反応なども，安全に制御できるのもマイクロチャンネルの特長の一つであろう。これは一定液量に対するチューブの表面積が大きいために，いわゆるホットスポットができにくく，急激な副反応を阻止できることによるためと考えられている。さらに，流路をマイクロチャンネル化することにより，成分の自然分離効果も期待できる。すなわち，マクロ系に比較してマイクロチャンネルでは，単位液量に対して，僅かながらも極性を有する接触壁（一種の固定相と考えることができる）の比率が高いことにより，中を流れる各成分がクロマト効果によって自然に分離してくることも期待できる。

マイクロマシンは，歴史的にみても創薬の世界への適用が一番早く行われた。たとえば生化学，特にアッセイシステム（系，方法など）や，それを精密に実行するためのロボット技術の進歩により，生物活性を測定する試料の量は，ますます微量化の方向に進み，高効率スクリーニングが可能になってきた。一般的に汎用されている96穴のマイクロプレート以外にも，蛍光分析などを使った超高効率スクリーニングにより，384穴や1,536穴のプレートなど，ますます精度の高い微量分析が可能になってきた。さらに Orchid 社では，96穴のアッセイプレートに直結できるような多層マイクロチップ型反応装置の合成装置開発を指向しているとともに，IRORI 社などでは，コンビナトリアル技術による効率的合成のために，マイクロチップを組み込むことで，樹脂上で行われている反応やその履歴を容易に読み取り，管理することが可能になってきている。すなわち，MicroKans と Radio-tag により，レジンのバッチを同定し，プロセスの管理が可能である[5]。

以上のように，現在，マイクロチャンネル技術の創薬における最大の応用分野はバイオ関連で

21

マイクロリアクター ―新時代の合成技術―

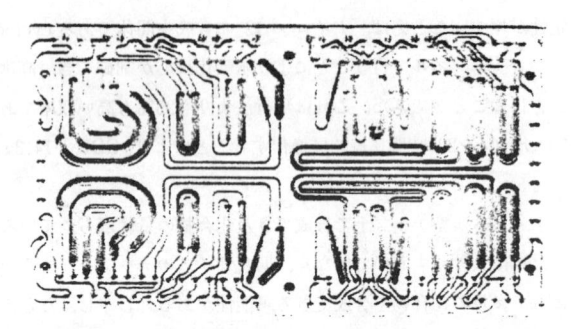

図9　血液から DNA を抽出する7工程を搭載したクレジットカード大のチップ

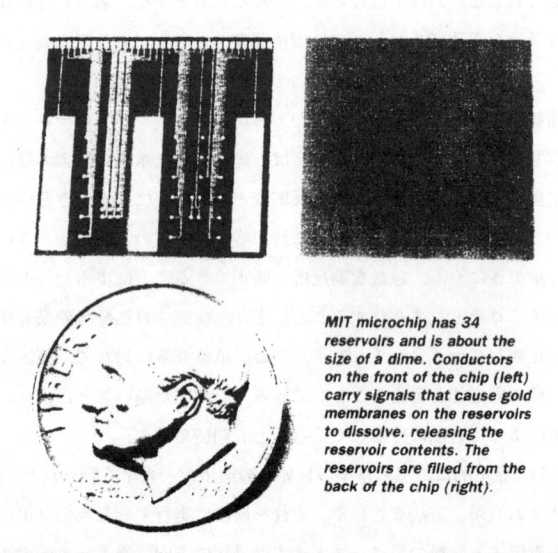

MIT microchip has 34 reservoirs and is about the size of a dime. Conductors on the front of the chip (left) carry signals that cause gold membranes on the reservoirs to dissolve, releasing the reservoir contents. The reservoirs are filled from the back of the chip (right).

図10　34個の反応槽を有する MIT のマイクロチップ（10セント銀貨と同じ程度のサイズ）

あり，最近，特別な目的のためのチップの開発も欧米で盛んに行われはじめている。たとえば，チップ上に載せたマイクロマシンで製作した増幅装置を使い，PCR を連続的に運転することで DNA 切片を増幅・調整するという報告もされている[14]。Anderson らは，血液から DNA を抽出するために必要な7ステップの工程をクレジットカード程度の大きさのチップ上で行ったとの報告もあり（図9）[15]，また，MIT の Santini らは，17mm 径（10セント硬貨と同じ程度のサイズ）のチップ上に34個の反応槽を設置した小型装置を開発している[16]（図10）。

　LOC に関しての研究開発は，当初 Caliper Technologies (Palo Alto, CA), Orchid

第2章　マイクロリアクターの特長

Biocomputer, Inc.(Princeton, NJ), Affymetrix(Santa Clara, CA；1993年に Affymax からスピンアウトした会社), 3M, Parkin-Elmer, Motorola, Packard Instruments, Hewlett-Packard などで行われていた（現在 M&A により名称が変わった会社もある）。

以下、特に創薬における分析、および一般の合成（特に液相合成）へのマイクロリアクターの応用について簡単に解説する。

4.1　分析（アッセイを含む）分野への応用

分析の分野でのマイクロ化を指向した研究は、歴史的に1970年代の後半、3インチシリコン基盤上にガスクロマトグラフィー装置を搭載したのが最初であるといわれているが[17]、当時一般の分析にはそれ程使われなかった。

マイクロチップをアッセイなどの評価を含む分析に適用する場合には、以下のような利点と、将来への問題点が考えられる。まず、利点としては、

① 分析システムの小型化（省スペース）
② 分析時間の短縮（省時間）
③ 使用するサンプルや試薬量の低減（省資源）
④ システム全体の消費電力の低減（省エネルギー）
⑤ 前処理操作などの自動化（省力化）

また、特に生化学などで行われる、水性溶液を取り扱うための安価な使い捨てのプラスチック製（鋳型から多数の複製が可能）などのようなものを除いて、装置の中にマイクロチップを組み込む場合の問題点として、

① 一部だけの故障により、システム全体が動作しなくなる。すなわち、一般的には修理不能で、高価なデバイスの使い捨てになる場合もある
② デバイスは高価なので、製造する場合の歩留りが問題になる場合が多い

しかし、分析に必要な一部の機能部品をデバイス化することで、従来得られなかった性能（小型・高速・高感度）を有する分析装置が実現される可能性を秘めていることは事実である。約8割程度の欧米の製薬会社では、まだ96穴のアッセイプレートが常用されているとの報告もあるが、次第に384穴以上の高密度のプレートが使われはじめている[18]。普通汎用されている約128×85mm（Corning 社のカタログでは5.030×3.365in.と記載）の96穴アッセイ用プレートでは、約150μL 程度のアッセイ量が必要とされるが、たとえば Aurora 社で開発された NanoPlate™ では、同じ面積上に3,456穴があり、約1μL のアッセイ量で十分である。したがって、従来よりもアッセイ量が1/100以下で十分であり、たとえば、コンビナトリアル合成の手法で得られる化合物の使用量が少なくて済むので、その分多種類のアッセイができる利点がある（図11）。Aurora 社では、蛍光

マイクロリアクター ―新時代の合成技術―

図11 小型化されるマイクロタイタープレート

を使った高感度のアッセイ技術と，Ultra-High Throughput Screening System (UHTSS™) を開発し，一日当たり10万以上の検体をアッセイできる能力があると言われている[19]。このように小型化することによって，合成とスクリーニング間のインターフェースが非常に簡略化され，マイクロリアクターなどのような小型化の技術は，近い将来には欠くことのできない重要な技術になると考えられる[20]。

　また，創薬において，遺伝子研究に由来するターゲットが，1996年では僅か8%程度であったのが，2000年初頭には60%以上になるかもしれないとの予測がされている[21]。HTSの目的は，時間やコストを節約しながら多数の化合物をアッセイし，そこから多くの意味のある情報を引き出すことにある。しかし，そのために小型化が本当に必要なのだろうかとか，本当にコスト・パフォーマンスが図れるのであろうかなどの疑問があるのは事実だが[22]，大筋のところ，将来小型化の方向に進むであろうと言われている。現行の96穴プレートによるスクリーニングのコストの中で，約3/4は試薬類で占められているが，小型化することでこの使用量を減らすことができる[23]。アッセイ用のプレートを，384, 864, 1,536, 3,456 …将来どこまでミニチュア化する必要があるのか，あるいは完全自動化システムに乗せるには96穴の何倍のフォーマットが適切かなど，使用する側の実情も十分に考慮に入れて判断する必要があろう。また，蛍光を使った広範囲に利用できる微量検出器などもAurora社などから開発されているが，逆に小型化することで，ラジオアイソトープを使う場合には検出がしにくくなるなどの問題もあり，さらに検討する必要があると思われる。

　最近の創薬における分析の分野で，特に話題を集めているμTASとElectrophoresis-on-a-chipについて，以下簡単に解説する。

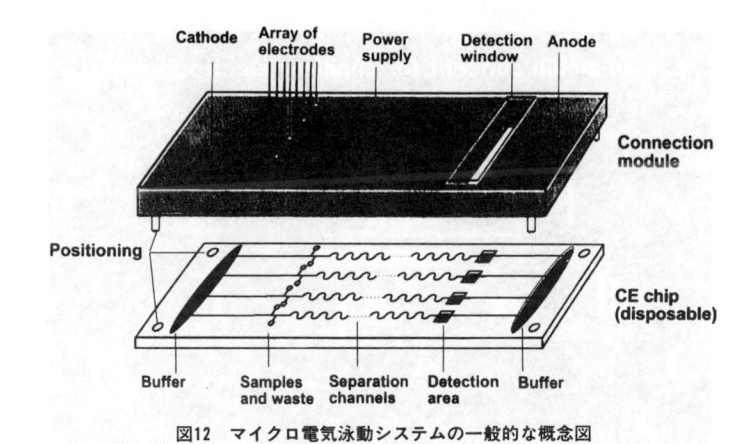

第2章 マイクロリアクターの特長

図12 マイクロ電気泳動システムの一般的な概念図

4.1.1 μTAS

　統合的な分析システムとは，化学情報を電子的あるいは光学的信号に効率的に変換することである。現在実験室で使われている機器類は，信頼性は高いが大規模（かさばり）過ぎる。したがって，センチスケールのチップ型基盤を用いたマイクロスケールの分析を行う必要性から，最近μTASと表現される言葉が使われている[24]。これらのデバイスを製作する場合の特殊なマイクロチャンネルの基板としては，シリコン素材がよく使われているが，次第に安価なプラスチックなどのポリマー素材も広く使われる傾向にある。1個のマイクロチップ上に，分析に必要なステップ，たとえば，サンプル注入，サンプル前処理，撹拌・混合，反応，生成物の単離・精製などを担当するマイクロ成分を効果的，効率的に組み込む必要があり，これらマイクロ成分をいかにして複数個チップ上に組み込むかが本分野の研究目的の一つにもなっている（図12）。

　現在のところ，μTASの主な応用分野は，臨床検査，DNA分析，創薬関連技術（リード化合物の発見やスクリーニングなど）である。検体の中に異物（埃やゴミ等）などが混入した場合，非常に小さな径を持つマイクロチップに組み込まれているフローラインが目詰まりしないかどうかが，マイクロチップによる分析を現場で実用化する場合には大切な要因になるが，このような問題にも対処できるような分離と検出機能を有するμTAS（T-Sensor）の開発も行われている。T-Sensorは非常に少量のサンプル量で十分なので，イムノアッセイなどに使用でき，蛍光・光吸収・電圧・電流計のいずれの検出器も使える[25]。

　高いクロマト効果のあるマイクロチャンネルは，μTASを構成する重要な要素であるが，さらにμTASを効果的に操作するために，応用範囲の広い，安価で使い捨ての可能性のある検出器・電気制御システムなど，各種化学モニターがその構成要素として使われはじめている。現在では

マイクロリアクター —新時代の合成技術—

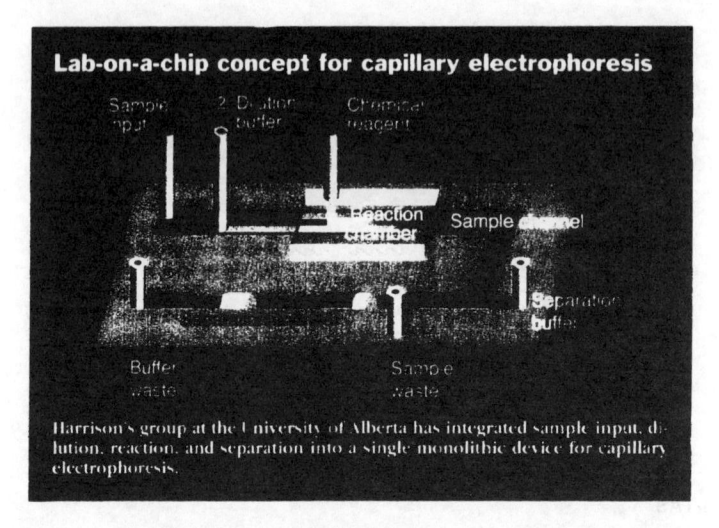

図13 キャピラリー電気泳動を目的としたLOCのコンセプト

380〜780nmの検出波長を有するダイオードアレー型マイクロ分光器は既に市販され,小型化されたIRやMSなどの分析機器の開発も行われているとの報告もある[26]。

4.1.2 Electrophoresis-on-a-chip

μTASの最近の大きな応用分野の一つとして,高効率・高分解能電気泳動装置の開発が挙げられる[27]。電気泳動とは,(電荷)/(質量)の比によって分離する一般的な分析手法であり,(電荷)/(質量)比にしたがって,プラスに荷電した分子は陰極に,マイナスに荷電した分子は陽極に違った速度で移動するという原理に基づく。最近,Microfluidics技術の利用により,分離のスピードとその感度の面で格段の進歩がみられるようになってきた(図13)[28]。たとえば,Gyros社の遠心力を利用する樹脂製CDは,蛋白質などの分析における高効率化を指向したデバイスであるといえる。また,UC BerkeleyのMathiesのグループでは,同時に96個のサンプルを並列で解析するために,自転車の車輪のような96本のフォーク状のキャピラリーカラムから成る小さな円盤状(10mm径)の"Microfabricated radical capillary array electrophoresis system"を開発し,これが最近市販されるようになった。1994年までは1個のDNA断片サンプルを分析するのに約120秒必要としたが,本法によって約30秒で96のサンプルの配列決定をする能力を持つようになったといわれている。同様に,化学リン光の検出器を組み込んだマイクロチップ型電気泳動装置を開発し,実際にイムノアッセイに実施されている例もある。

マイクロチップを利用した装置(capillary array electrophoresis microplate)を使用するこ

第2章 マイクロリアクターの特長

とによって，DNA関連化合物（DNA断片のサイズ分析，遺伝子多形や異形）などを迅速でしかも安価に分析でき，さらに，サンプル量の取扱量が非常に少なく，不純物による混合の可能性も少ない。したがって，その使用目的としては，たとえば，法医学分析，遺伝子病診断など，その応用範囲は広い。

4.2 合成への応用

　合成反応にマイクロリアクターの特長がいかに活かされているかを[29]，特にマイクロリアクターを構成する特長的なデバイスであるマイクロミキサーと[30]，効率的なマイクロ熱交換器に限って解説するとともに，これらを使った反応（特に液相反応）の幾つかについて以下に示す。なお，マイクロリアクターを使った一般的な合成反応の詳細に関しては，吉田氏らによる第8章と，柳氏らによる第9章を参照していただきたい。

4.2.1 マイクロミキサー

　ミキサーの種類としては，一般的には，機械的に操作する撹拌器，流れを利用する撹拌器，圧縮空気による撹拌器，振動による撹拌器，その他上記のカテゴリーに入らない特別な型の撹拌器に分けられる。強制・ホモジナイザー・振動・自由落下型などの撹拌器は，通常は固体ミキサーとして使われ，機械的撹拌混合（Mechanically operating mixers；各種羽根などが付いたミキサー）は，一般的に粘度の低い液体のいろいろな撹拌に使われ，これによって渦状の流体を作りあげる。一方，螺旋状の羽根は，たとえば粘性の高い液体（ペースト，クリーム状の物）を，一種の層流に近い方法で撹拌混合するために使用される。これに対して，Streaming mixersとは，高速流流を作り，直接衝突を増加させることで混合効率を上げる方法である。液体や気体の撹拌混合には，以上のようなMechanically operating mixersやStreaming mixersが広く使われているが，固体の場合には別の撹拌方法が使われる。たとえば，圧縮空気による撹拌器は，固体物質を流動性にするために使われ，外部からの振動を使った，たとえばヴォルテックス型の撹拌器では，時として空気をバブリングすることが併用される場合もある。

　マイクロミキサーは，小さなチャンネル径なので，ほとんどの場合は層流型であり，混合は最終的には分子拡散に依存する。すなわち，拡散による混合では，混合に要する時間は拡散距離の2乗に比例する。

　　　$T = d^2/D$　　　T：混合に要する時間，d：拡散距離，D：拡散係数

　層流は，広い接触面を確保するために主流を多くの小さな流れに分割し，あるいは1本のチャンネルの場合には，小さな拡散距離を発生させるために流れの軸に沿ってチャンネル幅を減少させることも行われ，splitting-recombination mechanismが採用されている（図14）。それによって，たとえば水性系での小さな有機分子の拡散は，流路が$100\mu m$では約5秒だが，$10\mu m$の薄い

マイクロリアクター ―新時代の合成技術―

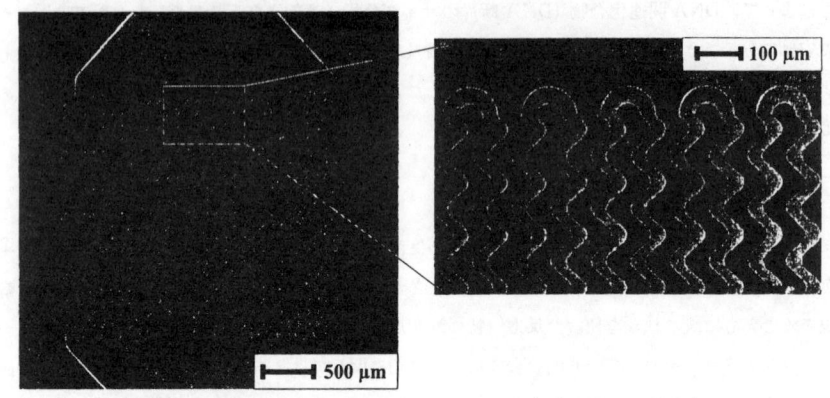

図14 LIGA 技術によって作られたミキサーの要素（多層；2×15本）

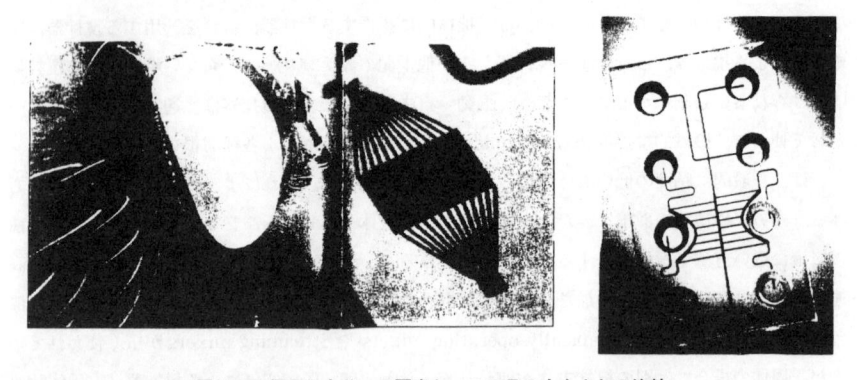

図15 1個のミキサーの要素とハエの目の大きさとの比較

層流では僅か50msで達成されるとの報告もある。
　さらに拡散を助けるためには，機械，熱，振動，電気エネルギーなども原理的には使われ，超音波発生器などの例も報告されている。また，それ程多くはないが，渦巻き型の混合が併用されることもある。たとえば，可動マグネチックビーズの使用がマイクロシステムで報告されている。
　T字型流路系を使った2液の混合の場合，Ehrfeldらの成書による分類によれば[31]，小型化されたミキサーの種類としては，
　① 高速エネルギーをかけることによる2液流の衝突
　② 1成分を多数の流れにして，もう一方の成分の流れに吹き付けることによる混合
　③ 2方向から導入される2液を，多層に分割することによる2成分の混合（図15）

28

第2章 マイクロリアクターの特長

④ 流速を増すことで，液の流れる方向に垂直に拡散距離を減少させる方法
⑤ 層流になっている2成分から成る流れを，複数回分割・再配列を行うことによる混合
⑥ 外部エネルギー（撹拌・超音波・電気・熱エネルギーなど）を利用する混合
⑦ 小さな液体区分を断続的に吹き込むことで実施される混合

使用目的あるいは実行する反応などを効率的に行うために，どのような手法のミキサーが最適かを考える必要がある。一つの決まった方法でもよいが，2種以上の手法によるコンビネーションの方がよい場合もあり，あるいは独自で目的に合ったミキサーを考案することも可能である。

4.2.2 マイクロ熱交換器

単位体積あたりの表面積（比表面積）が非常に大きいことの特長をうまく活かした熱交換器により，気体―液体反応や，器壁を利用した固体―液体，固体―気体反応のような不均一反応が効率よく行えるばかりではなく，熱交換率が高いので，温度調節を効率よく行うことができ，従来の反応装置では実現不可能だった精密温度制御が可能になった。

$T = d^2/\alpha$　　T：熱伝達時間，d：チャンネル幅，α：液の熱拡散率

熱交換器とは，一方の流液から他方の流液へと，器壁などの固体の境界面を通して熱を効果的に移すために用いられるデバイスであり，それを効率よく行うためには，大きな接触面と，熱流量のための推進力になる高い温度勾配とが必要とされる。一つの工業的な目的のために熱交換器を用いようとするならば，効率的な熱交換のみならず，熱移動の圧損に対しても十分に考慮され

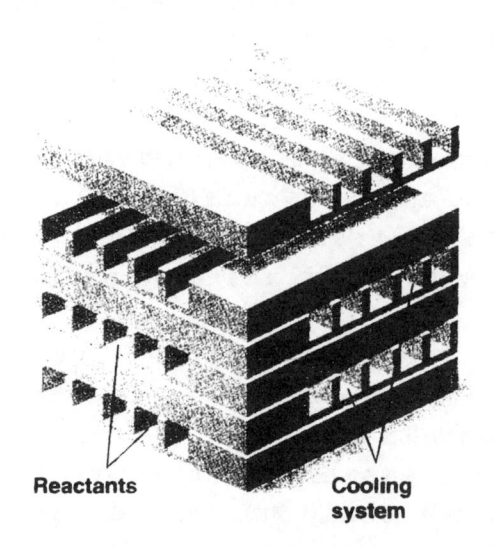

Material: High-purity copper
Number of plates: 20
Plate dimensions: 14 x 14 mm
Thickness: 0.5 mm
Number of channels/plate: 20
Channel size: 0.32 mm x 40 mm
Heat exchange coefficient: 20,000 W/ $m^{-2}K^{-1}$

This FZK micro heat exchanger features a nested configuration, in which process fluid flows through every other level, while the cooling fluid flows in a perpendicular direction through intervening levels

図16　代表的なマイクロ熱交換器の構造

マイクロリアクター ―新時代の合成技術―

なければならず，このような目的に合うコンパクトな熱交換器の開発はすでに数十年前から着手されてきている。これら熱交換デバイスの典型的な形態は，液の流れを非常に径の小さな多数の流れ（小さい Reynolds 数を有する）に分割することができるような構造体になっている。今日，以上のような考え方に基づいて設計されたプレート型熱交換器は，マイクロ熱交換器の大部分を占めていて，広い接触面と温度勾配の増加が特長的な小型化された小さな板状のデバイスにおいては，効率的な熱交換が実行されている。

いろいろな形態のマイクロ熱交換器が目的に応じて開発されているが，その代表的な例としてcross-flow heat exchanger について説明する。液の流れを交差させるような様式になっている熱交換器の原型は，すでに1980年代に Karlsruhe 研究所で開発されている。数 cm 角の約100枚のプレート（1枚のプレートの厚さは20～25μm）からなり，総計約4,000本のチャンネルが掘られている。わずか 1 cm^{3}角の熱交換器でも，その内面積は300cm^2，熱交換面は150cm^{2}にもなる。また，25bar 以上の圧損があるとの実験結果がある（図16）[32]。

4.2.3 溶液反応への適用

液相反応では，液体の粘性の問題や，反応時間が数十秒から数時間と比較的長いなどの理由のため，マイクロリアクターに適用することが気相反応に比べて比較的遅れていた。従来から，ほとんどの液相反応が長い反応時間を必要とするといった正確ではない概念があったが，実際には，同じプロセスでもバッチ型から連続フロー型に変更することにより数秒で完結する反応も多い。たとえば，ドイツ Merck 社の有機金属反応では，5時間のバッチ反応が僅か10秒程度で完結することが実際に証明されている[8]。最近，薬や有用な物質のスクリーニングにコンビナトリアルケミストリーの手法が汎用されるようになってきたが，これには連続フローシステムが採用されている例が多い。しかし，量的には微量とはいうものの，使用するチャンネル全て（入り口から出口まで）を液体で満たす必要があり，特に高価な試薬・基質などを使用する場合には無駄な消費になり，これがバッチ型と比べての欠点といわれるが，液体を小さなプラグ状に流すことで解決しようとする試みも行われている（たとえば，ジアゾカップリング反応）[33]。しかし，マイクロリアクターで2層系を取り扱う場合の流体力学はエマルジョンと似ていて，まだまだ不明のところが多く，これからの研究が待たれるところである。

多段階反応では，それまで経過したステップの原材料費が積算されてくる最終ステップの収率が一番重要になる。多段階・多種類の反応を実施するためには，レゴシステムのように必要なユニットブロックを適宜はめ込む手法と，積層型反応器の場合には，ユニット板（たとえば，ディレーループの導入，複数の熱交換器の増設など）を挟み込む方法が考えられるが，いずれにしても，自由度の高いモジュール型のデザインが最適かもしれない（図17）。これは，一般の合成装置の開発で検討されてきた実情と極めて類似している。以下にマイクロリアクターを使った代表的

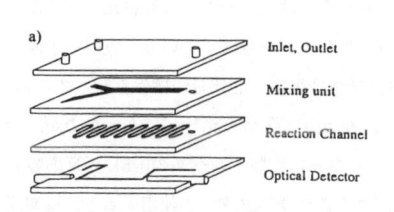

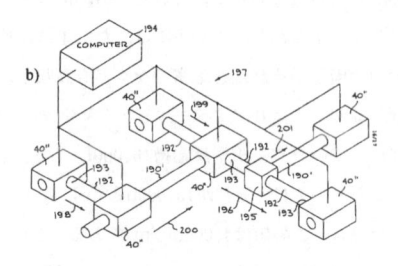

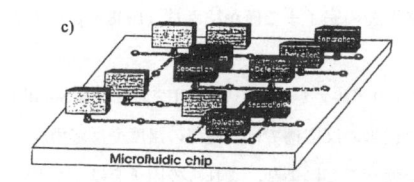

第2章 マイクロリアクターの特長

図17 マイクロリアクターの形状
a) ウエハーチップ型マイクロリアクター b) レゴ型マイクロリアクター[34]
c) ブロック型マイクロリアクター

材質：シリコン、ガラス、石英、
　　　ポリマー素材（プラスチックなど）

加工技術：wet-chemical anisotropic etching,
　　　　　LIGA, Laser-LIGA, dry etching process
　　　　　photosensitive glass, mechnical micro-
　　　　　machining etc.

な液相反応を解説する。

　マイクロリアクターを使う際に問題になるのは，反応の途中で沈殿などが形成される場合である。しかし最近，従来バッチ型で行われていたポリマーなどのラジカル重合反応では，効率的で安全，しかもプロセスの信頼性の高い連続フロー型の装置を用いる利点が認められるようになってきた。すなわち，均一な分子分布組成を得るために撹拌を効率的に行い，フローの途中で目詰まりなどの原因になり得る分子量の大きいポリマーの形成を防ぐなどの工夫がなされている。一般的には，実験室で得られた結果をそのままスケールアップして工場に移管することは不可能であるが，マイクロリアクターの場合には，ただ単に同じユニットを複数個増設（numbering-up）するだけで，問題が解決される場合が多い，たとえばAxivaでは，工業的生産に必要な量（年間2,000トン）を，実験室スケールで行ったマイクロリアクターユニットを32個用いることで確保できたとの報告がある[35]。

　ドイツMerck社では，より良いプロセス制御，プロセスの安全性（爆発性，毒性，突然，暴発的に反応が進行する臨界放射）を図るために目的で，ある重要な中間体を合成するためにマイクロリアクターの概念を採用した。マイクロリアクターは，特に吸・発熱反応や，速い反応，温度に鋭敏な反応などに有利である。Merck社では実際の生産現場に移行する前に，まず以下のような最適化条件の検討を行った。流速が0.4L/hrの時には，非常に狭い範囲の反応温度でのみ高収率

31

(100%)が得られていたが、これを2.0L/hrにすると、広い反応温度でも高収率で得られたことが判明した。すなわち、この事実は、ただ単に流速を変えるだけで、たとえば原料比・反応温度などの他の因子がそれほど厳密でなくとも高収率が得られたことを意味している。実際の生産現場では、5個のミニリアクター（ミニミキサー）をパラレルに用いて必要量の確保を行っている。従来使用していたバッチ型反応槽（6,000L）では、容積/表面積は高々4 m^2/m^3であったのが、マイクロミキサーでは、それが10,000m^2/m^3にもなった。ちなみに実験室レベルの0.5Lの反応容器を使った場合、この値は4,000m^2/m^3である。さらに、マイクロリアクターを使用すると、短期間で基本的な実験は完了することが利点として挙げられる。たとえば、上記グリニャー反応によるケトンの還元では、最初のアイディアからプロセス開発の完了まで僅か18カ月（1998年8月スタート）だったとの報告がなされている[8]。

炭素—炭素結合の形成反応として、最近のコンビナトリアルケミストリーで汎用されているSuzuki反応を行う場合、撹拌羽根の付いたタンクのような従来の反応槽では、内部の温度や反応濃度などの制御は困難であったが、マイクロリアクターを使うことにより、これらの因子をほとんど一定に保つことができた[36]。

またWittig-Horner-Emmons反応においては、HPLC用カラム（0.8長/0.2幅；f）に2個のマイクロミキサーを備えたマイクロリアクターシステムの構築により、従来の実験室で得られた結果よりも良好な結果が得られている。さらに、湿気を嫌う反応や、酸素に鋭敏な反応などには、マイクロリアクターを使うことで、不活性ガス雰囲気下で行う煩わしさから開放される利点がある。さらに、Polystyreneやpoly (vinyl-chloride)のようなポリマーのラジカル合成で使われるDushman反応は、速い反応で非常に発熱反応のため非常に危険性を伴う反応であるが、MITではノズル型のマイクロミキサーと向流型のフロー熱交換器を使うことで安全に実施されている。

5 おわりに

マイクロ流体工学（microfluidics）は、基礎化学の分野で非常に興味のあるテーマになる可能性を秘めている。実際にマイクロ流体工学を利用した小型化された装置を効果的に操作するためには、マイクロポンプ、マイクロフィルター、マイクロリアクター、マイクロ検出器、マイクロ分離・精製カラムなどの関連する部品の開発も必要になる。また、合成や分析のシステムを小型化しようとする場合には、マイクロチャンネル中の液体に圧力をかけて移動させるよりも、分極した液体をバルクのままで装置のそれぞれの極に移動することができる、バルブとポンプを兼ね備えたような電子浸透性（electro-osmosis）装置の方が好ましい場合もある。これによって、高速分析、省溶媒・微少サンプル、装置の小型化、チップデザインの自由度の高さに加えて、さら

第2章　マイクロリアクターの特長

> Drops one billionth of a liter in volume are shown being dispensed through the eye of a needle. Miniaturization enables low volume dispensation of valuable reagents and lowers consumable costs.

図18　針の穴と微小液滴との比較（Aurora社のカタログより抜粋）

に微少サンプルの操作が電圧操作だけで可能になる。

現在，化学システムを構築するために用いられているチップの一般的形状は，数cm角のシリコン・ガラス・石英・ポリマー素材などの切片に，50μm程度の横断面を持つようにエッチングされた反応槽やチャンネルから形成されている(図17)。すなわち，マイクロマシニング技術を応用して微細加工を施し，ガラス，シリコン，各種金属またはプラスチックなどの部材上に幅および深さが数μmから数μmサイズの微小空間を形成し，そのチップ上にマイクロバルブやマイクロポンプなど化学操作に必要な機能部品をマイクロ化して集積する研究[37]，チップ上の微小空間における化学反応を検討する研究や[38]，微小空間で扱う微量試料を高感度に検出する技術の研究[39]，さらには，化学分析システムそのものをチップ上に集積化する研究[40]などが最近注目を集めている。これらの研究は，LOCあるいはμTASといわれ，1980年代後半から欧米を中心に研究の機運が高まり，1990年代に入ってからは世界中に広がりをみせている。そのなかで，マイクロスケールの空間で行う化学反応は，試薬消費量が少ないこと，多品種あるいは多条件同時合成が可能なこと，スクリーニングをするための化学分析機能が集積できること，スケール効果により比表面積が大きいため，マクロスケールとは異なった化学反応が期待できること，などから，21世紀の化学産業を支える基盤研究として注目されつつある[41]。

現在のところ，小型化の応用が最初に行われる可能性のある分野は，生化学を含む分析であるが，他の分野への応用も非常なスピードで実施されつつある。現在，LOC技術の応用で焦点が当てられている研究には，以下のような分野がある[42]。

① 人間を含む生物のゲノムプロジェクトにおけるDNA配列分析システム
② PCRなどの生化学分析システム
③ 創薬の高効率スクリーニングシステムの構築
④ シアン化水素やホスゲンのような毒性の高い化合物の合成
⑤ 爆発の危険性のある化合物の合成

33

マイクロリアクター ―新時代の合成技術―

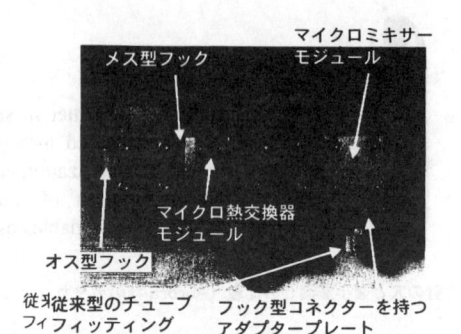

図中ラベル: メス型フック / マイクロミキサーモジュール / マイクロ熱交換器モジュール / オス型フック / 従来型のチューブフィッティング / フック型コネクターを持つアダプタープレート

図19 モジュール型マイクロリアクターシステム

⑥ 在宅医療のための小型装置
⑦ 生物・化学兵器に対する防御分析システム

　小さな液滴までも操作できる技術の発達とともに，コンピュータ関連の技術革新とロボットの精度向上により，装置の小型化が可能になってきた(図18)。小型化された装置は，特に定型化された処理，たとえば，一般の化学分析や，バイオ関連物質の分離・分析および医療分野における血液や体液などの化学成分分析やアッセイでは効果的に使用されている。しかし，小型化された合成装置が実際使われるようになるには，まだまだ時間を要すると思われるが，最近，国内の各方面でも開発の検討がいろいろと始まっている。

　一方，マイクロリアクターを合成に適用する際，以下のような早期に解決されるべき問題点が考えられる。すなわち，マイクロリアクターによる合成では，撹拌混合・熱交換装置など，それぞれマイクロ構成要素のさらなる開発も必要であり，将来的には，その周辺機器（たとえば，分析・精製・同定・アッセイなど）の小型化も必要になってくる。マイクロリアクターを使用すると，選択性・収率の向上が認められる反応も多いが，チップ素材を含めて，マイクロリアクターが全ての反応に使える，すなわち汎用性の高いマイクロリアクターの開発にはいまだ至っていない。また，多種の反応に適用可能なマイクロリアクターとして，モジュール型(たとえばレゴ型)反応装置の開発がIMMなどで始められてはいるものの(図19)，現在のところ，一定の反応に適用される一定のマイクロチャンネル型反応装置の開発・適用が主である。また，広範囲の溶媒を移送する一般的な方法はなく，特にナノオーダー範囲の極微小のチャンネルを使った合成・分析装置の開発には，時として市販の試薬・溶媒などでもフィルターを通す必要や，クリーンルームの設備が必要になる場合がある。チャンネル内で析出した不用物による目詰まり対策などの問題になる場合があるが，近い将来，これら諸問題は解決され，効率的で効果的な合成や分析が行わ

第2章 マイクロリアクターの特長

れるようになると期待される。

　近畿化学協会・合成部会に属するロボット合成研究会においても，マイクロリアクターについての公開討論会などが実施されていて，「マイクロリアクター――技術の現状と展望―」と題する本も出版されている[43]。最後に，㈶化学技術戦略推進機構・マイクロリアクター WG の「化学合成を指向したマイクロリアクター技術に関する調査研究 (2000年6月)」活動を通じて，本稿の内容について実りある討議を頂いた，佐藤忠久主査（富士写真フイルム）をはじめ，各ワーキンググループのメンバーの方々，およびロボット合成研究会代表幹事の吉田潤一教授（京大・大学院工）をはじめ，本研究会の幹事の先生方に謝意を表します。

文　　献

1) 吉田潤一，菅原徹；技術情報協会講習会（東京）(2002年)
2) 庄子習一，マイクロ化学分析システム，電子情報通信学会論文誌，J81-CI, 7：385-393(1998)；菅原徹，有機合成化学会誌，**55**, 466(1997)；日本化学会76春季年会・特別企画，神奈川大学，1999年3月；菅原徹，ファルマシア，**36**, 34(2000) など
3) A. V. Lemmo, J. T. Fisher, H. M. Geysen, D. J Rose. *Anal. Chem.*, **69**, 543(1997)
4) 朝日新聞の科学ニュース誌，サイアス6月号，48-57(1998)
5) Chemistry in Britain, 31,(1996)
6) たとえば S. Shoji, "Fluids for Sensor Systems, Topics in Current Chemistry," **194**, 163-188, Springer-Verlag, Berlin(1998)
7) G. Blankenstein, U. D. Larsen, *Biosensors & Bioelectronics*, **13**, 427(1998)
8) H. Krummradt, U. Kopp, J. Stoldt, *GIT Labor-Fachz*, **43**, 590(1999)；H. Krummradt, U. Kopp, J. Stoldt, *3rd International Conference on Microreaction Technology, Proceeding of IMRET 3*, 181-186, Springer-Verlag, Berlin(2000)
9) S. Hardt, W. Ehrfeld, K. M. vanden Bussche, Proceedings in *4th International Conference on Microreaction Technology, IMRET 4*, Atlanta, USA(2000)
10) U. Hagendorf, M. Janicke, F. Schüth, K. Schubert, M. Fivhner, Proceedings in *2nd International Conference on Microreaction Technology*, AIChE, New Orleans, USA ; G. Veser, G. Friedrich, M. Freygang, R. Zengerle, Proceedings in *3rd International Conference on Microreaction Technology, IMRET 3*, 647-686, Springer-Verlag, Berlin(2000)；W. Ehrfeld, V. Hessel, H. Löwe, *Proceedings in 4th International Conference on Microreaction Technology, IMRET 4*, Atlanta, USA(2000)
11) T. Bayer, D. Pysall, O. Wachsen, Proceedings in *3rd International Conference on Microreaction Technology, IMRET 3*, 165-170, Springer-Verlag, Berlin(2000)
12) 岡本秀穂，化学工業，**63**, 27(1999)；岡本秀穂，有機合成化学協会誌，**57**, 805(1999)
13) G. Weissmeier, D. Honicke, Process Miniaturization；*2nd International Conference on Microreaction Technology*, New Orleans, LA, USA(1998)

14) M. U. Kopp, A. J. deMello, A. Manz, *Science*, **280**, 1046(1998)
15) R. F. Service, *Science*, **282**, 396(1998)
16) S. Borman, *C & EN*, Feb. 1, 1999 ; R. T. Service, *Science*, **283**, 619 (1999); J. T. Santini Jr., M. J. Cima, R. Langer, *Nature*, **397**, 335(1999)
17) Terry et al., *IEEE Trans Electron Devices*, **26**, 800(1979)
18) R. F. Labandiniere, *Drug Discovery Today*, **3**, 511(1998)
19) Aurora社のカタログ, およびB. A. Griffin, S. R. Adams, R. Y. Tsien, *Science*, **281**, 269(1998); M. Whitney, E. Rockenstein, G. Cantin, T. Knapp, G. Zlokarnik, P. Sanders, K. Durick, F. F. Craig, P. A. Negulescu, *Nature Biotech.*, **16**, 1329(1998)
20) G. Zlokarnik, P. A. Negulescu, T. E. Knapp, L. Mere, N. Burres, L. Feng, M. Whitney, K. Roemer, Y. Tsien, *Science*, **279**, 84(1998); B. A. Griffin, S. R. Adams, R. Y. Tsien, *Science*, **281**, 269(1998)など
21) W. Harrison, *Drug Discovery Today*, **3**, 343(1998)
22) R. W. Wallace, *Drug Discovery Today*, **3**, 299(1998)
23) J. J. Burfaum, *Drug Discovery Today*, **3**, 313(1998)
24) N. H. Chiem, Harrison J. D., *Clin. Chem.*, **44**, 591(1998)
25) B. H. Weigl, P. Yager, *Science*, **283**, 346(1999)
26) たとえばBostam et al., *Proc. Int. Soc. Opt. Eng.*, 721-724(1997)
27) D. J. Harrison, K. Fluri, K. Seiler, Z. Fan, C. S. Effenhauser, A. Manz, *Science*, **261**, 895(1993)
28) S. C. Jacobson, C. T. Culbertson, J. E. Daler, J. M. Ramsey, *Anal. Chem.*, **70**, 3476(1998)
29) S. J. Haswell, R. J. Middleton, B. O'sullivan, V. Skelton, P. Watts, P. Styring, *Chem. Commun.*, 391(2001)
30) M. Kabuta, F. G. Bessoth, A. Manz, *The Chemical Record*, **1**, 395-405(2001)
31) W. Ehrfeld, V. Hessel, H. Löwe, Microreactors, Chapter 3, 41-86, WILEY-VCH(2000)
32) A. Shanley, *Chem. Eng.*, March, 30-33(1997)
33) H. Salimi-Moosavi, T. Tang, D. J. Harrison, *J. Am. Chem. Soc.*, **119**, 8716(1997)
34) N. M. Allen (University of California), US Patent, No.5, 639, 423(特表平7-508, 928)
35) T. Bayer, D. Pysall, O. Wachsen, 3rd *International Conference on Microreaction Technology, ProceedingofIMRET 3*, 165-170, Springer-Verlag, Berlin(2000)
36) N. Schwesinger, O. Marufke, F. Qiao, R. Devant, H. Wuziger, 2nd *International Conference on Microreaction Technology, Topical Conference Preprints*, 124, AIChE, New Orleans, USA(1998)
37) 久本秀明, 北森武彦, *Petrotech*, **23**, 18(2000);渡慶次学, 北森武彦, 熔接学会誌, **69**, 24(2000)
38) 金幸夫, 久本秀明, 佐藤記一, 火原彰秀, 機械振興, **4-5**, 42(2001)
39) K. Mawatari, T. Kitamori, T. Sawada, *Anal. Chem.*, **70**, 5037(1998)
40) 庄子習一, 機械振興, **4-5**, 26(2001)
41) 中西博昭, ロボット合成研究会第8回公開講演会, 講演要旨集, 38(2002)
42) M. Freemanthe, *C & EN*, 27-36(1999)
43) ロボット合成研究会第2回公開講演会, マイクロリアクター技術の現状と展望, 近畿化学協会編, 住化技術情報センター(1998)

第3章　化学合成用マイクロリアクターの開発
（構造体・製作技術）

細川和生*

1　はじめに

　マイクロマシンは半導体の微細加工技術を使ってメカニカルな部品やシステムを製作する技術であり，化学分野への応用はまず化学分析から始まった。化学分析の目的は試料から情報を得ることにあるので，同じ情報を得るなら試料は少ないほど良い。したがって装置を微細化するメリットは明らかで，さらにバイオ分析には巨大なマーケットが見込まれるため，研究が爆発的に進んだ。この分野を代表する国際会議「Micro Total Analysis Systems」（マイクロタス）は1994年にスタートしたが[1]，早くも電気泳動チップなどの製品が次々と市場に投入されている状況である。わが国はマイクロマシン先進国の一つであるにもかかわらず，マイクロタスの分野では大幅に出遅れたといわざるをえない。

　一方，化学合成の目的は情報ではなく「物」を得ることにあるので，微細化のメリットは分析ほど自明ではない。この点に関しては，本書では詳細に論じられていると思うので深入りはしないが，要点は（表面積）/（体積）の比が大きくなる効果であり，たとえば精密かつ高速な温度制御が可能になるとされている。また，反応条件検討などの用途にも有効性が期待できる。こうした点が認識されてマイクロリアクターの研究が始まったのはマイクロタスより少し遅れ，国際会議でいうと第1回「Microreaction Technology」が97年に開催された[2]。その意味でマイクロリアクターの研究開発には，これから参入する者にも大きなチャンスがあると考えられる。現状ではドイツのIMM（マインツ・マイクロ技術研究所）とカールスルーエ研究所がリードし，それを米国の各研究機関が急速に追い上げるという図式になっている。

　本章の主題であるハード面という観点からは，分析/合成という違いよりもバイオ/有機という違いのほうが重要である。バイオ・医療分野の応用ではおおむね水溶液，室温，大気圧という条件が想定され，構造体の耐薬品性，耐熱性，強度は低いものでよい。その代わりコンタミネーションを極度に嫌うため，実用上「使い捨て」以外には考えられず，構造体の製造コストは低く抑えなければならない。この目的に合致する代表的な材質は樹脂である。一方，有機合成では，反応性の高い物質を，高温・高圧の条件下で扱うことが想定される。その代わり「使い捨て」とい

＊　Kazuo　Hosokawa　理化学研究所　バイオ工学研究室　先任研究員

マイクロリアクター —新時代の合成技術—

う要求は必ずしもないので，リアクターは金属などの強い材質を使った多品種少量生産品というスタイルが予想される。

しかし現時点では，このような分類は観念的なものであり，まだはっきりした色分けがなされているわけではない。本章では，分析/合成，あるいはバイオ/有機というアプリケーションの分類はあまり意識せず，それらに共通する基本構造体を製作する技術を，なるべく幅広く紹介する。その構造体とはマイクロ流路(microchannel)である。マイクロ流路の断面寸法は一般に数十～数百μmで，これは従来のガラスキャピラリーに比べて格別細いとはいえない。マイクロ流路を微細加工で作る利点は，途中で断面形状を変化させたり，分岐・合流を設けるなど，流路とそのネットワークを自由に設計できることである。マイクロ流路は2枚の基板，すなわち微細な溝を加工した基板Aと，平らな基板Bを接合することによって形成される。以下では，これを製作するのに必要な2つの要素技術，すなわち基板Aに溝を作るための微細加工技術と，2枚の基板を接合する技術について概観する。これらの技術に関する日本語の教科書では文献[3]が優れており，本章を書くにあたってもかなり参考にした。むろん，同書が発行されてからも製作技術は進歩を続けており，特に高アスペクト比加工とポリマー応用に関してはめざましく進んだので，以下ではこれらに力点を置いて解説していく。

2 微細な溝を加工する技術

微細加工に限らず，加工技術は逐次加工と一括転写加工に分類することができる。たとえば樹脂成形品はわれわれの身のまわりに無数にあるが，これらは切削などの逐次的な方法で金型を加工し，その金型の形状を樹脂に転写することによって作られている。逐次加工は材質と形状の自由度において，転写加工は生産効率において優れている。微細加工の基本プロセスはほとんどが転写加工で，それを次々に連鎖させていくのが特徴である。もちろん，いちばん上流の「型」だけは逐次加工で作る。普通これにはフォトリソグラフィー用のマスクが該当し，電子線をスキャンすることによりパターンを描画する。以下では主に転写加工について説明し，逐次加工は最後にまとめて紹介する。

各論に入る前に，「アスペクト比」というキーワードを説明しておく。これは基板に対して(垂直)/(平行)方向の寸法比であり，マイクロ流路では(深さ)/(幅)ということになる。なるべく高いアスペクト比が要求されるケースがよくある。たとえばマイクロタスでは，基板に対して垂直な方向から光を使って検出を行うのが一般的だが，流路が深いほど光路長を稼ぐことができ，結果的に感度が上がる。しかし，元来半導体加工は平面的であり，高アスペクト比の構造を作るのは苦手で，コンベンショナルな方法の限界はおおむねアスペクト比1である。これ以上の高ア

第3章 化学合成用マイクロリアクターの開発（構造体・製作技術）

スペクト比を得る方法は，長い間 LIGA プロセス以外になかった。もう少し手軽な高アスペクト比加工法として，DRIE と厚膜レジストが登場し，急速に発展・普及しつつある。

2.1 フォトリソグラフィー

基板に塗られたフォトレジスト（感光性のポリマー）に影絵の原理でマスクのパターンを転写する，微細加工の基本工程である。現像すると感光部（ポジ型レジストの場合）または非感光部（ネガ型レジストの場合）が選択的に除去される。用いる光の波長が短いほど転写精度は高い。マイクロマシンで標準的に用いられるのは近紫外線である。ただし，後に述べる LIGA プロセスでは X 線を使う。レジストはその名が示すように，エッチングに抵抗するマスキング層が本来の役目であったが，最近では厚膜レジストを使ってそのまま構造材料とし，エッチングを省略する場合も多い。これに関しても後述する。

2.2 エッチング

フォトリソグラフィーで得たレジストの開口部から基板材料を化学的に除去することにより，パターンを基板材料に転写する加工法である。液相中で行うウェットエッチングと気相中で行うドライエッチングがある。その中でさらに等方性エッチング (isotropic etching) と異方性エッチング (anisotropic etching) に分類され，合計4つのカテゴリーがある。等方性エッチングはすべての方向に同じ速度でエッチングが進むのに対し，異方性エッチングでは側壁をエッチングせずに垂直方向に掘り進むことができるので，アスペクト比の高い構造を作ることができる。ただし，異方性エッチングが可能な材料はかなり限定されており，マイクロ流路に使われているのはシリコンのみである。

等方性ウェットエッチングで重要なのは，ガラスや石英基板の加工である。エッチング液はフッ酸水溶液を用いる。電気泳動チップはもっぱらこの方法で加工されている[4]。異方性ウェットエッチングは単結晶シリコンの加工に用いられる。エッチング液は水酸化カリウム，TMAH（水酸化テトラメチルアンモニウム）などのアルカリ水溶液で，{100}面が{111}面より数十倍から数百倍速くエッチングされる。なお｛　｝は方向の違う同種の結晶面（(001)面，(010)面など）の総称である。マイクロ流路の加工には表面が{100}面のシリコンウェハーを用いる場合が多い。側壁には{111}面が出てくるが，この場合は側壁が表面に対して約55度の角度をもっているため，流路の断面は台形もしくは三角形となる。アスペクト比の限界は約1である。

ドライエッチングは，反応ガスに高周波電圧をかけてプラズマ化したものを用いるので，プラズマエッチングともいう。等方性ドライエッチングはマイクロ流路の製作にはあまり利用されないので省略する。異方性ドライエッチングでは，溝の側壁に保護膜を堆積させながら，底面のみ

をエッチングしていく。プラズマ中のイオンが電場によって加速され，基板に垂直に入射して溝の底面をたたき，底面の保護膜のみをはがす。これが RIE (reactive ion etching) であり，半導体加工の標準的なプロセスである[5]。一方，DRIE (deep reactive ion etching) はシリコンのマイクロマシニングに特化したプロセスであり，その特徴は ICP (inductively coupled plasma) 方式で高密度のプラズマを発生することと，エッチング/側壁保護を時分割で行うことである[6]。DRIE は高アスペクト比の構造が作れるだけでなく，エッチング速度が約 2 μm/min と速いのも魅力であり，もとより異方性ウェットエッチングのような結晶方向による加工の制約もない。DRIE は急速にシリコンマイクロマシニングの主流となりつつある。一つの欠点はエッチングした面が粗いことで，特に側壁には時分割プロセスを反映した規則的な紋様が残る。設備が高価なことも研究現場にとっては大きな問題である。

2.3 LIGA

LIGA はドイツ語の略語であり，リソグラフィーと電鋳を意味する。現在最高のアスペクト比と寸法精度が両立する方法であるが，コストもまた最高である。この場合のリソグラフィーは X 線を用いる。光源はシンクロトロン放射であり，波長は 0.2～0.6 nm である。レジストには PMMA（ポリメタクリル酸メチル）を使い，1 mm 程度の膜厚まで垂直に露光することが可能である。現像してできた PMMA の構造を型として，この形状を電鋳で金属に転写する。電鋳とは，メッキによって型の空隙部に金属を成長させていく転写加工である。この場合の金属には，メッキの容易さからニッケル，銅，金などが用いられる。マイクロリアクターの提唱者である IMM の Ehrfeld らのグループでは，LIGA を加工プロセスの中核として使っている[7]。

2.4 厚膜レジスト SU-8

LIGA の問題点は X 線リソグラフィーのコストが高すぎることである。シンクロトロンにアクセスすることは一般人には容易ではない。また X 線用のマスクは，それ自体もリソグラフィー・エッチング・電鋳などによって製作される，高価なものである。この欠点を補うべく登場したのが，紫外線用の厚膜レジスト SU-8 であり，1997年ごろから市販され，現在ではマイクロ流路その他に広く応用されている。SU-8 はエポキシ樹脂をベースとしたネガ型レジストであり，1 mm 程度の厚さまで露光・現像が可能である。X 線リソグラフィーのようなサブマイクロメートルの精度は原理的に出せないが，多くのアプリケーションではそこまで必要としない。SU-8 は標準的なマイクロマシン設備で使えるという手軽さから，短期間で普及した。SU-8 の構造体をそのままマイクロ流路にすることもできるが[8]，むしろ SU-8 を型にして，ほかの材料に形状を転写して使うことが多い。一つは LIGA と同様に電鋳で[9]，このプロセスは UV-LIGA（俗称 Poor man's LIGA）

第3章 化学合成用マイクロリアクターの開発（構造体・製作技術）

表1　高アスペクト比加工技術の比較

	アスペクト比	精度	比較	コスト
LIGA	～100	非常に良い	金属	非常に高い
DRIE	～30	良い	シリコン	高い
SU-8	～20	やや劣る	樹脂	安い

と呼ばれる。もう一つはシリコーンゴムに転写する方法で[10]、これはあらゆるマイクロ流路製作法の中で最も簡単といえる。シリコーンゴム自体が粘着性をもっているために接合工程も不要で、用途によっては有望な方法である。

　DRIE, LIGA, SU-8は現在の代表的な高アスペクト比微細加工技術である。これらの特色を表1にまとめる。なお，DRIEで加工したシリコンを型として使い，電鋳を行うことも可能である[11]。要するに，これらすべての高アスペクト比構造は金属に転写でき，それを使って次に述べる成形加工で樹脂に転写でき，さらに再び電鋳で金属に転写して予備の金型とすることもできる。ただし，電鋳ができる金属は限定されており，ニッケル，銅，金など標準的なもの以外は，特別なノウハウが必要か，あるいはまったく不可能である。

2.5　成形加工

　身近な例では，CD(コンパクトディスク)は金型がもつ微細形状を，射出成形（injection molding）によって樹脂に転写したものである。CDの金型（スタンパー）もリソグラフィーと電鋳によって作られている。同様な方法でマイクロ流路を作り，外形寸法もCDと同じ分析デバイスがある[11,12]。これらの金型はUV-LIGA，あるいはDRIEと電鋳の組み合わせで作られている。サンプル，試薬を注入した後に，やはりCDと同様に回転させ，遠心力により液体をポンピングし，混合する。射出成形にはCDの製造装置を流用している。その他では，IMMのマイクロポンプ[13]の主要部分は，LIGAで作った金型を用いて射出成形したものである。

　ホットエンボス加工（hot embossing）も，マイクロ流路の製作には有力な方法である[14]。これは樹脂基板をガラス転移温度より少し高い温度（これは射出成形を行う温度より，100℃以上は低い）まで加熱し，金型を押し付けて形状を転写する加工法である。射出成形よりも簡単な設備でできるので，研究用には適している。さらに，同じ装置を接合工程にも使用できる利点がある。

2.6　逐次加工

　マイクロマシニングは半導体加工が出発点になっている。その歴史的な経緯から，逐次加工は転写加工に比べるとあまり利用されていない。逐次加工は生産効率では劣るものの，材質や形状

41

の自由度は大きい。化学合成用マイクロリアクターが多品種少量生産品ということになるなら，逐次加工の重要性は今後増していくことも予想される。

レーザー加工（laser machining）と放電加工（electro-discharge machining）は基本的には逐次加工であるが，パターン転写を行うこともできる。その場合はレーザー加工では光学マスクを用い，縮小露光も可能である[15]。放電加工では，LIGAで作ったニッケル構造を工具電極として，ステンレスに型彫り（die sinking）加工をした例がある[7]。

直線形の溝であれば，ダイヤモンドカッターで彫ることもできる。これは半導体チップをウェハーから切り離すときにも使われている。カールスルーエ研究所で作ったマイクロリアクターとマイクロ熱交換器の心臓部分は，ステンレスの薄板上にダイヤモンドカッターで平行な溝を無数に刻みつけ，さらにその板を無数に重ね合わせて，後述の拡散接合で一体化したものである[16]。

ダイヤモンドカッターによる加工は，材質の自由度は大きいが，形状の自由度はほとんどない。それと対照的なのが光造形（stereolithography）で，これは光硬化性樹脂にレーザービームを当て，三次元的にスキャンすることで構造体を得る方法である[17]。形状の自由度ではこれに勝る方法はないが，材質は光硬化性樹脂に限定されている。

3 接合技術

接合技術を大別すると，界面が固相のまま接合する固相接合と，一度液相となる液相接合がある。固相接合は接合部の変形が非常に小さいので，マイクロマシン分野ではよく利用され，陽極接合，直接接合，拡散接合などがある。固相接合は材質による制約が大きく，基板材質の組み合わせが決まれば，接合法に選択の余地はほとんどない。研究が進んでいるのは微細加工と同様，シリコンである。液相接合には融接，接着剤などがある。

3.1 陽極接合（anodic bonding）

陽極接合はガラスとシリコンの接合法で，マイクロマシンでは最もよく利用されてきた。ガラスとシリコンを重ね合わせて約400℃に加熱し，ガラス側に500Vほどの負電圧をかける。この温度では，ガラスは内部のアルカリイオンが移動できるために導電性があり，ガラスとシリコンのギャップ近傍で空間電荷層が形成され，静電引力が生じる。両者が引き寄せられるとともに，静電容量が増すため静電引力はいっそう強くなり，接合に至る。接合界面ではガラス中の酸素原子とシリコン中のシリコン原子が共有結合を生じていると考えられている。陽極接合ではガラスの熱膨張率がシリコンと整合する必要があり，パイレックスガラス（コーニング#7740）などが用いられる。

第3章　化学合成用マイクロリアクターの開発（構造体・製作技術）

3.2 直接接合 (direct bonding)

　直接接合はシリコン基板どうしを接合するのに用いられる。基板表面はきわめて平滑である必要がある。基板を硫酸・過酸化水素混合液で洗浄し，表面が水酸基で覆われた状態にする。これらの基板を塵のない清浄な雰囲気中で密着させると，両基板の水酸基どうしに水素結合が生じて，仮どめされた状態になる。これを1100℃で2時間ほど加熱するとシリコンどうしの共有結合となり，強固に接合される。そのメカニズムは，はじめ脱水縮合によりSi-O-Si結合となったのち，さらに酸素がとれてシリコン内部に拡散していくものと考えられている。

3.3 拡散接合 (diffusion bonding)

　拡散接合は主に金属に用いられる接合法である。基板を重ね合わせて加熱と加圧を行う。加圧による塑性変形で接触面積が増え，高温によって界面近傍の原子が互いに拡散し，原子の凝集力によって接合すると説明されている。文献[3]にあげられている条件例はステンレスどうしの場合で，真空中，温度700℃，圧力数 kg/mm^2（数十 MPa）となっている。ほかには LIGA で形成したニッケルどうしの場合が報告されており[18]，アルゴン雰囲気中，温度450℃，圧力7 ksi（約48MPa）である。

3.4 融接 (fusion bonding)

　ガラスやプラスチックなど，ガラス転移をする材質で，同種基板の接合に用いられる。一応液相接合に分類されるが，これらの材料は明確な融点をもたないので，分類の意味が不明確になってくる。具体的には，基板を重ね合わせて加圧しながらガラス転移温度以上に加熱する。ガラスや石英で電気泳動チップを作る標準的な接合法であり，この場合は500～600℃程度に加熱する[4]。樹脂の場合は100～140℃程度であり，ホットエンボス装置を流用することもできる。

3.5 接着剤

　寸法精度や強度その他の条件が許せば，接着剤は最も実用的な接合法であり，近年また見直されている感がある。接着剤は比較的低温で簡単に接合でき，母材の種類や接合面の平滑さもあまり問わない。マイクロ流路を製作する場合は，流路に接着剤が入らないようにする必要がある。一つのテクニックは，毛細管現象を使って接着剤を接合界面にしみこませる方法で，接着剤にはなるべく低粘度で基板との濡れ性が良いものを使う。光学レンズ用の接着剤は技術的に完成された商品で，紫外線硬化型のものを使ってDNA分析デバイスの接合を行った研究例がある[19]。材質はシリコンとガラスであり，界面に接着剤をしみこませたのち，ガラス側から紫外線を当てて硬化させる。

マイクロリアクター ―新時代の合成技術―

「フッ酸接合」は接着剤と呼べるかどうか微妙だが，見かけのテクニックは似ているのでここで紹介する。これは2枚のガラスを重ね合わせた界面に濃度1％前後のフッ酸水溶液をしみこませて加圧するという方法である[20]。界面がわずかながら化学的に溶けるはずで，接合されて当然な気もするが，この方法が始まったのは意外に最近のことである。フッ酸以外にも，ガラスに対して適切なエッチングレートをもつ溶液なら何でも使えるらしく，水酸化カリウム[20]，水酸化ナトリウム[21]が報告されている。

耐薬品性という意味で興味深いのは「サイトップ™」（旭硝子）を使った接合である[22]。サイトップはスピンコートが可能なフッ素樹脂であり，ほとんどの薬品に対して耐性をもつ。この場合は一度スピンコートして薄膜を形成した後に，酸素プラズマでエッチングしてパターンを作り，相手側の基板を重ね合わせて160℃に加熱しながら4～30MPaの圧力を加えることで接合される。基板材料はガラスとシリコンが報告されているが，金属などに使えるかどうかは不明である。

4 おわりに

マイクロリアクターの基本構造体である，マイクロ流路を製作するための2つの要素技術として，溝を加工する技術と接合技術の現状を解説した。これらの技術に関しては，精力的に研究が続けられた結果，すでに飽和点に達している感もある。今後重要な課題の一つは，外界からマイクロ流路にアクセスするための実装技術である。現在のところ，コネクターからマイクロ流路までの間は，技術的な空白といってもよい。実際には基板に穴を開け，コネクターを接着しているグループが多いと思われるが，この方法はデッドボリウム，信頼性，生産効率などにおいて，満足できるものではない。この問題は体系的な議論がしにくく，これまで研究課題としてあまり取り上げられなかった。しかし，マイクロ流路と少なくとも同等の重要性をもった問題であり，今後はマイクロマシンと従来の機械技術を融合して解決していかなければならない。

文　献

1) A. van den Berg, P. Bergveld, Micro Total Analysis Systems, Kluwer Academic Publishers (1995)
2) W. Ehrfeld, Microreaction Technology, Springer (1998)
3) 江刺正喜，藤田博之，五十嵐伊勢美，杉山進，「マイクロマシーニングとマイクロメカトロ

ニクス」,第1章, 培風館 (1992)
4) D. J. Harrison, A. Manz, Z. Fan, H. Ludi, M. Widmer, Capillary electrophoresis and sample injection systems integrated on a planar glass chip, *Anal. Chem.*, **64**, 1926-1932(1992)
5) 徳山巍,「半導体ドライエッチング技術」, 産業図書 (1992)
6) A. Ayón, R. Braff, C. C. Lin, H. H. Sawin, M. A. Schmidt, Characterization of a time multiplexed inductively coupled plasma etcher, *J. Electro-chem. Soc.*, **146**, 339-349(1999)
7) W. Ehrfeld et al., Fabrication of components and systems for chemical and biological micro-reactors, Microreaction Technology, 72-90, Springer(1998)
8) P. Renaud, H. van Litel, M. Heuschkel, L. Guerin, Photo-polymer microchannel technologies and applications, Micro Total Analysis Systems 98, 17-22, Kluwer Academic Publishers(1998)
9) H. Lorenz et al., SU-8 : A low-cost negative resist for MEMS, *J. Micromech. Microeng.*, **7**, 121-124(1997)
10) K. Hosokawa, T. Fujii, I. Endo, Handling of picoliter liquid samples in a poly(dimethylsiloxane)-based microfluidic device, *Anal. Chem.*, **71**, 4781-4785(1999)
11) G. Ekstrand et al., Microfluidics in a rotating CD, Micro Total Analysis Systems 2000, 311-314, Kluwer Academic Publishers(2000)
12) M. J. Madau, Y. Lu, S. Lai, J. Lee, S. Daunert, A centrifugal microfluidic platform-a comparison, Micro Total Analysis Systems 2000, 565-570, Kluwer Academic Publishers (2000)
13) K. P. Kamper, J. Dopper, W. Ehrfeld, S. Oberbeck, A self-filling low-cost membrane micropump, Proc. IEEE Micro Electro Mechanical Systems, 432-437, Heidelberg, Germany(1998)
14) L. Martynova et al., Fabrication of plastic microfluid channels by imprinting methods, *Anal. Chem.*, **69**, 4783-4789(1997)
15) A. Gillner, M. Wehner, D. Hellrung, R. Poprawe, Laser processes for flexible manufacturing of fluidic micro reactors, Microreaction Technology, 134-137, Springer(1998)
16) M. T. Janicke et al., The controlled oxidation of hydrogen from an explosive mixture of gases using a microstructured reactor/heat exchanger and Pt/Al_2O_3 catalyst, *J. Catalysis*, **191**, 282-293(2000)
17) S. Maruo, K. Ikuta, K. Hayato, Light-driven MEMS made by high-speed two-photon microstereolithography, Proc. IEEE Micro Electro Mechanical Systems, 594-597, Interlaken, Switzerland(2001)
18) T. R. Christenson, D. T. Schmale, A batch wafer scae LIGA assembly and packaging technique via diffusion bonding, Proc. IEEE Micro Electro Mechanical Systems, 476-481, Orlando, USA(1999)
19) M. A. Burns et al., An integrated nanoliter DNA analysis device, *Science*, **282**, 484-487(1998)
20) H. Nakanishi, T. Nishimoto, R. Nakamura, A. Yotsumoto, S. Shoji, Studies on SiO_2-

SiO₂ bonding with hydrofluoric acid—room temperature and low stress bonding technique for MEMS, Proc. IEEE Micro Electro Mechanical Systems, 609-614, Heidelberg, Germany (1998)
21) H. Becker, K. Lowack, A. Manz, Planar quartz chips with submicron channels for two-dimensional capillary electrophoresis applications, *J. Micromech. Microeng.*, **8**, 24-28 (1998)
22) A. Han, K. W. Oh, S. Bhansali, H. T. Henderson, C. H. Ahn, A low temperature biochemically compatible bonding technique using fluoropolymers for biochemical microfluidic systems, Proc. IEEE Micro Electro Mechanical Systems, 414-418, Miyazaki, Japan (2000)

第4章 マイクロリアクターにおける流体の制御と計測技術

藤井輝夫*

1 はじめに

近年，新しい化学技術として注目を集めているマイクロリアクターは，微細加工技術を応用してmm以下のスケールの構造を製作し，その内部で化学反応を行おうとするものである。マイクロリアクターの研究開発にあたっては，従来のマクロスケールの化学反応装置と異なり，マイクロスケールの流体を取り扱う必要がある。この場合，我々が日常的に接している流体のイメージとは異なる，様々な効果を考慮せねばならない。それらの多くが，化学反応や分析操作に有利に働くと予想されるところが，マイクロリアクターが注目されるゆえんでもある。また，そうした効果を積極的に利用することによって新しい原理の反応分析操作を考えることもできる。本章では，マイクロスケールにおける流体挙動の特徴と化学操作に及ぼす影響について概観すると同時に，そうした効果を利用した具体例ならびに流体挙動の制御及び計測技術を紹介したい。

2 マイクロスケールでの流体の特徴

一般に，もののスケールを小さくしていくと，単位体積あたりの表面積が相対的に増大し，表面に関わる効果が次第に支配的になる。これに伴って，流れの構造が層流支配になったり，よく知られている毛細管現象のように気液界面の挙動が顕著になるなど，マイクロスケール特有の現象が現れる。以下に，これらのうち代表的なものを簡単に紹介する。

2.1 低レイノルズ数

マイクロスケールでは代表長さが短いので，流体における慣性力と粘性力の比を表す無次元数であるレイノルズ数 ($Re=uL/\nu$) の値は小さくなり，いわゆる低レイノルズ数流れとなる（ここで，uは流速，Lは代表長さ，νは動粘性係数である）。例えばマイクロリアクター内において，$u=100\mu m/s$, $L=100\mu m$ とすると，水の動粘性係数 $\nu \sim 1.0 \times 10^{-6} m^2/s$ なので，$Re=1.0 \times 10^{-2}$ となる。この領域では，ほとんど乱流は起こらず，図1に示すような層流支配の状態になる。

---

* Teruo Fujii　東京大学　生産技術研究所　海中工学研究センター　助教授

マイクロリアクター ―新時代の合成技術―

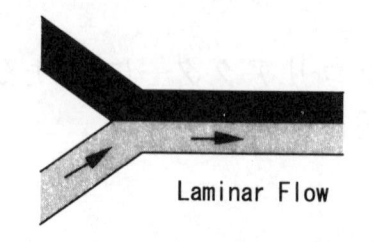

図1 マイクロリアクター内の流れ（層流支配）

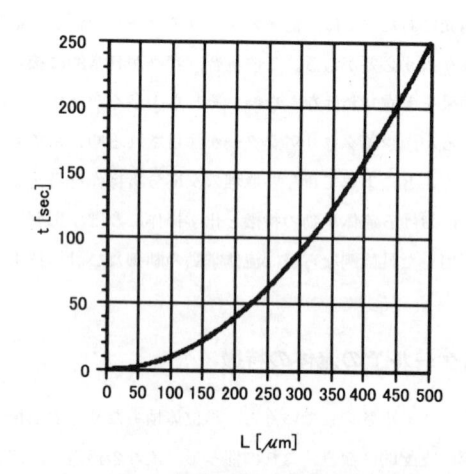

図2 拡散時間と距離の関係

　このような層流支配の流れにおいては，図1のように2種類の溶液を混合しようとしても，マクロスケールの時のような撹拌による混合は困難である。この場合，主として分子拡散によって混合が進むことになる。拡散時間は，図2に示すように代表長さ（例えば流路幅）の2乗に比例する量であり，$t \sim L^2/D$ で表される。ここでDは分子拡散係数である。図2は水中での低分子の拡散係数 $D = 1 \times 10^{-5} cm^2/s$ として計算したものである。例えば，$500 \mu m$ 拡散するのに250sec かかるところが，$100 \mu m$ を拡散するには10sec しかかからないことになる。すなわち，幅$100 \mu m$ の流路内に2種類の溶液が存在するとき，10sec の間に，これらの溶液に含まれる分子同士は，外部から撹拌することなしに拡散によって混合することになる。この場合，滞留時間が10sec より長くなるような流路長と流速の設定をすれば，十分に混合した状態で反応できることになる。

第4章 マイクロリアクターにおける流体の制御と計測技術

2.2 表面積体積比

　上にも述べたように，マイクロリアクターでは，スケールを小さくするに従って，表面積／体積の比が増大する効果を考慮しなければならない。表面積が相対的に大きくなることは，基本的には反応効率を向上する効果がある。例えば図1の層流の状態で，2種類の溶液を反応させようとする場合，幅100μm，深さ50μm のマイクロチャンネルを考えると，チャンネル長1 mm あたりの溶液の接触面積は0.05mm^{2}であり，反応体積（＝5×10^{-3}mm^3）との比は10である。これに対して，例えば幅1 mm，深さ0.5mm の場合には，チャンネル長10mm あたりの接触面積／反応体積は1である。すなわちスケールを小さくしていけば，反応体積に対して接触面積を大きくとることができ，前述の分子拡散の効果と合わせて考えると，反応効率の格段の向上が期待できる。

2.3 表面張力

　前述のように，マイクロスケールでは表面張力の効果も相対的に大きくなるため，無視できない。表面張力によって発生する圧力 P は，P＝2γcosθ/r で表される。ここで，γ：表面張力，θ：接触角，r：マイクロチャンネルの径（代表長さ）で表される。この場合，マイクロチャンネルの壁面が親水的な性質を持つ場合（cosθ＞0）のときには，水溶液はいわゆる毛細管現象によってマイクロチャンネル内に容易に浸入する。逆に，マイクロチャンネルの壁面が疎水的な性質を持つ場合（cosθ＜0）の場合には，水溶液はマイクロチャンネルの入口でブロックされるため，圧力 P より大きな圧力をかけないかぎり，内部には浸入しない。例えば接触角が120°（π/3）の材料で製作したマイクロチャンネルにおける水（γ＝72.75×10^{-3}N/m：t＝20℃のとき）の挙動を考え

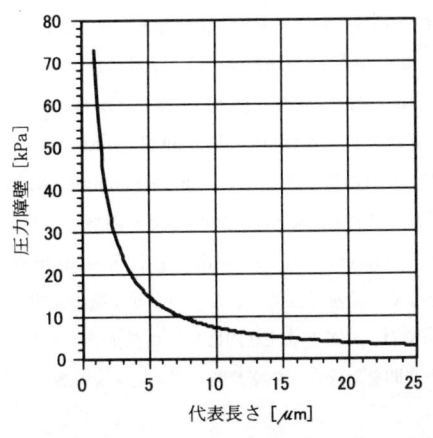

図3　代表長さと圧力障壁との関係（接触角120°，水の場合）

ると，チャンネルのスケール（代表長さ）に対応して図3に示すような圧力障壁となる。疎水的な表面を持つ10μmのマイクロチャンネルを設けると，7.275kPaに到達するまで水が浸入しないような構造となる。こうした性質を考慮しながら，マイクロ構造の幾何学的な形状と表面の状態とをうまく組み合わせれば，表面張力を利用した溶液の操作や制御が行える。

3 マイクロリアクターにおける流体の制御

マイクロ流路内で反応や分析を行う際には，流路内に流体を導入し，制御する必要がある。一般に，外部に用意したポンプなどで発生させる圧力によって液を送る方法と，電気浸透流を用いる方法とがある。また，流路内の一部に液体を滞留させるなど，ローカルな流体制御のために表面張力が用いられることがある。以下では，こうしたマイクロリアクターにおける流体制御の実例を紹介する。

3.1 圧力による送液と分子拡散

筆者らは，マイクロリアクターにおける生化学反応を直接観察するために，図4に示すようなシリコーンゴム（PDMS）とアクリル（PMMA）基板とからなるY字型のリアクター構造を製作した[1]。ホタルの発光酵素であるルシフェラーゼを用いた発光反応をマイクロチャンネル内で行い，発光を観察することによって，その様子を観察している（図5）。前述のように，流れは層流となるため2液を撹拌して混合することは困難であり，界面を通して分子が拡散することによって反応が起こる。流路幅100, 200, 400μmのリアクターにおいて，図5と同様の反応を行い，Y字ジャンクションの下流5mmの断面における発光強度分布をプロットしたものが図6である。

図によれば，流路幅100μmの場合，流路断面のほぼ全域にわたって発光強度が最大値の9割程度になっており，流路内の広い範囲で反応が進んでいることがわかる。これに対して，200及び400μmの場合には，2液の界面付近（Normalized channel width＝0.5付近）において，発光強度が最大値をとっているが，流路の側壁付近（Normalized channel width＝0及び1付近）では，最大値の5割程度である。このとき，流速は3.3mm/secに調整してあるので，ジャンクションの下流5mmに2液が到達する1.5secの間に分子拡散が進んで，100μm程度の流路幅であれば，そのほぼ全体が混合，反応することを示している。このような微小空間における分子拡散の効果を利用した例として，Satoらは，マイクロ流路内にビーズを充塡することによって，反応面積を増加させると同時に，微小空間を形成し，免疫診断のプロセスを飛躍的に高速化することに成功している[2]。

第4章 マイクロリアクターにおける流体の制御と計測技術

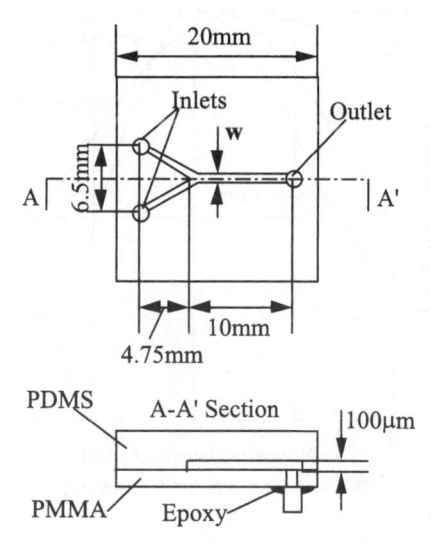

図4 マイクロリアクターチップの構造

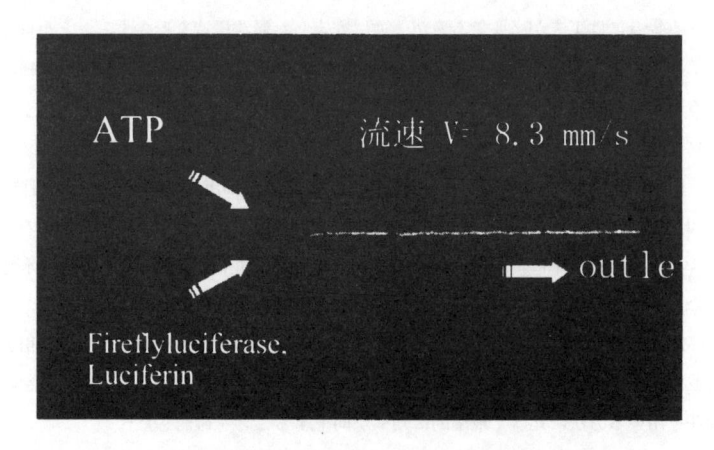

図5 マイクロリアクターにおける発光反応の観察（w=800μm）

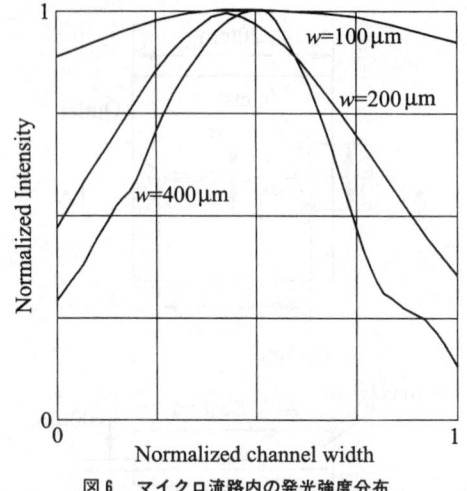

図6　マイクロ流路内の発光強度分布

3.2　層流の利用

マイクロ流路における流れは層流支配になるので，例えば並行して流れる2液を能動的に混合しようとする場合には工夫が必要であるが[3]，逆に安定した層流構造を形成することが可能であるため，図7に示すように，これをマイクロ流路内における物質や流路表面の加工，修飾に利用しようとする研究が行われている。

マイクロ流路内で，異なる2相の溶媒をうまく選択して，同時に並行して流せば，図7(a)に示すように，例えばA相に含まれる特定の物質のみをB相側に抽出，分配することが可能である。関らは，PDMS (polydimethylsiloxane) を材料としたマイクロチップ上に幅400μmのマイクロチャンネルを作り，その中にポリエチレングリコールとデキストランの溶液を流して水性2相系を構築した。2種類のポリマー溶液の一方に酵母と大腸菌を導入し，酵母のみを他方のポリマー溶液相に移動させることに成功している[4]。また，Tokeshiらは，水溶液相と有機溶媒相とからなる2相の並行流をマイクロチャンネル内に形成し，2価の鉄イオンのイオン体抽出を試み，従来の分離漏斗を用いる方法に比べて飛躍的に効率が向上することを確認した[5]。

このほかにマイクロ流路内の層流を利用した例として，図7(b)に示すように，水とエッチング液とからなる並行流を形成することによって，部分的にエッチングを行い，流路内に微細なパターンを形成した例[6]や，図7(c)に示すように，表面を疎水化するような溶液を導入することによって，流路内の一部のみを疎水化し，流れをより一層安定化した例などが挙げられる[7]。

52

第4章 マイクロリアクターにおける流体の制御と計測技術

(a) 粒子（細胞、分子等）の抽出、分配

(b) 部分的なエッチングや膜形成

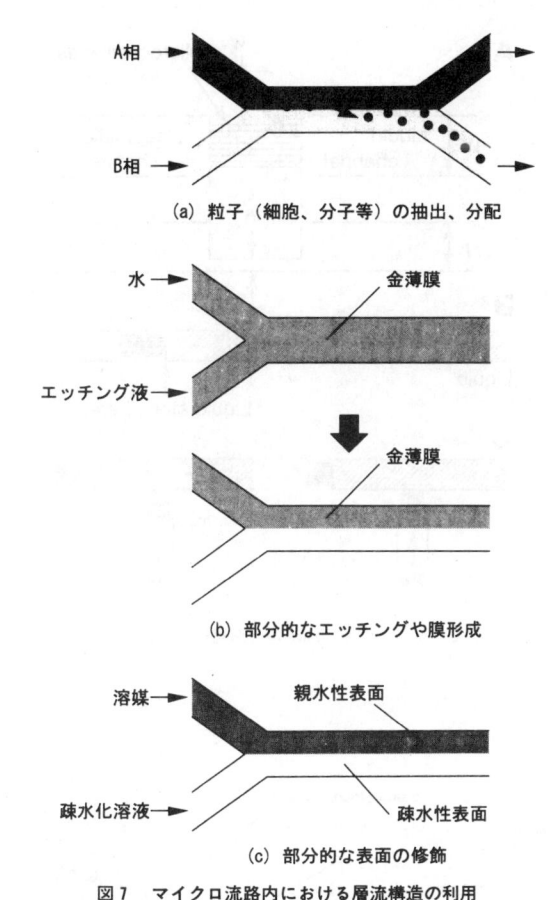

(c) 部分的な表面の修飾

図7　マイクロ流路内における層流構造の利用

3.3 表面張力の利用

　前述のようにマイクロ構造内では表面張力の効果が相対的に大きくなるので，流路の構造や流路壁の表面の性質を制御することによって，液体の操作を行うことができる。特に，流路内の特定の部位で液体を止めたり，必要な体積だけ液体を分断して，別の場所へ運んだりといった操作が可能になる。

　筆者らのグループでは，表面張力の効果を利用して，液滴操作をマイクロスケールで行うためのベント構造を提案している[8]。図8に示すように,疎水性の表面を持つ材料(この場合にはPDMSと呼ばれるシリコーンゴム)でマイクロ流路を作り，その終端に3〜5 μm程度の非常にサイズ

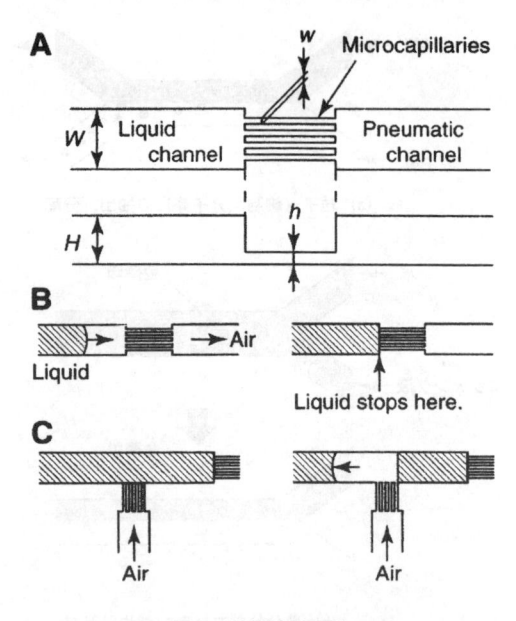

図8　HMCVの原理[8]

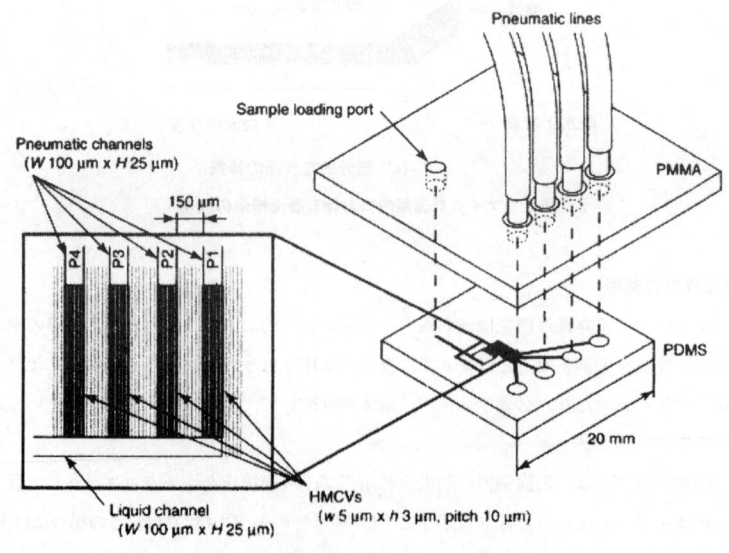

図9　HMCVを用いたマイクロ流体デバイス[8]

第4章　マイクロリアクターにおける流体の制御と計測技術

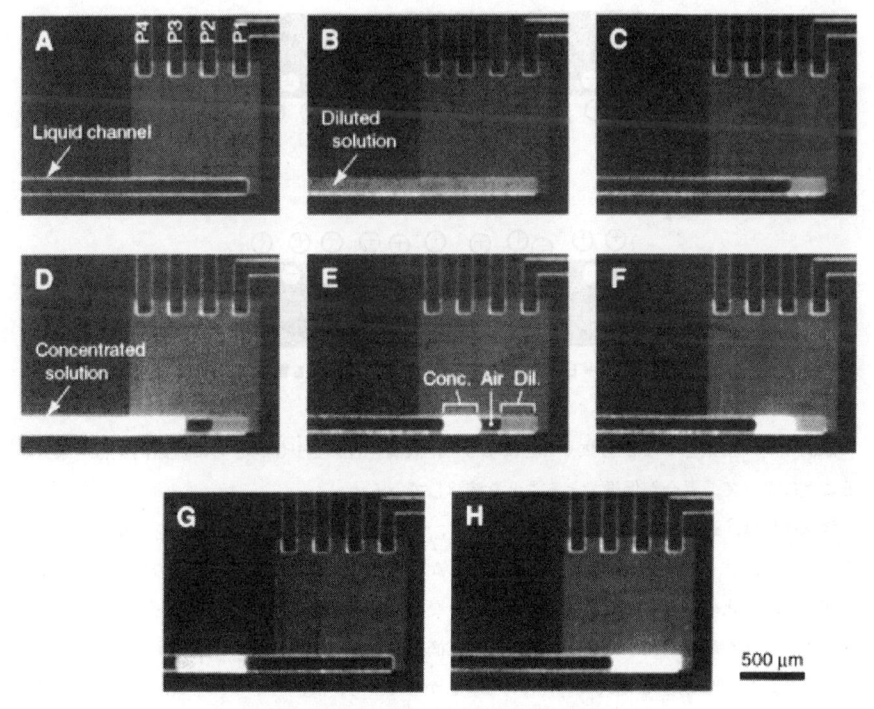

図10　マイクロ流体デバイスにおける液滴操作[8]

の小さいキャピラリアレイを設けると，毛細管現象の逆の効果によって，水溶液はキャピラリアレイの部分でブロックされる。その際の圧力障壁は，簡単な計算によれば30kPaほどである。このような構造をHMCV（Hydrophobic Microcapillary Vent：疎水性微細管ベント）と呼んでいるが，空気はキャピラリアレイの内部でも自由に行き来できるので，空気圧を用いれば，図8Bに示すように液滴を流路内の終端に移動させたり，図8Cに示すように一定体積の溶液を切り取って運んだりという操作が行える。実際に，図9に示すようなHMCVを含むマイクロ流体デバイスを製作し，図10に示すような一連の液滴操作を実現している。デバイスは，幅$100\mu m$，深さ$25\mu m$の液体用の流路とP1～P4の4つの圧力ポートがHMCVで連結された構造となっており，各ポートの圧力を制御することによって，流路内の液体の操作を行うことができる。具体的には，図10に示すように，まずP1の圧力を下げて溶液を流路内に導入し(B)，P2から空気を押し出すことによって，一定体積の液滴を形成する(C)。次にP3の空気を抜くことによって，2つめの溶液を流路内に導入し(D)，P4から空気を押し出すことによって，2つ目の液滴を形成する(E)。2つ

マイクロリアクター ―新時代の合成技術―

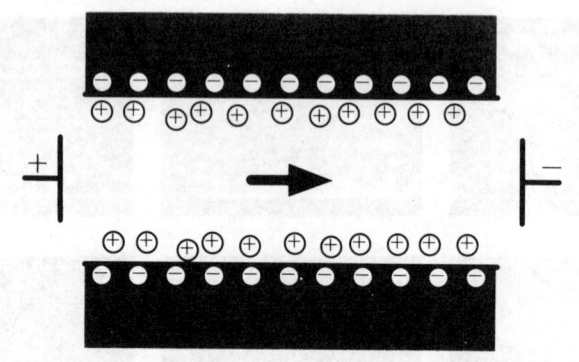

図11 キャピラリ及びマイクロ流路内における電気浸透流

の液滴の間の空気をＰ２から抜くことによって，液滴を合一させ(F)，さらに流路内を行き来させることによって，混合が促進できることを確認している。

液滴操作は，連続流動式の流体制御と異なり，反応や分析に必要な量の溶液を直接扱うことができるため，デッドボリュームがほとんど生じないことや，流路内部での気泡の発生などによって流れが堰き止められるなどの問題がないことなどのメリットがある。ここで紹介した以外にも，流路内ではなく超疎水性の表面上に形成した液滴を静電力（誘電泳動）で操作する方法などが提案されており[9,10]，有望な方式の一つである。しかしながら，液滴のボリュームが小さいために蒸発がきわめて早いことや，表面の疎水性によって接触角を制御しているために，溶液の組成によっては，うまく動作しないなどの問題も指摘されており，一般的な手法として用いるためには，今後さらなる工夫が必要である。

3.4 電気浸透流

マイクロ流路内で流体を制御する方法として，外部から圧力をかけて液を送る方法以外に，電気浸透流による方法がよく用いられる。電気浸透流は固液界面において，固体の表面が帯電することによって起こる現象で，キャピラリ電気泳動分析[11]の分野では，分離性能に悪影響を及ぼす効果として，あるいはこの効果を積極的に利用することを目的として詳しく検討されてきた。キャピラリ電気泳動では，一般にフューズドシリカのキャピラリを用い，緩衝溶液（バッファ）で内部を満たした後に，キャピラリの両端に電圧をかけることによって，分離操作を行う。このとき，図11に示すように，キャピラリの内壁のシラノール基からプロトンが解離することによって，キャピラリの内壁が負に帯電し，これに対応する陽イオンが内壁に引き寄せられることによって，電気二重層が形成される。この状態でキャピラリの両端に電圧をかけると，キャピラリ内壁付近

第 4 章　マイクロリアクターにおける流体の制御と計測技術

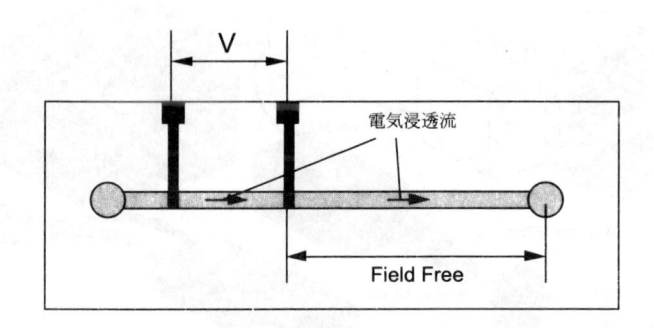

図12　電気浸透流による流体の駆動

に偏在する陽イオンが陰極方向へ移動する，これを電気浸透と呼び，これに伴って起こる溶媒全体の流れを電気浸透流と呼ぶ．

　マイクロリアクターにおいても，ガラスなどを材料としたマイクロチップ上に流路を形成したものを用いるので，全く同様のことが起こる．最近では，この効果を分離の目的のためだけに用いるのではなく，流体を制御する圧力源として利用しようとする研究が行われるようになった．すなわち，図12に示すように，流体としては連続しているが，実際に流体を駆動して反応などを行う流路部分には直接電界が生じないような構造を考えると，外部の圧力源として電気浸透流を用いることができる．この方式は，機械的な可動部品を必要とせずに，外部から電圧をかけるだけで自由に流体を駆動できるところにメリットがあるが，電極反応によって発生する気泡がしばしば問題となる．これを避けるために，気泡が外部へ排出されやすい PDMS などの材料を用いる構造を考えたり，塩橋 (Salt Bridge) を用いて電極反応を避けたりといった工夫が検討されている[12,13]．

4　マイクロリアクターにおける流体の計測

　マイクロスケールでの流体制御については，これまで述べてきたように圧力による方法や電気浸透流による送液など様々な方法が提案されている．しかしながら，現状ではいずれの方法についても原理的な可能性が示された段階であり，定量性及び再現性のある動作を保証するためには，流体挙動を定量的に計測することによって，それらの制御方法を評価する必要がある．ここでは，マイクロスケールの流れ場を定量的に計測する方法としてマイクロ PIV 法[14,15]（Particle Image Velocimetry：粒子画像流速測定法）を紹介する．

57

マイクロリアクター —新時代の合成技術—

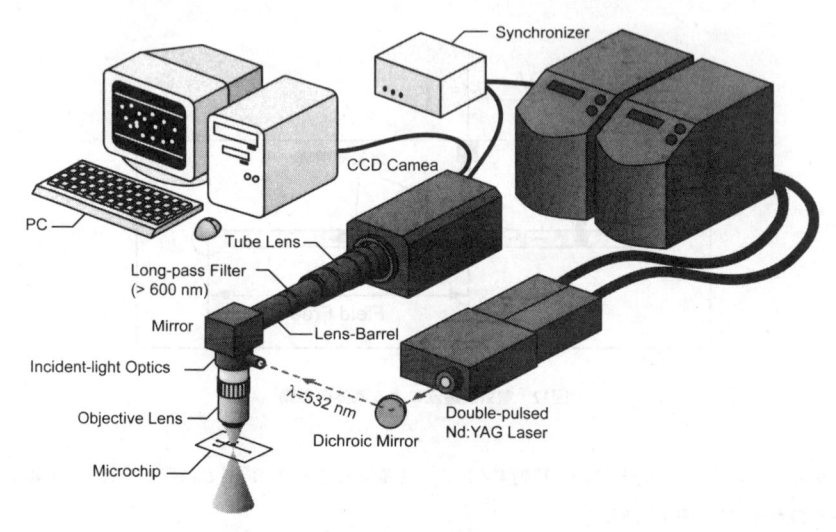

図13 マイクロPIV法の代表的なセットアップ

　PIV法は元来，マクロスケールの流れ場を可視化，計測するために開発された方法で，流体中に蛍光微粒子を混ぜておき，流れの蛍光画像をビデオカメラで撮影した後，2つのフレーム間の画像パターンの変化を，主として相関計算を用いて解析することにより，流速分布を得るものである。マクロスケールでの乱流現象などを計測する場合には，流速の絶対値も大きく，流れ場の変化も速いため，例えば1 msec（1秒あたり1000フレーム）のレートで画像をとることができる高速度カメラなども使用されている。これに対して，マイクロPIVの場合には，図13に示すような顕微鏡の光学系にCCDカメラを取り付けた構成を用いる。この領域では，一般に流速も小さく，また流れ場の変化についても，現状では定常的なものが多いため，例えばビデオレート（1秒あたり30フレーム）の計測で十分である。むしろ蛍光微粒子のサイズ影響やマイクロ流路に対する吸着など，マイクロPIVに特有の問題を把握しておく必要がある。蛍光微粒子のサイズについては，いくつかの利害得失が存在する。例えば直径が数十nm程度の小さい微粒子を用いる場合には，蛍光強度が弱いために強い光源を必要とすることや溶液分子のブラウン運動の影響を受けやすくなることなどの問題が生じる。逆に数μmより大きい微粒子を用いる場合には，対象とする流路形状にもよるが，粒子の持つゼータ電位などの表面特性が流れ全体に及ぼす影響を考慮する必要が出てくる。図14に筆者らのグループで実際にマイクロ流路内の流れについてPIVによる可視化計測を行った結果を示す。幅400μmの流路内部に20mm/secとなるように圧力駆動によって流体を流し，直角コーナー部分における流速分布を計測した結果，コーナー内側において外側よりも

第 4 章　マイクロリアクターにおける流体の制御と計測技術

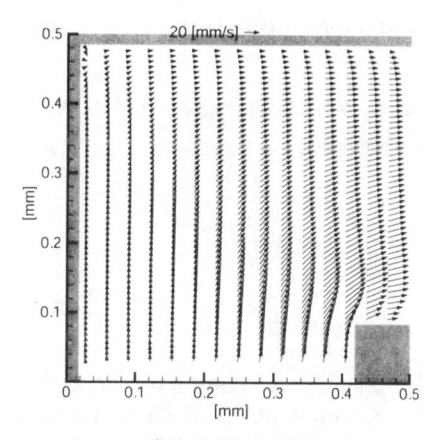

(a) 蛍光画像（直角コーナー部）　　(b) 流路分布の計測結果

図14　マイクロPIVによる計測結果
蛍光微粒子1μm，蒸留水，流速20mm/sec，8fps（レーザーパルス間隔0.2msec）

数倍程度流速が大きくなることを確認している。

5　おわりに

　以上に紹介してきたように，マイクロリアクターにおいて想定されるマイクロスケールの流路内では，この構造に特有の流体的な性質や反応，分析に及ぼす効果が存在すると同時に，そのような効果をうまく利用した流体制御技術が検討されている。ここに紹介した以外にも，例えば電気浸透流を利用したFlowFET[16]やMHD（Magnetohydrodynamic）[17]による流体制御など，様々な方式が提案されているが，通常のシリンジポンプなどを用いる圧力駆動による方法以外については，いずれも広く定着しているわけではなく，今後も新たな原理の流体制御方式を考える余地がある。

　また，マイクロ流路内で流体を観察する手法についても，本稿で紹介したマイクロPIV法に加えて，共焦点スキャナーを用いた三次元観察[18]なども試みられており，現象を詳細に把握することが可能になりつつある。リアクターの設計などに将来有用になると思われるシミュレーションシステムについては，既にいくつかの市販品が登場しているが[19~21]，有意な結果を得るためには，実験によってパラメータを決定する必要があるので，基本的には実験事実と合わせて精度を高めていくといったプロセスを経なければならない。今後，さらに定量的な計測結果の積み上げとそ

れに伴うモデルの精密化を通じて，より一般的な設計ツールへと発展することを期待したい．

謝辞：本稿で紹介したマイクロ PIV に関する研究は，東京大学生産技術研究所大島まり助教授との共同研究によるものである．ここに深甚なる感謝の意を表す．

文　　献

1) 金田, 他：日本機械学会ロボメカ講演会論文集, 熊本, 1A1-63-090(2000)
2) K. Sato, et al. : *Anal. Chem*., Vol.73, pp.1213-1218(2001)
3) T. Fujii, et al. : *Proc. μTAS'98*, Banff, pp.173-176(1998)
4) 関実：第1回化学とマイクロシステム研究会講演要旨集, 川崎, p.38(2000)
5) M. Tokeshi, et al. : *Anal. Chem*., Vol. 72, pp.1711-1714(2001)
6) P. J. A. Kenis, et al. : *Science*, Vol. 285, pp.83-85(1999)
7) B. Zhao, et al. : *Science*, Vol. 291, pp.1023-1026(2001)
8) Hosokawa, et al. : *Anal. Chem*., Vol. 71, pp.4781-4785(1999)
9) M. Washizu : *IEEE Trans. IA*, Vol. 34, No. 4, pp.732-737(1998)
10) A. Torkkeli, et al. : *Proc. Transducers '01*, 3D1.02(2001)
11) キャピラリー電気泳動, 本田, 寺部編, 講談社(1995)
12) T. E. McKnight, et al. : *Anal. Chem*., Vol.73, pp.4045-4049(2001)
13) Y. Takamura, et al. : *Proc. μTAS2001*, pp.230-232(2001)
14) J. G. Santiago, et al. : *Experiments in Fluids*, Vol. 25, pp.316-319(1998)
15) H. Kinoshita, et al. : *Proc. μTAS2002*, pp.374-376(2002)
16) R. B. M. Schasfoort, et al. : *Science*, Vol. 286, pp.942-945(1999)
17) A. V. Lemoff and A. P. Lee : *Proc. μTAS2000*, pp.571-574(2000)
18) K. Tashiro, et al. : *Proc. μTAS2000*, pp. 209-213(2000)
19) http://www.couentor.com
20) http://www.intellisense.com
21) http://www.cfdrc.com

第II編　世界の最先端の研究動向

Chapter 5 Microsystems for Chemical Synthesis, Energy Conversion, and Bioprocess Applications

第5章　マイクロシステムの応用
　　　　―化学合成・エネルギー変換・バイオプロセス―

Klavs F. Jensen[*1]
翻訳：井上朋也[*2]　和田康裕[*3]

1　はじめに

　微細加工技術と複製による大量生産は，電子産業の著しい発展をもたらし，さらに近年，マイクロ分析チップの化学的および生物学的応用へと波及している。最新のマイクロ分析システム(Micro Total Analysis Systems(μTAS))[1]と化学合成技術との統合により，様々なデバイスを作り出すことができ，それらは高速スクリーニング，反応動力学の研究，プロセス最適化等に効果があるであろう。また，高速スクリーニングを合成ルート探索，触媒探索，そして材料合成プロセス探索に応用すれば，新規製品の創出や操業条件最適化のスピードアップが可能である。さらには，マイクロ化学システムは，明らかに省スペース，そして省エネルギーであろうし，廃棄物も少なく，排気装置内に設置された従来型の合成装置に比べてより安全なものとなるであろう。

　マイクロリアクターはサブミリオーダーの反応空間からなり，これを用いて様々な化学反応が試みられてきた[2~4]。これらは均一系および不均一系の化学反応をダウンサイジングしたものであるが，従来型のマクロスケールのプラットフォームと比較して，反応成績の向上が観測された例も多い。微小流れ系においては，特に，単位体積あたりの熱および物質移動速度が大きいことから，化学反応をより激しい条件下で実施でき，同時に収率を向上させることができる。さらに重要なことは，従来のマクロスケールのリアクターでは制御が難しいとされてきたような，新しい合成ルート探索が安全に実施できることである。これは，マイクロリアクターが本質的に有する

---

*1　Klavs F. Jensen　Departments of Chemical Engineering and Materials Science and Engineering Massachusetts Institute of Technology
*2　Tomoya Inoue　旭化成㈱　化学・プロセス研究所
*3　Yasuhiro Wada　三菱化学㈱　横浜総合研究所

大きな除熱速度と，小空間への閉じ込め効果によるものである。従って，マイクロリアクター集積システムを用いれば，高い反応性や毒性等のために保管や移動が制限されている化成品を，必要とされる各場所にて少量製造するような，オンサイト合成を実現する可能性がある。

化学―電気変換においても，集積マイクロシステムは興味を持たれている。それは，化学燃料自体のエネルギー密度が高いことから，電池代替用途として有用なためである。熱および物質移動を精密にコントロールすることにより，これまでになかったエネルギー発生方法を実現できるだけではなく，熱移動の速さを活かして，システムの迅速な立ち上げ・停止が可能である。しかし，携帯可能な高出力電源の開発は，マイクロリアクターと微細加工技術の挑戦でもある。

バイオアッセイや医療用途を目的とした μTAS 開発も精力的に進められてきている[1,5]。微細加工技術により作成されたバイオシステムは，バイオプロセスの研究開発のプラットフォームとなり得る。このアプローチの例として，溶存酸素量(dissolved oxygen, DO)，pH，そしてバイオマスの計測器を装備した，バッチ式のマイクロ培養システムを紹介する。このシステムは，バイオプロセスのスクリーニングや，開発ツールとの組み合わせが容易である。

以下，筆者らの，化学およびバイオ分野へのマイクロシステムの応用例を紹介していく。まず，触媒のスクリーニングや反応解析への応用を目的とした，化学システムを紹介し，併せて微細加工による物質移動の効率化，そして高反応性かつ毒性化合物の取り扱いを可能にした点について述べる。続いて，マイクロ発電システムの実現について記す。これは炭化水素系燃料の水素への転換を行うものであり，マイクロチューブリアクターと熱交換部分からなるものである。さらには，上述のマイクロ培養装置を用いた，バイオプロセス研究開発へのマイクロシステムの応用の実現について述べる。最終節では，今後の集積マイクロシステムの開発への挑戦についてまとめる。この開発には，マイクロ反応技術，μm スケールでの分離技術，分析技術，マイクロ流体技術，パッケージングといった要素技術が必要とされる。

2　マイクロ化学システム

2.1　集積分光デバイス

FTIR や紫外―可視の分光装置を，透明窓，導波管そして光ファイバーと組み合わせることで，選択性や転化率といった反応データをオンラインで計測できる。さらに，流量や温度の測定を同時に行うことで，反応のデータを採取しながら，オンラインで反応条件を最適化することができる。ガスクロマトグラフィーや質量分析計も，そのサイズとダイナミックレンジ次第では，反応モニタリングに使用できる。

図1は液相反応用のマイクロリアクターであり，層流混合，フォーカス部，迅速熱交換部，そ

第5章　マイクロシステムの応用　―化学合成・エネルギー変換・バイオプロセス―

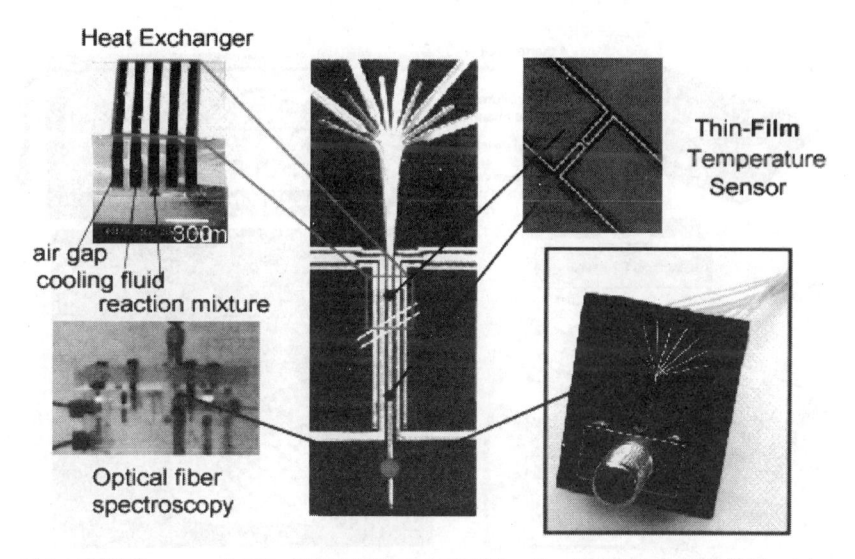

図1 層流混合・フォーカス部，迅速熱交換部および温度センサーを集積化した液相反応用マイクロリアクター
　　　右下，及び左下の写真では分光素子を装着した様子を示してある[6]。

して温度センサーを集積したものである。このリアクターは光源，光ファイバー，そして検出器を搭載しており，可視―紫外分光による反応のオンラインモニタリングが可能である。別のアプローチとしては，シリコンの赤外光透過性を活かした FTIR 分光により，反応のモニタリングができるマイクロリアクターを開発している[6]。この方法は，吸収が小さい気相系には適用できないが，この場合は赤外光音響分光法を利用した MEMS デバイスが有効である[7]。Lu らは，石英ガラスを使用したリアクターを用いて，イソプロパノール中での光反応によりベンゾフェノンからピナコールを生成させるだけではなく，反応を紫外分光によりオンラインモニタリングしている[8]。

2.2　触媒評価

　触媒開発を高効率化するニーズは，高速スクリーニング技術やコンビナトリアル手法の大きな進歩をもたらしてきた。触媒評価システムにおいては，少量の触媒の特性を評価することも大きな挑戦である。微細加工技術により作成された，固定床型リアクターを用いれば，触媒評価を効果的に行う時に，独特な利点があるかもしれない。それは物質移動が容易になること，高比表面積による熱移動が促進されることに起因する。また微細加工技術を用いれば，マクロスケールの評価装置では実現が困難なデザインを容易に行うことができる。

マイクロリアクター —新時代の合成技術—

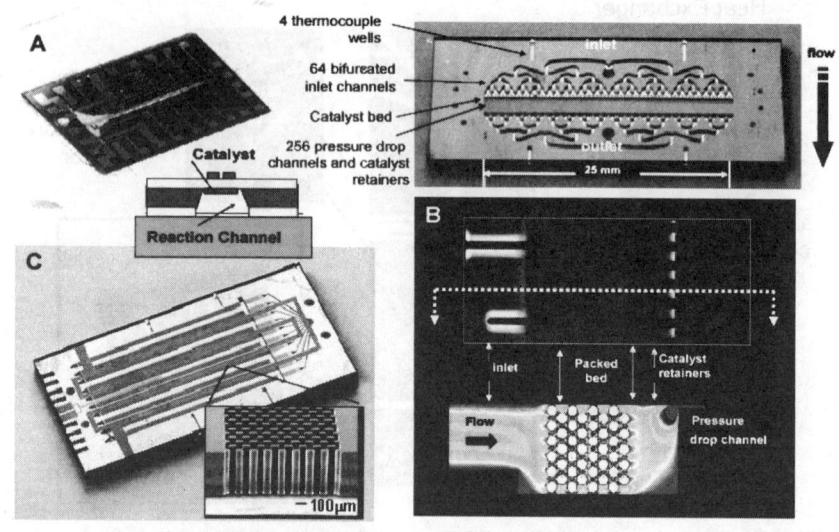

図2　A：薄膜状に触媒を蒸着したメンブレンリアクター[9]
　　　B：触媒評価用クロスフローリアクター全体像(上)及び断面図(下)[12]
　　　C：触媒担体構造体をデザインしたマルチチャンネルリアクター[13]

　図2Aに，触媒を薄膜上にコートし，温度センサーとヒーターを集積化したメンブレンマイクロリアクターを示した[9]。膜システムは比較的加工がしやすく，膜を断熱すれば熱量収支測定に使用できる。また，熱電素子と組み合わせれば触媒による燃焼熱を電気エネルギーに転換することができよう[10]。透過性のある膜を用いることで反応分離を行うことも可能である。例えば，サブミクロン厚のPd膜を用いて，高効率な水素精製デバイスが実現できる[10]。

　触媒はしばしば粉体として調製されることが多いために，次世代の触媒評価においても，粉体のままでの取扱いと試験ができることが望ましい。

　図2Bは，一般的な触媒(粒径50μm程度)を使用した，シリコン製の固定床マイクロリアクターであるが，均等なガス流れが実現できるクロスフローとなるよう設計されている[12]。クロスフローデザインにすることで触媒層は等温・均圧となる。このデザインはいわば短い微分型反応器を並列集積化したものと言え，触媒の性能を短い接触時間で評価するものである。さらに，反応後の触媒のキャラクタリゼーションも可能である。本クロスフローリアクターは，有限要素法によりガス流れのシミュレーションと，担持金属触媒を用いたCO酸化反応をモデル反応として実施することで，その特徴を明らかにした[12]。このマイクロリアクターにおける輸送効率を解析することにより，触媒粒子が充分小さいこととまたそのデザインのために，触媒粒子の内外における物質

第 5 章 マイクロシステムの応用 ―化学合成・エネルギー変換・バイオプロセス―

濃度および熱勾配が無視できることがわかった。

大きさがミクロンオーダーの触媒を10mm 以上の長さにわたって充填すると圧損が顕著になりうる。このような場合には，微細加工技術を用いて担持構造体をリアクター中にデザインすることで，粉体触媒を充填するよりも圧損を軽減できる（図2C）。このようなリアクターは，さらに触媒を wash coat 法で担持したり，あるいは均一系触媒を固定化するメリットがあるかもしれない。

2.3 多相反応用マイクロリアクター

気液固反応（例えば，水素化，酸化，塩素化反応）は化学産業においてなじみの深い反応であり，マイクロリアクターの開発においても格好のテーマである。微細加工技術により比表面積が上がることで，反応熱をより制御しやすくなり物質移動が促進されるため，反応解析の手段，あるいは合成プロセスそのものとしてマイクロリアクターの優位性が期待できる。図2Bに示した多相反応用マイクロリアクターにおいて，従来の反応器に較べて2桁大きい拡散係数を持つことが示された[14]。この高い拡散係数の由来は，マイクロリアクター内部で気液の接触面積が従来の反応器よりも高くなることも一因である。

目的とする反応に好ましい気液の混合，物質移動を実現するマイクロリアクターをデザインするには，マイクロチャンネル内での流動様相を理解することが必要である。単相系であれば，流路が複雑な構造をとっていても，コンピューターによる流体の振る舞いの予測が信頼できる方法である。しかし，気液混相流に対してシミュレーションによる予測を立てることはいまだ困難であり，図3に示すような流動様式線図が，混相流の振る舞いを整理するのに用いられる[15]。

図3はガス流速(j_G)および液流速(j_L)を変えたときの流動様式線図を示したものである。領域(1)は，熱交換器内のチャンネル内で予想される流動様相である[16]。混合相は気泡流，チャーン流，スラグ流，および層流に分類できる。気液混相反応は液の流速の小さい領域（領域(2)）で行うことが望ましい。表面張力の影響は，チャンネルのサイズが数十ミクロンオーダーまで小さくなると顕著になるので，流動様相の遷移線が高ガス流速側にシフトする。

2.4 反応性の高い反応へのマイクロリアクターの応用

活性炭を充填したマイクロリアクターを用いたホスゲン合成は，有用だが毒性の高い合成中間体をオンサイトで合成するといった，マイクロリアクターの用途の一例である[17]。反応は激しい発熱を伴い，反応物も生成物もともに取り扱いが困難である。このリアクターは，235℃で塩素を完全にホスゲンに転換し，年間約5kgの生産が見込める能力を持つ。これは，実験室レベル，あるいはパイロットプラントで必要な量に達するには，そこそこの数のリアクターがあればよいことを

マイクロリアクター　—新時代の合成技術—

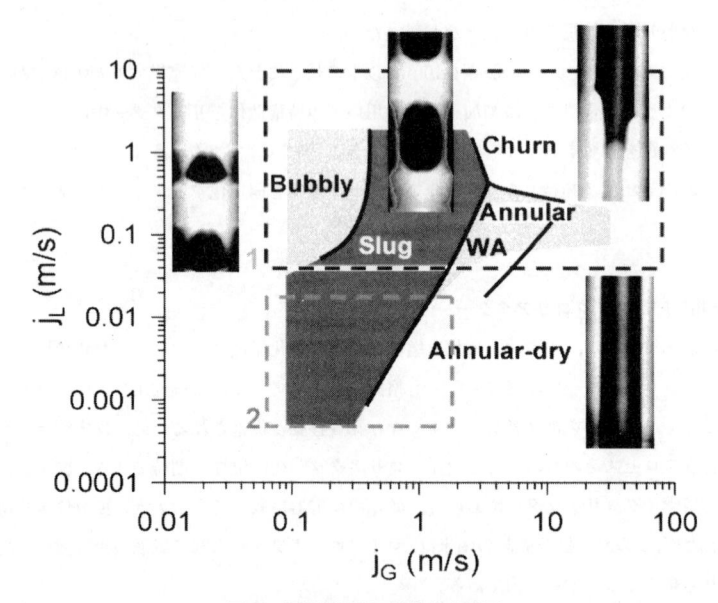

図3　気液混相流の流動様式線図
挿入した写真は，それぞれ左から気泡流，中央がスラグ流，右上がチャーン流，右下が層流となる。(1)の遷移線は，これまでに三角チャンネル中での空気＝水の気液二相流について得られたもの。(2)の領域が気液反応に好ましい領域。

示唆している。ホスゲンを，イソシアネートへ誘導するなどの反応をオンラインで行うことができ，ホスゲン蓄積のリスクをなくすことができる。

　ホスゲン合成反応において，マイクロリアクター内に高温の塩素ガスを流すため，マイクロリアクターの内壁の材質の耐性が問題となる。明らかに安全上の理由から，リアクターの材質は反応に耐えるものでなければならない。塩素の場合，リアクターを酸化して反応流路をガラス表面とすればよい。直接フッ素化反応の場合は，マイクロリアクターの管壁は Ni でコートすることで，フッ素ガスやフッ化水素ガスによる腐食に耐えることができる[18]。

　マイクロリアクターではリアクターのチャンネル幅が小さく，気液いずれかの片流れは起こりにくくなり，局所的な hot spot は生じにくくなるため，直接フッ素化反応のような早い発熱反応を制御しやすくする。その結果，直接フッ素化反応を実験室レベルでは困難な，より激しい反応条件下で行うことができ，温度を高度に制御しつつ高転化率を実現しうる。商業的には，マイクロリアクターは，反応をモニターする部分や制御システムと集積化し，それ自体が独立したシステムであることが望ましいであろう。

第5章 マイクロシステムの応用 —化学合成・エネルギー変換・バイオプロセス—

3 マイクロ化学システムにおける"分離"

マイクロ化学システムの中で気液混相反応を行う場合，気液分離を効率よく行うマイクロデバイスが必要となる。複数の毛細管にはたらく表面張力を利用すれば，ガスを吹き上げることなく高速で気液分離を行うことができよう。通常，反応生成物に対する分離操作として晶析，抽出，蒸留があげられる。マイクロシステム内では，固体の生成はリアクター内の詰まりを引き起こす恐れがあるため，普通は好ましくない。しかし，マイクロチャンネル内で固液二相の流動状態を制御することで，サイズ分布をコントロールしつつ微粒子合成を行うことや，微粒子表面の化学修飾，微粒子の物性を制御するといった材料合成は例外である。

マイクロ化学システムを用いた抽出法には，これまでにマイクロチャンネル内の層流を利用し，抽出溶媒と反応溶液を同一方向に流して反応生成物を抽出する方法がある[19]。しかし，互いに溶け合わない液体，例えば水と有機溶媒について，液液界面を安定に保つことは難しいことがある。さらに，抽出溶媒中に反応溶液が液滴状に分散する場合と較べて，層流で形成される物質移動のための接触界面は，マイクロシステムにおいてでさえ小さい。この問題を解決するには，まずはじめに液滴を分散させた2液混合相をつくり，のちに電場を用いて2液相をおのおの凝集させて分離するシステムが有効かもしれない。

4 エネルギー変換のためのマイクロシステム

燃料は電池よりもエネルギー密度が100倍あるため，小出力用の発電機への応用の期待は大きい。しかし，燃料を電力に変換するエネルギー素子を実現するには実際の組み立て方法から，燃料を送るためのポンプやバルブの駆動法，さらには熱によるロスの低減といった課題がある。熱効率の低下は，デバイスを小型化したときに放熱が早くなることが原因であり，エンジン，熱電(thermoelectric, TE)素子，熱光起電力(thermophotovoltaic, TPV)素子，さらに水素発生時に高温プロセスを伴う燃料電池に共通の課題である。

図4に示した小型水素発生デバイスでは，熱的に孤立したチューブを用いて断熱性を高め，熱効率の向上を図っている[20]。チューブはチッ化シリコンの薄い壁からなり，2組のU字のチャンネルが隣り合っている。チューブは一端でシリコン基盤に支持されており，燃料を供給する流路及びポートからなっている。もう一端は浮いた構造をとっている。浮いた構造をとっているところ（反応部）は部分的にシリコンでカバーされ，熱的に孤立したこの内部で燃焼反応と水素発生のためのクラッキング反応を行う。

チッ化シリコンの熱伝導度が小さいことと，壁のアスペクト比が長さ3mm高さ2μmと高い

マイクロリアクター —新時代の合成技術—

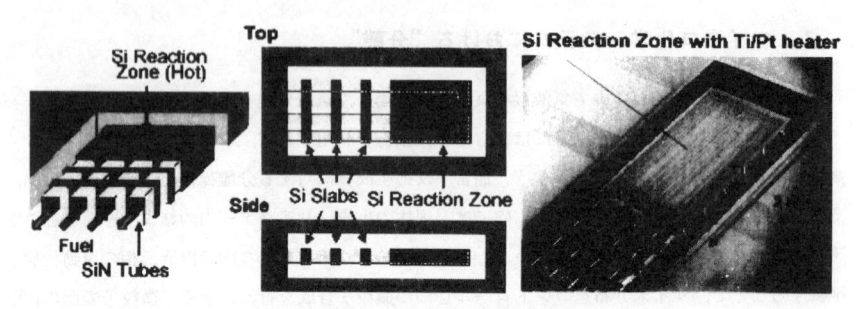

図4　水素発生デバイスの構造図とSEM写真
4本のSiNx（チッ化シリコン）チューブがSiの反応部分に接続され，Siスラブがチューブ管の熱のやり取りを媒介し，Ti/Ptがヒーター兼温度センサー（SEM写真のみ）となっている[20]。

ことから，チューブに沿った方向の熱伝導度はきわめて小さい。チューブの間にはシリコンのスラブを渡してあり，熱損失を小さく保ちつつ2組のU字チューブの間の熱交換を担っている。ここで反応ガスが余熱される。シリコンで被覆された反応部では，水素発生反応（アンモニアや炭化水素のクラッキングなど）を行う場合，片方の反応部での燃焼熱が隣接した反応部での吸熱改質反応に供給される。シリコンの熱伝導性が高いため，反応部での熱移動が促進されている。熱電素子や熱光起電力素子の場合，燃焼部に隣接してこれらの素子を集積することで，熱電素子の場合には熱を，熱光起電力素子の場合には燃焼に伴う放射を伝播させることになる。

この水素発生デバイスには，薄層ヒーターと温度センサー（temperature-sensing resistor, TSR）が集積されている。また，チューブとシリコンリアクター内部にはポストが立ててあり，ストップバルブ構造がつくられている。薄層ヒーターは燃焼反応の点火と保持を目的としており，温度センサーがモニターする。一方，リアクター内部のポストは，リアクター内部の熱伝導の促進と，wash coat法で触媒が塗布されるための担体としての役割を併せ持っている。ストップバルブ構造は，燃焼触媒や部分酸化触媒がリアクター内部にのみ担持されるよう，表面張力によりスラリー溶液をシリコンリアクター内部で保持する役割を果たす。

この水素発生デバイスでは，リアクター部分を熱的に孤立できているために2000℃/mmという温度勾配を実現し，同時に外界への熱損失が抑えられている。また，各種燃料に対応でき，1W以上の水素発生能力を持つ。

5　マイクロシステムのバイオプロセスへの応用

生体システムとバイオプロセスの運転条件を関連付ける情報は，菌株の高速スクリーニングに

第5章 マイクロシステムの応用 ―化学合成・エネルギー変換・バイオプロセス―

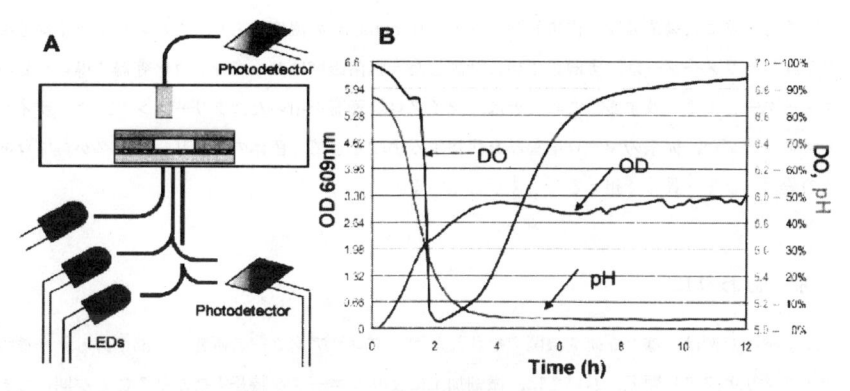

図5 A：DO，OD，pHセンサーを搭載したマイクロ培養器
B：大腸菌（E. coli）の培養過程をOD， DO，及びpH計測を，5 μmのマイクロ培養器でオンライン計測したデータ[21]

よる表現型選定から，プロセスの運転条件の最適化まで行ううえで重要である。菌体の新陳代謝を反映するパラメーターや増殖を反映するパラメーター，例えば濁度(optical density，OD)，溶存酸素量 (dissolved oxygen，DO) および pH は，バイオプロセスを最適化するうえで肝要のパラメーターである。通常のスケールアップは，候補を高速スクリーニングにより候補を選び出し，それぞれの菌株に対し個々にプロセスデータを採取する方法で行われている。現在，個々のプロセスデータは，フラスコを振とうし，ベンチスケールで菌体を培養することで得られている。このマクロなプロセスを，センサーとアクチュエーターを集積した並列型マイクロ培養器で置き換えることができれば，現行のプロセス開発よりもデータの密度の高い，完全な高速スクリーニングを行うことができよう[21]。

われわれは，バイオプロセスのスクリーニングを目的とした，マイクロリットルオーダーの体積を持つ培養器を PDMS (ポリジメチルシロキサン) を用いて製作した。PDMS を用いた理由は透明性，生体適合性，そしてガス透過性による。特にガス透過性は培養器への酸素供給のために欠かせない性質である。濁度 (Optical density，OD) は菌体の繁殖の計測に用い，赤色光の透過率によってモニターした（図5 A）。溶存酸素量 (dissolved oxygen，DO) ならびに pH の測定は蛍光分光により行った。

図5 Bに，大腸菌（E. coli）の培養過程を，マイクロ培養器を用いて OD，DO ならびに pH をモニターしつつ追跡したデータを示す。DO は，大腸菌の幾何級数的増殖に伴って著しく減少し，大腸菌が増殖期にある間は低レベルを保つ。増殖が定常状態に達すると DO が当初のレベルに戻ってくる。

マイクロリアクター ―新時代の合成技術―

実験終了時に大腸菌濃度を直接計測すると～10^9cells/mの濃度であり，これらオンラインで採取されたパラメーターは，実験終了時に計測した大腸菌濃度においてマクロ培養器で得られるパラメーターとよく一致する。このことは，マイクロ培養器を用いたスクリーニング，オンラインモニタリングが，従来のマクロ培養器を代替する手段として，菌体のスクリーニングからプロセスの最適化まで一貫して担えることを示している。

6 おわりに

以上挙げた例は，様々な研究機関でなされたマイクロリアクターの研究の一部である。今後のマイクロリアクター開発においては，微細加工によりユニークな特長を持たせることが期待できる，化学エネルギープロセスシステムやバイオプロセスシステムに研究が集中していくだろう。評価に十分なサンプルを合成し，それを評価するという観点から，マイクロ化学システムはサンプル評価と連続したシステムとして用いられることになるだろう。このシステムは，流体制御装置を備え，試薬の量を調整したり，異常を起こしたユニットを系から隔離することができる。初期に実現された集積マイクロリアクターは，マイクロリアクター，分離ユニット，そして分析ユニットが，電子・流体・光学"回路"上に実装されたモジュールからなっている（図6）。

集積マイクロリアクターは，合成ルート探索，触媒探索，そして材料合成プロセス探索などの高速スクリーニングの研究に根本的な変化をもたらすような，融通の利くツールとして実現し，新規製品の創出や反応条件最適化をスピードアップするかもしれない。さらに，そのようなマイクロシステムを化学，エネルギー，そしてバイオ分野へ応用すれば，明らかに省スペース，省資源であろうし，廃棄物も少なく，より安全といったメリットがあろう。集積システムの進歩には，

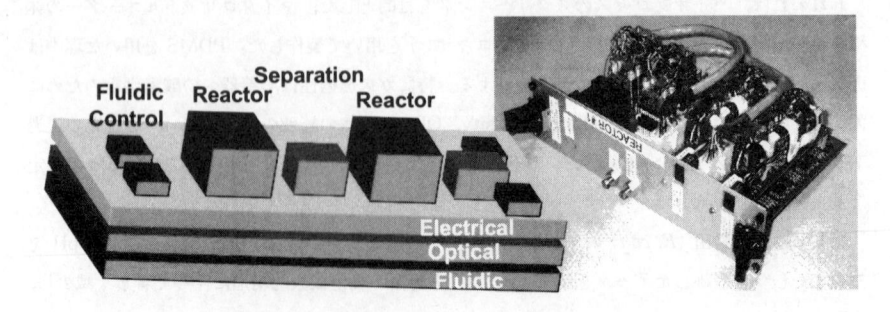

図6　モジュール化された集積マイクロ化学システム（左）と，触媒評価のためのマイクロリアクターボード（右）[22]

第5章 マイクロシステムの応用 —化学合成・エネルギー変換・バイオプロセス—

マイクロリアクター，分離ユニット，そして分析ユニットのたゆまない研究開発が必要とされる。同時にマイクロ流体モジュールを流体ネットワークに接続させるための，新しい創造的なアプローチも必要であり，この流体ネットワークは，これらの部品を使用目的に合わせて制御できるような順応性を持つであろう。

謝辞：マーティン・A・シュミット教授とそのグループに対し，本研究の礎を築くこととなった共同研究に対し感謝する。また，米国防総省高等研究計画局（DARPA），陸軍研究計画局（ARO）ならびにマイクロ化学システム技術センターの財政支援に対して感謝の意を表する。

文　献

1) Y. Baba, S. Shoji, and A. van den Berg, "*Micro Total Analysis Systems 2002*" Dordrecht : Kluwer Academic (2002)
2) W. Ehrfeld, V. Hessel, and H. Lowe, *Microreactors : New Technology for Modern Chemistry*. 2000, Weinheim : Wiley-VCH
3) P. D. I. Fletcher, S. J. Haswell, E. Pombo-Villar, B. H. Warrington, P. Watts, S. Y. F. Wong, and X. L. Zhang, "Micro reactors : principles and applications in organic synthesis", *Tetrahedron*, **58**, 4735-4757 (2002)
4) K. F. Jensen, "Microreaction engineering-is small better?" *Chem. Eng. Sci.*, **56**, 293-303 (2001)
5) M. A. Burns, "Everyone's a (Future) Chemist", Science, **296**, 1818-1819 (2002)
6) T. M. Floyd, M. A. Schmidt, K.F. Jensen, "A silicon microchip for infrared transmission kinetics studies of rapid homogeneous liquid reactions", MicroTotal Analysis Systems (μTAS) 2001, J. M. Ramsey & A. van den Berg (Eds.), Kluwer Academic, Dordrecht 277-279 (2001)
7) S. L. Firebaugh, K. F. Jensen, M. A. Schmidt, "Miniaturization and integration of photoacoustic detection with a microfabricated chemical reactor system", *J. MEMS*, **10**, 232-238 (2001)
8) H. Lu, M. A. Schmidt, and K. F. Jensen, "Photochemical reactions and on-line UV detection in microfabricated reactors", *Lab on a Chip*, **1**, 22-28 (2001)
9) R. Srinivasan, , I.-M. Hsing, P. E. Berger, K. F. Jensen, S. L. Firebaugh, M. A. Schmidt, M. P. Harold, J. J. Lerou, and J. F. Ryley, "Micromachined reactors for catalytic partial oxidation reactions", *AIChE Journal*, **43**, 3059-3069 (1997)
10) S. B. Schaevitz, A. J. Franz, K. F. Jensen, and M. A. Schmidt, A combustion-based MEMS thermoelectric power generator, *11th International Conference on Solid-State Sensors and Actuators*, Munich, Germany, 30-33 (2001)

11) A. Franz, K. F. Jensen, and M. A. Schmidt, "Palladium membrane microreactors", in *Microreaction Technology : Industrial Prospects*, W. Ehrfeld, Ed. Springer: Berlin. 267-276 (2000)
12) S. K. Ajmera, C. Delattre, M. A. Schmidt, and K. F. Jensen, "Microfabricated differential reactor for heterogeneous gas phase catalyst testing", *J. Catalysis*, **209**, 401-412 (2002)
13) M. W. Losey, R. J. Jackman, S. L. Firebaugh, M. A. Schmidt, and K. F. Jensen, "Design and fabrication of microfluidic devices for multiphase mixing and reaction", *J. of MicroElectromechanical Systems*, **12**, 709-717 (2002)
14) M. W. Losey, M. A. Schmidt and K. F. Jensen, "Microfabricated multiphase packed-bed reactors: Characterization of mass transfer and reactions", *Ind. Eng. Chem. Res.*, **40**, 2555-2562 (2001)
15) A. Günther, M. Jhunjhunwala, N. de Mas, M. A. Schmidt, and K. F. Jensen, "Gas-liquid flows in microchemical systems, in 1).
16) T. S. Zhao, and Q. C. Bi, "Co-current air-water two-phase flow patterns in vertical triangular microchannels", *Int. J. Multiphase Flow*, **27**, 765-782 (2001)
17) S. K. Ajmera, M. W. Losey, and K. F. Jensen, "Microfabricated packed-bed reactor for distributed chemical synthesis : The heterogeneous gas phase production of phosgene as a model chemistry", *AIChE J.*, **47**, 1639-1647 (2001)
18) N. de Mas, A. Günther, M. A. Schmidt, Klavs F. Jensen, "Microfabricated chemical reactors for the selective direct fluorination of aromatics", *Ind. Eng. Chem. Res* (to appear 2003)
19) J. R. Burns and C. Ramshaw, "The intensification of rapid reactions in multiphase systems using slug flow in capillaries", *Lab on a Chip*, **1**, 10-15 (2001)
20) L. R. Arana, S. B. Schaevitz, A. J. Franz, K. F. Jensen, and M. A. Schmidt, "A Microfabricated Suspended-Tube Chemical Reactor for Fuel Processing", *Proceedings of the Fifteenth IEEE International Conference on Micro ElectroMechanical Systems*, IEEE, New York, 212-215 (2002)
21) N. Szita, A. Zanzotto, P. Boccazzi, A. J. Sinskey, M. A. Schmidt, and K. F. Jensen, "Monitoring of cell growth, oxygen and pH in microfermentors", in 1).
22) D. J. Quiram, J. F. Ryley, J. Ashmead, R. D. Bryson, D. J. Kraus, P. L. Mills, R. E. Mitchell, M. D. Wetzel, M. A. Schmidt, and K. F. Jensen, "Device level integration to form a parallel microfluidic reactor system", MicroTotal Analysis Systems (μTAS) 2001, J. M. Ramsey & A. van den Berg (Eds.), Kluwer Academic, Dordrecht, 661-663 (2001)

Chapter 6 Microstructure Devices for Thermal and Chemical Process Engineering
第6章 熱化学工業に用いられる微細構造装置

J. Brandner[*1], L. Bohn[*2], U. Schygulla[*3], A. Wenka[*4], K. Schubert[*5]

翻訳：柏村成史[*6]，石船 学[*7]

1 概要

　金属製の微細構造装置は，実験室における仕事だけでなく，熱化学工業への応用のために開発，試験されている。金属箔の微細加工は金属を多薄層化し，これらの箔層を一緒に重ねて拡散接合し，これをフランジに溶接により接合させるものであり，この技術はすでに確立された方法である。

　レーザー溶接のようなその他の結合法はうまく応用されている。クロスフローやカウンターフローなどの異なった型式の微細構造熱交換器が開発，製造されている。これらの熱交換器は，1回に7 t/hの水処理能力を持っており，約200kWの熱変換力である。さらに高い熱伝達力を持つ装置においては，水を用いた場合の全体の熱伝達係数が約56000W/m²k のものが試験的に達成されている。電気的に加熱する微細装置では，制御が簡単で，温度に敏感な液体を早く加熱できるものが造られている。これらの装置は，エバポレーターや，超加熱流体を造るためにも利用できる。反応剤を早く，かつ完全に混合するのにスタティックミキサーが何種類か開発されている。微細反応装置は，貴金属のような触媒活性を持つ物質で造られてきた。これらの装置は，化学への応用に関して優れた成果を出すことが証明された。すでに製造されている微細構造装置の流路にスズのコーティング層を造るための方法がいくつか開発されている。これらのコーティングは，たとえば，不均一系の触媒反応のような反応の触媒の基盤層として用いることができる。

2 序論と要約

　微細反応装置，スタティックミキサー，微細構造熱交換器などの微細装置を熱化学工業に応用

---

 * 1～5　Forschungszentrum Karlsruhe GmbH　Institute for Micro Process Engineering
 * 6　Shigenori Kashimura　近畿大学　総合理工学研究科　理学専攻　助教授
 * 7　Manabu Ishifune　近畿大学　応用化学科　講師

することは有用であり，特に装置が小型であり，熱移動性や物質移動性が高い，また持ち前の安全性などは優れた点である。微細反応装置の特徴や，優れた点についてはいろいろな論文で指摘されている[1~5]。

この論文では，Karsruhe Research Center の Institute for Micro Process Engineering(IMVT) において造られた微細構造装置の発展，実験結果，それらの応用の可能性の概要を述べる。最近これらの装置が応用されている分野は，自動車工業，化学工業，食品工業，環境技術，および飛行機宇宙工業などである。装置を作成する方法を概説する。クロスフロー，およびカウンターフローの熱交換器，電気制御熱交換器，および，微細構造反応装置を用いた実験結果を示す。微細構造触媒反応装置の発展の概略だけでなく，スタティックミキサーについても説明する。

3 作成方法

全ての微細反応装置は，工業的にも実験室で利用するにしても，その装置の大きさにより設計される。装置の温度管理，腐食漏れ防止，過圧安全装置だけでなく，漏れ防止を保証するために装置を作成するための金属や合金が選択される。これらの材料は微細加工装置により様々な方法で加工することで，高温反応過程で安定かつ漏れのない装置を簡単に造ることができる[1]。

その他の材料，たとえば，セラミックやプラスチックなども特別な用途の装置を造るための材料として検討されている[6]。

3.1 微細加工法

装置作成の第一段階として金属箔を精密な旋盤や削りで微細加工する。これらの経済的で速く加工できる方法は，たとえば，ステンレス，チタン，貴金属，銅，ハステロイ，真鍮の他，多くの金属に応用されている。これらの加工に用いられる道具は，天然ダイヤや窒化ホウ素製の小型カッターである。その他の方法として，たとえば，レーザーカッター，μEDM，マイクロエッチングのような物も使われている。

図1は機械的に微細加工した銅薄膜の図である。この薄膜は，厚さ$100\mu m$ で$100\mu m \times 70\mu m$ の溝を持っている。底と残っているフィンは$30\mu m$ の厚さである。

3.2 多薄層化と接合

金属薄膜を微細加工した後にそれらを望む形に切断し，それぞれの表面を重ね合わせる。薄膜のデザインにより，クロスフローかカウンターフロー装置のように整えるが，その他の設計も微細構造反応装置に使われる。重ね合わせた薄膜は溶接か，その他の方法，たとえば電子線溶接，

第6章 熱化学工業に用いられる微細構造装置

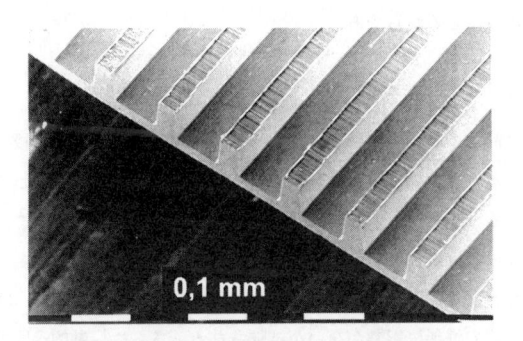

図1 機械的に微細加工した銅箔のSEM写真
100×70マイクロメータの微細溝

図2 拡散接合した積層箔の交差部分のSEM写真
マイクロチャンネルの列を十文字にアレンジ

レーザー溶接，ハンダ付け，接着剤などで接合する。特に溶接（重ね合わせた物を真空オーブンに入れ，ホットプレス；500〜1000℃の間の温度で，10s-kNの圧力）すると大変安定した装置を造ることができる。適切に結合させた装置の交差部分を図2に示した。

3.3 液体への適応

微細構造体をカバープレートと，通常用いるチューブやフランジなどを含む適当なアダプターに溶接する。一般にこのステップは電子ビーム溶接を用いて行うが，これは電子ビーム溶接が，高温負荷により微細構造物に対する歪みを生じさせることなく，かつ，高真空，高安定性を持っ

マイクロリアクター —新時代の合成技術—

て異なった材質を溶接できるからである。

3.4 品質の制御

全ての製作過程は品質の制御と説明が必要である。作成した装置は，最後に漏れの程度と耐過圧性の試験が行われる。細かい水圧直径や出量は，窒素ガスを試験流体として定義された流量および圧力で決定される。ヘリウムの漏れ具合は流路とまわりの間だけでなく，流路と流路との間でも測定する。これらの値の代表的なものは，$10^{-8} \sim 10^{-10}$ mbar l/s である。ステンレス製の装置では，まず，静的過圧試験は室温において1000barまでの圧力差，そして，300℃で50barまでの圧力差で6時間，装置の性能に影響がないか試験される。さらに，動的過圧試験においても装置の性能に影響がないか試験される。漏れの度合いが増加しないかも測定される。

図3にいろいろな場合に用いられる微細構造チャンネルを示した。これらは直接用いられたり（微細構造熱交換器や，微細構造混合器），またはこれらが微細構造触媒反応装置に用いられる場合は触媒コーティングされる。

図3　化学や熱工業に用いるマイクロチャンネル装置
二種類のスタティックミキサーや，マイクロミキサーとクロスフローの微細構造措置を組み合わせたものだけでなく，異なったサイズのクロスフローおよびカウンターフローの装置を示した。

4　微細構造熱交換器

企業や実験室で応用するためのいろいろな微細構造熱交換器がクロスフロー，カウンターフロー方式共に開発されている。さらに，電気的に加熱する微細装置が生産され，試験されている。

多薄層化の技術により，熱移動の特性を保ったまま様々のサイズの装置を造ることができる。このことは，実験室で開発され，技術的に実現するであろうスケールアップの高速化における必

第6章　熱化学工業に用いられる微細構造装置

須条件である。技術的に応用される装置は数多くの独特なマイクロチャンネルと、15000m²/m³までの特別な熱移動表面を持っている。

4.1 クロスフローマイクロチャンネル

図4に一般のクロスフローマイクロチャンネル反応装置//熱交換器(容量；1 cm³, 8 cm³, 27 cm³, 流体アダプターなし)を示した。両方の流路に試験流体として水を用いると、最大の装置(3×3×3 cm)を用いた場合、200kWまでの熱出力を移動させることができる。水の処理量は、700 kg/passage（1 cm³の装置）7000kg/passage（27cm³の装置）である。

図4　規格化されたクロスフローの熱交換器
液体アダプターを除いた部分の体積がそれぞれ1 cm³, 8cm³, 27cm³

4.1.1　熱移動の実験結果

一つの流路には約90℃の水，もう一つには8℃の水を試験流体に用いて試験した結果、水圧直径と微細構造熱交換器の大きさにより、25000W/m²Kまでのオーバーオール熱移動係数が得られた。レジデンスタイムは数ミリ秒、加熱、冷却レートは15000K/sに達した。

4.1.2　数値の研究

クロスフローの微細構造熱交換器内部の温度分布をCFDモデルにより計算した[7,8]。計算温度はいろいろな流れの状態により数%の差異はあったが、おおよそ実験値と一致した。しかし、熱交換器の内部の実際の温度を測定したり、証明することは不可能であった。

4.2　カウンターフロー装置

カウンターフロー装置では、全てのマイクロチャンネルにだいたい同じ熱的条件を適用し、ま

た，二つの流体の温度差は小さく保つことが必要である。化学的な応用では，たとえば，発熱反応と吸熱反応を組み合わせる場合などではカウンターフロー装置が有利である[9]。

熱移動の実験結果は，大きな装置を用いた場合に期待できる結果と同じ挙動である。カウンターフロー装置の効率は，クロスフロー装置で測定したものより若干上であった[10]。

4.3 熱移動を向上させた装置

オーバーオールの熱移動係数を向上させる一つの方法は，確かにマイクロチャンネルの水圧直径を減少させることである[4]。このことは，流体があふれたりチャンネルが小片によりブロックされる危険を増大させる。

解決方法は広く開いた微細構造装置を用いることであるが，流れの様式を達成するための異なった内部微細構造は，直線的なマイクロチャンネル内部の微細な流れとは異なっている。このことは，たとえば，マイクロチャンネルの代わりに適当にアレンジしたマイクロカラムを用いることで達成できる。

このようなマイクロカラムクロスフロー型熱交換器の実験室における原型が造られ，試験されている。この装置を用いて，水を試験流体にして$56000W/m^2K$の熱移動係数が両方の流路において得られている[10,11]。

4.4 微細構造加熱器とエバポレーター

流体を電気的に加熱でき，かつ，簡単に早く制御できる微細構造熱交換器が製作され試験されている。流体を取り扱う装置は一般に約350℃の温度限界があるが，電気的に加熱する装置ではより高い温度に問題なく加熱できる。

微細構造と高出力のレジスターカートリッジヒーターを組み合わせることで，オーバーオール約$17500W/m^2K$の熱移動係数を持つ装置を造ることができるが，一方，一般的な電気加熱装置では$2500W/m^2K$の値に達するに過ぎない。微細構造装置の表面温度は理想的な流体の温度に近く，このことは，加熱に敏感な流体を用いる場合に適している。温度制御は，特別に設計された制御装置を持つ従来の温度制御プログラムにより容易に行うことができる。

さらに発展させた装置では，15kwの最大オーバーオール電力が達成されている。ガスの流れは680000K/sの加熱速度で約850℃にまで加熱できる。不燃性混合ガスでも安全に加熱できる。加圧下で液体を過加熱したり蒸発させることができる[12]。

図5に電気的に加熱する微細構造熱交換器を示した。

第6章　熱化学工業に用いられる微細構造装置

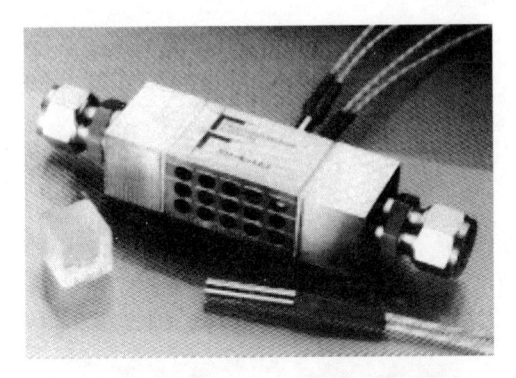

図5　液体やガスのためのステンレス製の微細構造熱交換器
（電気的に加熱する）最大電気量；15kw

5　スタティックミキサー

　微細構造熱交換器の他に，微細攪拌装置もプロセスエンジニアリングにおいて特に有利である。スタティックミキサーは，装置の出口における多くの副流の拡散混合により，反応試薬を早く完全に，また，低いエネルギーで混合できる。

　V-タイプおよび，P-タイプの2種類のスタティックミキサーが開発されている。図6 a, bにこれらの模式図を示す。

　V-タイプのスタティックミキサーの出口におけるメタンと酸素の混合をCFDにより計算した結果，ガス流量によって，約500μmの混合長，および，約30μsの混合時間が得られた。窒素とアルゴンまたは，ヘリウムを用いた場合のV-タイプ混合器の混合長はほぼ同じような値が得られた[4,13]。

　V-タイプとP-タイプのミキサーの挙動が調べられ，通常用いられるジェットミキサーのそれと比較されている。スタティックミキサーは一般のジェットミキサーと比較して，同じ混合効率で，10～20低い混合エネルギーを示した。

6　微細構造反応装置

　微細構造反応装置の優れた物質および熱移動能力により，化学反応過程の技術は微細構造反応装置により異なった利点を得る。主な利点は，反応条件(たとえば，温度，反応剤の構成，圧力，反応時間)の正確な制御であり，これらは高い収率を得るための調整である。他の点は，装置の小ささ，耐過圧性，漏れにくい，発火し難いなどのマイクロチャンネルシステムが持っている安

81

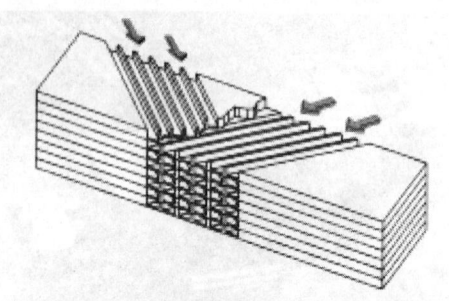

マイクロリアクター ―新時代の合成技術―

図6a　V-タイプのスタティックミキサーの設計図式

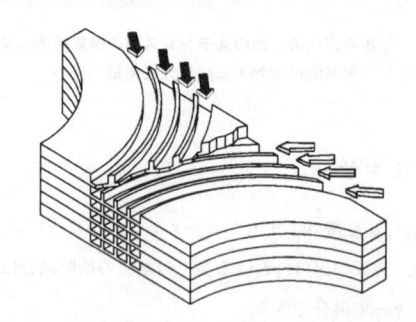

図6b　p-タイプのスタティックミキサーの設計図式

図6aでは，サブストリームは相対角度90度でアウトレットから出る。図6bではこの角度が0度である。図では，それぞれの設計図の上層の筈はカットしてある。

全性である。前章で述べたような非触媒，均一，不均一系の触媒反応の装置が利用されている。これとは別に，フランジの付いたデッドボリュームの少ない微細構造反応装置や，温度および組成のサイクリングにより不安定な状態の化学反応を行うような，特別に設計された微細構造装置も開発されている[15~17]。

　触媒活性を持つ微細構造装置を造る方法もいくつか開発されている。一つの可能性としては，完全な装置を触媒活性のある金属で造ることであり，もう一つは微細構造装置をマウントされた装置でコートすることである。これらが応用されている物には，電極酸化や，ゾルゲル法，ナノ粒子の固定化などがある。

6.1　触媒活性金属により造られた微細構造反応装置

　図7にロジウムによって造られた微細構造ハニカム反応装置を示した。この装置は20barの高圧でメタンを部分酸化し，合成ガスを造るのに使われていた[18]。

82

第6章　熱化学工業に用いられる微細構造装置

図7　メタンを合成ガスに部分酸化するためのロジウム製のハニカム微細反応装置

6.2　電極酸化

　数年前，シェル触媒を造るためのアルミの電極酸化が導入された[19]。この方法は，微細構造反応装置の中での部分水素化にうまく応用された[20]。

　この方法はさらに発展し，細いキャピラリーや完全な微細構造反応装置の中にメソポーラスなAl_2O_3の単一層を造ることに応用された[21]。図8にアルミを拡散接合させたクロスフローの微細構造反応装置のポストコーティングの結果を示した。

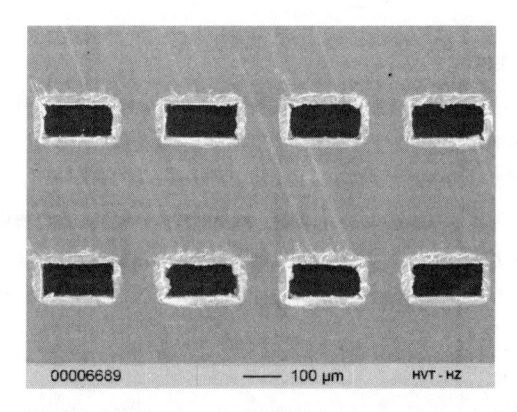

図8　拡散接合交差部分と，その後電極酸化したクロスフロー微細構造装置のSEM写真
　　　マイクロチャンネルは均一な厚さの$Al2O3$で覆われている。

6.3 ゾルゲル法

マイクロチャンネル系のポストコーティングを実行する二番目の可能性は，微細構造のディップコーティングをする際に用いられるゾルゲル法である。この方法を用いると，いろいろな酸化物を触媒活性を持つ物質のキャリアとして供給することができる。基盤の金属に強く接着していて，さらに機械的に安定なポーラス層で，クラックのないものを作成することは興味深い[22]。図9には，ゾルゲル法によりコーティングしたステンレス製のマイクロチャンネルを示した。

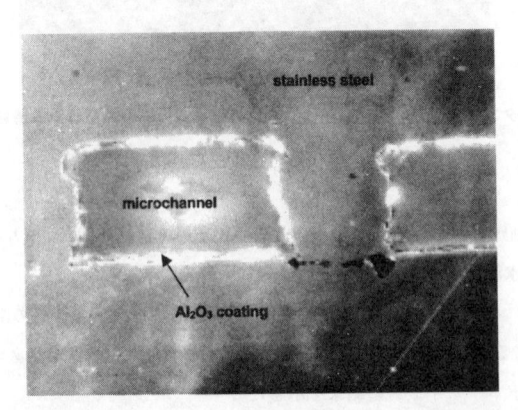

図9　ゾルゲル法によりコーティングされたステンレス製の微細構造反応装置

6.4 ナノ粒子の固定化

ナノ粒子の固定化および焼結により作成した触媒活性層は，金属表面に食い込んだキャピラリーをいろいろな組成物によりウォッシュコートするのにうまく応用できる。一つ優れた点は，活性な組成物質をスラリーの中にナノ粒子として加えられることである[23]。

図10に，メタノール蒸気の改質のために開発，利用されている Pd/ZnO 触媒を示した。マイクロチャンネル装置に用いた場合，通常の反応装置と比べて一桁低い滞在時間で高いターンオーバーが観測された。ここで示した触媒は，Pd と ZnO ナノ粒子でウエットインプレグネートしたものでできている。

第6章 熱化学工業に用いられる微細構造装置

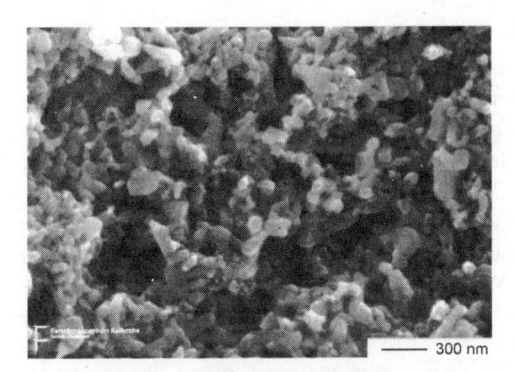

図10 Pd/ZnO触媒のSEM写真
ナノ粒子のZnOとPdのマスパーセントは1:99

文　献

1) W. Bier, W. Keller, G. Linder, D. Seidel and K. Schubert: *Manufacturing and Testing of Compact Heat Exchangers with High Volumetric Heat Transfer Coefficients*: Symposium Volume, DSC. **19**, ASME, 189-197 (1990)
2) W. Ehrfeld, V. Hessel, H. Möbius, Th. Richter, K. Russow: *Potentials and Realization of Microreactors*. DECHEMA Monographie **132**, VCH, 1-28 (1996)
3) O. Wörz, K. P. Jäckel Th. Richter A. Wolf; *Microreactors, a New Efficient Tool for Optimum Reactor Design*. Proceedings of the 2nd Int. Conf. On Microreaction Technology, 183-185 (1998)
4) K. Schubert, W. Bier, J Brandner, M. Fichtner, C. Franz, G. Linder: *Realization and Testing of Microstructure Reactors, Micro Heat Exchangers and Micromixers for Industrial Applications in Chemical Engineering*. Proc. of the 2nd Int. Conf. On Microreaction Technology, 88-95 (1998)
5) Marc Madou: Fundamentals of Microfabrication; *The Science of Miniaturization*. CRC Press, 2. Edition (1997)
6) D. Göhring, R. Knitter, P. Risthaus, St. Walter, M.A. Liauw, P. Lebens: *Gas-Phase Reaction in Ceramic Microreactors*. Proc. of the 6th Int. Conf. On Microreaction Technology, 55-60 (2002)
7) A. Wenka, M. Fichtner, K. Schubert: *Investigation of the Thermal Properties of a Micro Heat Exchanger by 3D Fluid Dynamics Simulation*. Proc. the 4th Int. Conf. on Microreaction Technology, 256-263 (2000)

8) A. Wenka, J. Brandner, K. Schubert: *A Computer Based Simulation of the Thermal Processes in an Electrically Powered Micro Heat Exchanger.* Proc. of the 6th Int. Conf. On Microreaction Technology, 345-350 (2002)
9) J. Frauhammer, G. Eigenberger, L. v. Hippel, D. Amtz: A new reactor concept for endothermic high-temperature reactions. *Chem. Eng. Science*, **54**, 3661-3670 (1999)
10) J. Brandner, M. Fichtner, G. Linder, U. Schygulla, A. Wenka, K. Schubert: *Microstructure Devices for Applications in Thermal and Chemical Process Engineering.* Proc. of the Int. Conf. on Heat Transfer and Transport Phenomena, 41-53 (2000)
11) J. Brandner, M. Fichtner, U. Schygulla, K. Schubert, *Improving the Efficiency of Micro Heat Exchangers and Reactors.* Proc. of the 4th Int. Conf. on Microreaction Technology, 244-249 (2000)
12) J. Brandner, M. Fichtner, K. Schubert: *Electrically Heated Microstructure Heat Ex changers and Reactors.* Proc. of the 3rd Int. Conf. on Microreaction Technology. 213-223 (1999)
13) T. Zech, D. Hönicke, M. Fichtner, K. Schubert: *Superior Performance of Static Micromlxers.* Proc. of the 4th Int. Conference on Microreaction Technology, 390-399 (2000)
14) S. Ehlers, K. Elgeti, T. Menzel, G. Wiessmeier: Mixing in the the offstream of a microchannel system. *Chem. Eng. Proc.*, **39**, 291-298 (2000)
15) M. Kraut, A. Nagel, K Schubert: *Oxidation of Ethanol by Hydrogen Peroxide in a Modular Microreactor System.* Proc. of the 6th Int. Conf. On Microreaction Technology, 351-356 (2002)
16) J. Brandner, M. Fichtner, K. Schubert, M.A. Liauw, G. Emig: *A New Microstructure Device for Fast Temperature of Cycling for Chemical Reaction.* Proc. of the 5th Int. Conf. On Microreaction Technology, 164-174 (2001)
17) J. Brandner, G. Emig, M.A. Liauw, K. Schubert: *Fast Temperature Cycling with Microstructure Devices.* Proc. of the 6th Int. Conf. On Microreaction Technology, 275-280 (2002)
18) J. Mayer, M. Fichtner, K Schubert: *A Microstructured Reactor for the Catalytic Partial Oxidation of Methane to Syngas.* Proc. of the 3rd Int. Conference on Microreaction Technology, 187-196 (1999)
19) D. Hönicke: *Appl. Catalysis*, **5**, 179 (1983)
20) A. Kursawe, E. Dietzsch, S. Kah, D Hönicke, M. Fichtner K. Schubert, G. Wiessmeier: *Selective Reactions in Microchannel Reactors*, Proc. of the 3 Int. Conf. on Microreaction Technology, 213-223 (1999)
21) M. Fichtner, W. Benzinger, K. Haas-Santo, R. Wunsch, K. Schubert: *Functional Coatings for Microstructure Reactors and Heat Exchangers*, Proc. of the 3rd Int. Conf. on Microreaction Technology, 90-101 (1999)
22) K. Haas-Santo, M. Fichtner, K. Schubert: *Preparation of microstructure compatible porous supports by sol-gel synthesis for catalyst coatings*, Sent to Appl. Catalysis A.
23) P. Pfeifer, M. Fichtner, M. Liauw, G. Emig, K. Schubert: *Microstructured Catalyst for*

第6章 熱化学工業に用いられる微細構造装置

Methanol Steam Reforming, Proc. of the 3rd Int. Conf. on Microreaction Technology, 372-382 (1999)

Chapter 7 Microreactors-An Emerging Technology for Chemical Industry
第7章 マイクロリアクター —化学工業のための新生技術—

Holger Löwe[*1], Volker Hessel[*2], Katharina Russow[*3]

翻訳：大寺純蔵[*4]

1 はじめに

なぜ，化学技術者は設備の縮小化に興味を示すのであろうか？これは日々作り出される膨大な化学製品にとって，妥当な選択であろうか．答えは"Yes"である．ある場合においては，縮小化は製造と研究両方にとって当を得たものと言える．そして，経済的にも，環境的にも，従来の技術に比べてより有益である．

2 マイクロ反応系の基本的特徴

マイクロ反応系の特有の性質は，特徴的な小さな寸法と，多数のシステム構成成分を小さなスペースに統合できる能力から派生する[1~4]．これは，従来の反応形態に比べて熱がより有効に制御されたり，反応経路に沿って起こる物理的特性に強い傾斜が生じるなど，反応条件が顕著に変わるので化学プロセスに甚大な影響を与える．

一次元寸法の減少により，ある種の物理的特性の差異に対する勾配は増加する．その結果，マイクロリアクターを使用することにより，単位容積，あるいは単位面積あたりの熱移動，物質輸送，拡散流束が増加する．それゆえ，非常に速い応答時間が得られる．このように，マイクロリアクター中の反応は安全性と迅速な不安定中間体の処理能力を持ち合わせるので，従来の反応装置では不可能だった新しいプロセス体系での実験を可能にする．

一次元寸法の縮小に起因する容量の減少は，それは典型的には数 μl のオーダーに達するが，反応器中の物質滞留を顕著に減少させる．このことにより，マイクロ装置での典型的な連続フロープロセスの安全性が増す．そして，従来のバッチプロセスに比べて，滞留時間が短いために選択性が改良される．

---

*1～3　Institut für Mikrotechnik Mainz GmbH
*4　Junzo Otera　岡山理科大学　工学部　応用化学科　教授

第7章 マイクロリアクター ―化学工業のための新生技術―

マイクロチャンネルにおける層流条件に基づく規制された流動特性は，狭い滞留時間分布と均一な物質輸送動力学をもたらす。

マイクロリアクター操作の容易さならびに安全性のために，オンデマンドおよびオンサイト操作が可能となる。その結果，爆発性や危険性のある化学品の貯蔵と輸送を回避することができる。

しかし，それにもかかわらず，縮小化がうまくいくためにはいくつかの条件が満たされる必要があるので，マイクロ反応技術をすべての化学製品製造設備縮小化に用いることはできないだろう。マイクロリアクターの最も顕著な特徴の一つは，爆発限界内，あるいは反復操作下，あるいは極端に物理的性質に勾配があるような場合のように大きなスケールでは不可能な条件下での反応を行うことである。

3 マイクロリアクターの構成部分の組立て技術

マイクロ反応技術は複雑な化学反応器と，機能部のサイズを減少させるために用いられる戦略と技術で構成される。LIGA，マイクロ放電機，マイクロメカニカル技術，エッチングのような他の微細組立て技術が，後に議論されるように，各種の材料中の微小構造を製造するのに使われている[5~7]。これら中核構成部は鋼鉄性の外装を有し，簡単な操作が可能となるように最適化されている。マイクロリアクターの入り口と出口の接続部には，ポンプ，貯蔵用タンク，分析機器などの標準実験装備を接続することができる。マイクロリアクターのメリットを活かすため，そしてエンジニアリング上の労力を最小化するために，一般にミキサー，熱交換機，あるいは反応室のような，機能部や反応システムの中核成分だけが縮小化される。マイクロリアクターにとって最適の生産戦略を決定するために，化学的，及び熱的抵抗，更にある特定の反応に対して望ましいチャンネル寸法に関して最適の素材が選ばれる。最後に適切な組立て技術が選ばれる（表1）。

表1 3D-ミクロ組立工程とそれに適した素材

Production techniques / Materials	Semiconductor materials	Metals	Plastics	Ceramics	Glass	Fabrication of complex shapes
Wet chemical anisotr. etching						
Advanced Silicon Etching						
Photolithography						
Mechanical micromachining						
LIGA Process						
Photoetching of glass						
Micro EDM						

■ suitable　□ partly suitable　□ not suitable

4 製造および研究におけるマイクロリアクターの利点

マイクロリアクターの応用に関する潜在的な利点は，化学工学のこの新しい分野に対する新鮮な興味を刺激している[8]。流体に関するマイクロ装置の反復使用，それは製造目的のための共通の供給ラインを用いて並行的に操作されるか，または応用を探索する過程で別個に供給されるのであるが，いずれの場合でもいくつかの理由で有益である[3,9~11]。ユニット数の増加により，マイクロリアクターは速やかでより低コストの材料とプロセスのスクリーニングを助け，より柔軟性のある製造を可能にする。

・研究成果の製造へのより迅速な移転
・低コストでの迅速な製造開始
・より小さいプラント規模
・簡単な生産キャパシティーのスケールアップ
・輸送，エネルギー，資材の経費削減
・市場の要求に対する柔軟な対応

情報収集手段としてのマイクロリアクターの利点は明らかである。組立て，解体の容易さと柔軟性，小さな実験装置と少ない物質消費などが魅力的な点である。情報収集は生産に関する分析システムの規模に依存しないとはいえ，ハイスループットは不可欠である。しかしながら，マイクロリアクターの使用が好ましい特別な分野があり，そこでは高操作性，または下に示すその他の理由のために特別な小さなキャパシティーは特に問題とならない。

・連続プロセスによるバッチの置き換え
・プロセスの強化
・安全に関する項目
・製品性質の変化
・生産拠点の分散

これはますます広く受け入れられるようになり絶えず発展し続けるであろう。関連する経済的，環境的観点から，縮小化の概念は研究と産業の末端利用者にとって魅力的なものである。

5 最先端のマイクロ反応技術

5.1 マイクロミキサー—研究とプロセス開発のための柔軟な手段—

Institut für Mirkrotechnik Mainz で開発されたマイクロミキシング装置は，液層の流れの多層化，引き続いて起こる拡散混合を利用する。流入する二つの液体は多くの支流に分かれる。そ

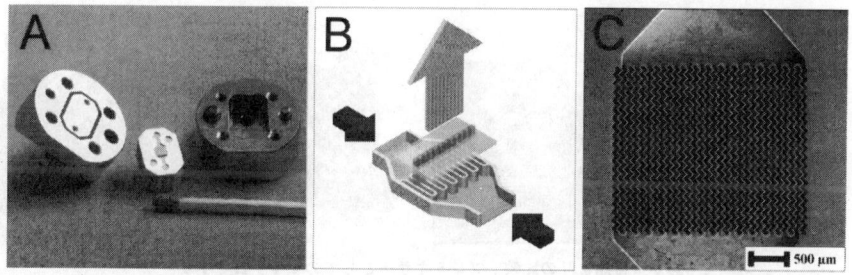

第7章　マイクロリアクター　―化学工業のための新生技術―

図1　インターディジタルチャネル構造を有するLIGAで構成されているマイクロミキサー
(A)混合部の写真（ニッケル）と外装（ステンレス）
(B)インターディジタル構造中の多層流により引き起こされる拡散迅速混合
(C)混合素子の走査型電子顕微鏡写真[3]

図2　アクリル酸の重合

れらは分散され，数十 μm の厚さの典型的な層で構成される多層システムをもたらす。マイクロミキサーは多様な素材を用いて，異なるデザインでつくられている[3]。相溶性流体，および非相溶流体の混合に関する多くの実験が行われてきた。これらの素材とデザインの選択および広範な実験的ノウハウは商業的興味を刺激した。その結果，マイクロミキサーは小スケールの一連の生産に用いることのできるマイクロリアクター製品の成功例となった（図1）。

ラジカル重合プロセスは PMMA を含むいろいろな種類の重合物および共重合物の大スケール製造に用いられる（図2）。重合はこれまではバッチあるいはセミバッチプロセスによって行われていた。最近，連続ラジカル重合により，プロセスの信頼性と反応器効率が増し，より高い安全性が得られるようになった。

これらの潜在的利点を評価するために，Axiva（フランクフルト，ドイツ）の研究者チームは，スタティックミキサーを備えたチューブ反応器をテストした[3]。プロセスは特にミクロ混合効果に敏感である。それゆえ，反応物を混合したあと，開始剤とモノマーの均一な濃度分布が必要である。5 mm スタティックミキサーを使う時，チューブ反応器の供給点における不充分な混合条件のために，チューブ反応器の目詰まりが常に認められる。モノマーと開始剤の均一性を増加させるために，マイクロミキサーが反応器の入り口に設置され，そしてプレミキサーとして用いられた。これによりミクロスケールでの迅速かつ効果的な混合が確保された[13]。そして，目詰まりは驚くほど減少した（図3）。

91

図3　目詰まりの比較；プレミキサーとしてのマイクロミキサー
(a) 使用しない場合，(b) 使用した場合

　実験室スケールでのマイクロミキサーで得られた結果を製造プロセスに移転するために，同一装置の並行操作によるナンバーリングアップの概念が，2段階で採用された。実験室スケールで，10個の混合ユニットからなるミキサー一系列により，6.5バールの圧力低下で6.6kg/hの処理能力が達成された。工業スケールのための予備基本設計に基づいて一つのアセンブリーの中で組み合わされた32のこのようなマイクロミキサーを用いることにより年間2000トンのアクリレート生産が可能となることが示された。

5.2　落下フィルムマイクロリアクター―気液接触型モジュールの縮小化によるプロセス改善―
　前項で議論した通り，マイクロ反応概念の有利性は効果的な熱および物質移動のために化学プロセスに影響を及ぼす。その結果生じるプロセシングの強化は，ある場合にはターンオーバー速度の不足や安全性の理由のためにマクロスケールでは実行不可能な化学反応の遂行を可能にする。
　熱および物質移動性に優れている気液マイクロリアクター中では熱および物質移動の高い勾配を利用することができる。これら輸送の効率化は，一般的に熱的に制御された反応の反応性能の改良をもたらす。
　気液接触のための特別なタイプのマイクロリアクター，いわゆる落下フィルムマイクロリアクター（図4）が設計されそしてテストされている[14]。マイクロリアクターは反応板，集積マイクロ熱交換機から構成されている架構，そして検査のためのUVおよびIR透明板を持つ。このシステムは10バールのガス圧まで使用できる。落下フィルムマイクロリアクター中では，反応板上で重力によって薄いフィルムが発生する。だから，高い比界面面積を得ることができる。液状反応物は垂直反応板の頂上で多数の支流に分かれる。気相の流れの方向は液相に対して，同一方向，あるいは反対方向へ導くことができる。
　反応器はその比界面面積，全物質移動効率と流体等分配の視点に基づいて，モデル化された。理論上の結果は，NaOH水溶液中でのCO_2の吸収をモニタリングすることによって無反応条件下

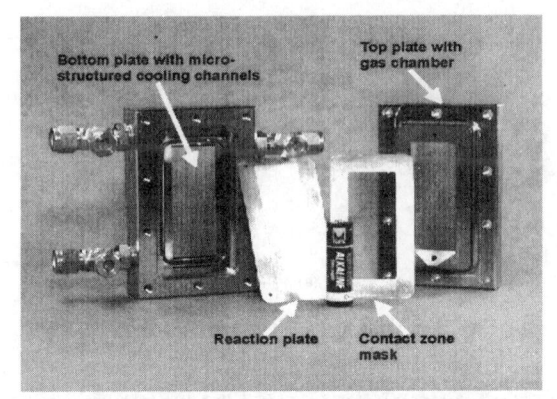

第7章 マイクロリアクター —化学工業のための新生技術—

図4 落下フィルムマイクロリアクターの構成部

で実験的に評価された。フィルムの薄さはいわゆるMicrofocus-UBMを使って非接触表面測定法により決定された。落下フィルムマイクロリアクターは25μmの薄さの液状フィルムを生成する。この値は従来の気液接触装置の性能よりも少なくとも一桁優れている20,000m^2/m^{3}の比接触面積に相当する。チャンネル中での流れの非常に狭い滞留時間分布が圧力障壁を用いることにより確立された。リアルタイムでの流体の等分配と熱放出の動的モニタリングのためのサーモグラフィック法が確立された。そのことにより、反応板上での温度分布に関する情報が高い精度で得られる。

テスト反応として、芳香属化合物の直接的フッ素化が選ばれた。この反応物は、例えば医薬品や有機染料の合成のために広く用いられる精密化学薬品である。工業スケールでの生産のために、求核的置換を使っている多段階プロセス、すなわち、Schiemannプロセスが用いられている[15]。トルエンの直接的フッ素化は物質と熱輸送の制約および安全性の理由により、大スケールでは不可能である。熱放出が大きくなりすぎると、規格外の製品が生成され、しばしば爆発が起こる。

アセトニトリル中でのトルエンの直接的フッ素化は、モノフッ素化物の定量的な合成で証明されているように、落下フィルムマイクロリアクター中で実行することができた。その反応は元素フッ素を用いて行われた(10% F$_2$ in N$_2$)。そして、それは50％の変換率に達し、目的生成物の収率は20％に達した。

5.3 触媒のスクリーニング

気体と表面の相互作用の理論的記述が盛んに行われているが、不均一気相反応での触媒スクリーニングのための装置はますます普及している。空孔モデルが複雑であり、さらに、分子レベルでのガスと表面の相互作用を記述するのに巨大な計算能力が必要とされるために、触媒スクリー

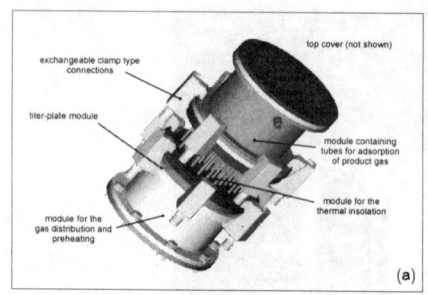

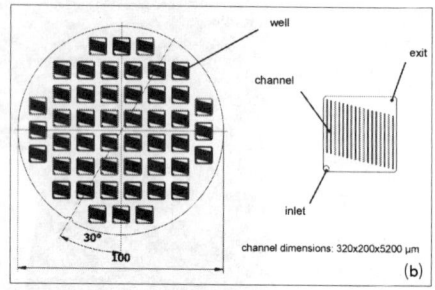

図5 (a) ミクロ構造スクリーン反応器，(b) 48穴 titer-plate

ニングには実験的アプローチがなお必須である。縮小化されたスクリーニング装置の助けを借りて，我々はマクロスコピックな流体力学スケールで反応器を記述することによって得られる洞察に基づいて，スクリーニングデータをベースにした反応プロセスの動力学描写のための貴重な手段が得られることを証明することができた[16]。

スクリーニング装置のなかに，微細構造化された titer-plate を使うという概念に基づき，簡便なスクリーニング装置を使う時に生じるいくつかの困難を解決することができる。微細構造装置の一つの大きな利点は反応域内での等温反応条件であり，同時に，反応器温度を迅速に変えることができることである。これにより，例えば，拡散あるいは速度が制御された反応を区別することが可能になる。微細構造を持つモジュール化された反応器を使用することにより，異なったモジュールをすばやく容易に変換することができ，ガスの分配や分析，反応プロセスを説明することができる（図5(a)）。反応器の心臓部は，エッチングプロセスにより微細構造化されたステンレススチール製反応板あるいは，48個までの単一反応孔を含むセラミック製反応板で成り立っている（図5(b)）。

システムの熱許容範囲は大気圧と10バールの間の圧力下，650℃まで反応温度を上げることが可能である。スケールアップは反応モジュールのサイズを増すことによって可能である。

触媒活性層で覆われた適切な titer-plate を製作するために，新しいコーティング技術の開発が必要となった。とりわけ，金属および非金属層の同時スパッタリングが使用された。この手法により，それぞれの成分の層の薄さを減らしたり，増やしたりすることができた。そして均一の多成分層が得られた。このスパッタリング技術を使うことによって，48個までの反応ゾーンを有する単一 titer-plate の調製時間は20分未満に減らされた。更に，ゾルゲル dip-coating 技術が比較的高い空孔率を持つ薄い層を作るために使われた。

スパッター法および液体コート法を利用した最初の実験から，個々の触媒混合物はそれらのタ

第7章 マイクロリアクター ―化学工業のための新生技術―

ーンオーバー速度により区別されることわかった。モデル反応として使用されたメタンの部分酸化において，10％とほぼ100％の間のターンオーバー速度がよい再現性で達成された。

6 おわりに

実用的化学のためのマイクロ構造の利用は化学的プロセシングにおいて重要な役割を果たしはじめている。その結果，新しいプロセス領域の発展，および触媒の高度なパラレルスクリーニングのための技術の発展がもたらされる。このように，化学工学でのこの目新しい R&D 分野への強いインパクトが提示され，ほとんどの化学会社，薬品会社はこの発展しつつある技術をよく認識している。しかし，いまだに多くの産業人は，広範囲な知識ベースが不足しているためにマイクロ反応技術を彼らの製造プロセスに含めることを躊躇している。今日，多くの応用は主に，化学工業においてパイロット段階にある。プロセシング工業における，将来の広範囲な応用，すなわち，化粧品とパーソナルケア商品，食料品，飲料，コーラ，その他の精製品が予想される。今日存在するマイクロ反応の構成成分と手法を用いることにより，化学製品のプロセシングならびに種々の工業分野におけるスクリーニングと分析などの将来の応用のための信頼できる知識ベースを得ることが可能になるであろう。

文　　献

1) Ehrfeld, W. ; *Micro-system technology for chemical and biological microreactors, DECHEMA Monographs*, **132**, 51-69, Verlag Chemie, Weinheim (1996)
2) Ehrfeld, W. , Hessel, V. , Haverkamp, V.; "*Microreactors*", *Ullmann's Encyclopedia of Industrial Chemistry*, Wiley-VCH, Weinheim (1999)
3) Ehrfeld, W., Hessel, V., Löwe, H.; *Microreactors*, Wiley-VCH, Weinheim (2000)
4) Benson, R. S., Ponton, J. W., "*Process miniaturization-a route to total environmental acceptability?*", Trans. Ind. Chem. Eng **71**, A2 160-168 (1993)
5) Heuberger, A.; *Mikromechanik*, Springer-Verlag, Berlin (1991)
6) Menz, W., Mohr, J.; *Mikrosystemtechnik für Ingenieure*, 2nd ed;VCH, Weinheim (1997)
7) Rai-Choudhury, P.; "*Handbook of Microlithography, Micromachining and Microfabrication*", *SPIE Monograph PM39/40 ; IEE Materials and Devices Series 12/12B*, SPIE Optical Engineering Press, Washington (1997)
8) Jensen, K. F., Hsing, I.-M., Srinivasan, R., Schmidt, M. A., Harold, M. P., Lerou, J. J.,

Ryley, J. F.; *"Reaction engineering for microreactor systems"*, in Ehrfeld, W.(Ed.) *Microreaction Technology, Proceedings of the 1st International Conference on Microreaction Technology; IMRET 1*, 2-9, Springer-Verlag, Berlin(1997)

9) Franz, A. J., Ajmera, S. K., Fircbaugh, S. L., Jensen, K. F., Schmidt, M. A.; *"Expansion of microreactor capabilities through improved thermal management and catalyst deposition"*, in Ehrfeld, W. (Ed.) *Microreaction Technology: 3rd International Conference on Microreaction Technology, Proceedings of IMRET. 3*, 197-206, Springer-Verlag, Berlin (2000)

10) Jäckel, K. P., *"Microtechnology: Application opportunities in the chemical industry"*, in Ehrfeld, W. (Ed.) *Microsystem Technology for Chemical and Biological Microreactors*, **132**, 29-50, Verlag Chemie, Weinbeim(1996)

11) Rinard, I. H.; *"Miniplant design methodology"*, in Ehrfeld, W. , Rinard, I. H., Wegeng, R. S. (Eds.) *Process Miniaturization: 2nd International Conference on Microreaction Technology; Topical Conference Preprints*, 299-312, AIChE, New Orleans, USA(1998)

12) Bayer, T., Pysall, D., Wachsen, O.; *"Micro mixing effects in continuous radical polymerization"*, in Ehrfeld, W. (Ed.) *Microreaction Technology: 3rd International Conference on Microreaction Technology, Proceedings of IMRET 3*, 165-170, Springer-Verlag, Berlin(2000)

13) Ehrfeld, W., Golbig, K., Hessel, V., Löwe, H., Richter, T.; *"Characterization of mixing in micromixers by a test reaction: single mixing units and mixer arrays"*, Ind. Eng. Chem. Res. **38**, 3, 1075-1082(1999)

14) Jähnisch, K., Baerns, M., Hessel, V., Ehrfeld, W., Haverkamp, W., Löwe, H., Wille, C., Guber, A.; *"Direct fluorination of toluene using elemental fluorine in gas/liquid microreactors"*, J. Fluorine Chem. **105**, 1, 117-128(2000)

15) Balz, G., Schiemann, G.; Ber. Dtsch. Chem. Ges. **60**, 1186(1927)

16) Müller, A., Hessel, V., Löwe, H., Lohf, A., Richter, Th.; *"Microstructured Modular Reactor for Parallel Gas Phase Catalyst Screening"*, to be published in Proc. of ECCE, Nürnberg(2001)

第III編　マイクロ合成化学

第8章 マイクロリアクターの有機合成反応

吉田潤一[*1] 菅 誠治[*2] 港 晶雄[*3]

1 はじめに

マイクロリアクターは有機合成化学を大きく変えようとしている[1]。実験室での有機合成のスタイルは、人間が手でフラスコの中に溶媒と基質、反応剤などを入れて行うという19世紀以来の研究スタイルで、現在も本質的には変わっていない。しかし、マイクロリアクターの出現によって、この有機合成の研究スタイルは大きく変わるのではないだろうか。また、マイクロリアクターによって提供されるミクロな反応場は化学反応そのものにも本質的な影響を与える可能性も秘めている。

2 有機合成におけるマイクロリアクターの特長

有機合成の立場からみたとき、マイクロリアクターはどんな特長をもっているのだろうか。また、その特長を有機合成にどのように生かせばよいのだろうか。まず、マイクロリアクターを有機合成で用いる場合の一般的な特長について、以下に簡単にまとめてみよう。

① 微少量での合成が可能となる

反応容器として、マイクロリアクターはフラスコに比べて格段にサイズが小さいので、使用する出発物質、反応剤、溶媒等の量が元々少なくて済む。さらに、分析機器の能力の限界まで反応スケールを小さくすることにより、時間やコストだけでなく環境への負荷もかなり小さくすることができる。そのため、今後の実験室的合成は、ある程度の量が必要な原料合成やサンプル合成の場合を除いては、できるだけマイクロ化する方向に進んでいくであろう。

② 温度制御が効率よく行える

マイクロリアクターは装置全体が小さく、反応溝の単位体積あたりの表面積が大きいために熱交換の効率が極めて高く、温度制御が容易に行える。この特長は精密な温度制御を必要とす

[*1] Jun-ichi Yoshida 京都大学大学院 工学研究科 合成・生物化学専攻 教授
[*2] Seiji Suga 京都大学大学院 工学研究科 合成・生物化学専攻 講師
[*3] Akio Minato 京都薬科大学 薬学教育研究センター 講師

る反応や，急激な加熱または冷却を必要とする反応でも，マイクロリアクターを用いれば比較的容易に行える可能性を示唆している。たとえば，通常のフラスコ中では部分的な発熱により暴走する可能性のある反応でもマイクロリアクターを用いると制御して行えるようになるであろう。このような特長はマイクロリアクターを用いて工業的生産を行う場合にもあてはまる。

③ **界面での反応が効率よく起こる**

単位体積あたりの表面積が格段に大きいというマイクロリアクターの特長は，また，気－液，液－液，固－液反応のような界面での効率的な反応や，相を利用した反応後の生成物の分離・精製にも有効であると考えられる。

④ **効率的な混合が行える**

混合は，最終的には分子拡散に依存する。分子拡散による混合では，混合に要する時間は拡散距離の二乗に比例する。

$$t \sim d^2/D$$

t：混合に要する時間，d：拡散距離，D：拡散係数

従って，マイクロ流路を利用して拡散距離を格段に小さくすることにより，通常の混合器では実現できないような高速かつ効率的な混合が行える。

次に，マイクロリアクターのもつ様々な特長を生かした有機合成反応について紹介する。

3 均一系有機合成反応

均一系反応は，実験室的有機合成反応の最も一般的な反応形式である。実験室的合成においては，省資源，環境への配慮などの観点からもますます反応スケールのダウンサイジングが求められるであろう。そのような要求に対応できるように，いかにマイクロリアクターを使うのかが今後の重要な課題となってくる。また，工業的物質生産においても均一系反応は重要な形式であり，ここでもマイクロリアクターの特長を生かして，いかに反応を制御し効率や選択性を向上させるかが今後の問題となる。これらについて実例を見ながら考えてみたい。

3.1 ジアゾカップリング反応

電気浸透流は通常の機械的なポンプが使用困難な微小な系でも有効に送液できる手段として注目されている。Harrisonらは，微少量合成の達成のために，メタノールやアセトニトリルのような有機溶媒でも電気浸透流による送液が行えることを，ジアゾニウム塩とジメチルアニリンのカップリング反応を用いて示した（図1）[2]。この方法で必要な電解質として，彼らは0.001M過塩素酸テトラエチルアンモニウム $N(C_2H_5)_4ClO_4$ を用いている。まず反応基質であるジアゾニウム塩

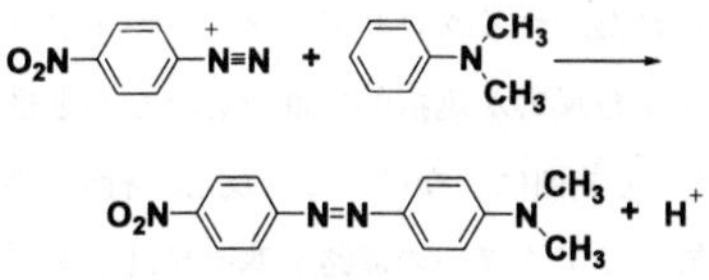

第8章 マイクロリアクターの有機合成反応

$$O_2N-C_6H_4-N^+\equiv N + C_6H_5-N(CH_3)_2 \longrightarrow$$

$$O_2N-C_6H_4-N=N-C_6H_4-N(CH_3)_2 + H^+$$

図1

の溶液を入れた容器に3kVの電圧をかけ反応部につながる流路に導入する。次に電解質のみを入れた容器に10kVの電圧をかけることにより前方に送る。これを繰り返すことにより,パルス状に基質が反応部に送られる。反応部では別の流路からもう一つの反応基質であるジメチルアニリンの溶液が送られてくる。二つの反応基質がカップリング反応を起こし,生成したアゾ化合物の光吸収を検出部で測定することにより検出する。このようにして反応を行うと,送液パルス(液滴)ごとに反応が起こり,生成物の吸収がパルスとして検出される。

この研究は,有機化合物の溶液を電気浸透流を用いて自由自在に送液することにより,液滴ごとに反応条件を変えたり,基質や試薬の組み合わせを変えることが可能であることを示唆しており,将来,実験室での有機合成のあり方が根本的に変わる可能性を示したものとして極めて興味深い。

3.2 カルボニル化合物と有機金属反応剤との反応

グリニヤール反応剤など有機金属反応剤とカルボニル化合物との反応は実験室的有機合成において非常によく用いられる反応であるが,工業的生産に用いる場合には,発熱を抑え制御をいかに行うかが問題となる。ここでは,Merck KGaAによる有機金属反応におけるマイクロリアクターの使用例を紹介する(図2)[3]。

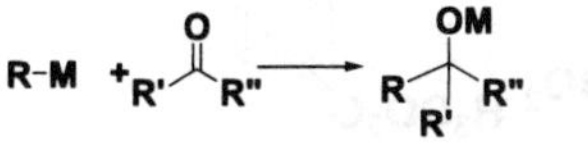

$$R-M + R'-CO-R'' \longrightarrow R'-C(OM)(R)(R'')$$

図2

Merck KGaAでは,まず通常の実験室レベルのバッチ型反応装置を用いて最適反応条件の検討を行った結果,攪拌下,$-40℃$,30分で滴下する条件で目的物を88%の収率で得た。しかし,ここで得られた条件を6.3m³の大きな反応釜に適用したところ収率は72%に低下した。この場合,外部からの冷却により反応温度を$-20℃$にしかできなかったのが主な収率低下の原因と考えられる。この反応をマイクロリアクター(マイクロミキサー)を用いて同じ$-20℃$で行ったところ95%と

101

いう高い収率で目的物が得られた。マイクロリアクター（マイクロミキサー）による効率のよい混合と精密な温度制御により望む反応が選択的に進行したためと推定される。

　100台のマイクロリアクターを並列につなげてこの反応を行い，必要量の目的化合物を得ることも可能と考えられたが，沈殿がリアクターの流路を塞ぐ恐れがあり，結局マイクロリアクターを使った上記の実験から得られた結果をもとに，5台のミニリアクター（mmスケール）を使って目的とする生成物の必要量を確保することを試みた。ミニリアクターでの収率は，混合能力の差のためか，マイクロリアクターを用いた場合より幾らか低かったが，実質上満足すべき結果が得られた。

3.3　Wittig反応および関連反応

　カルボニル化合物をオレフィンに変換するWittig反応やWittig-Horner-Emmons型反応は有機合成上重要な反応である。Haswellらは電気浸透流を用いるマイクロリアクターを使ってWittig反応を行っている（図3）[1(m)]。有機ホスフィンとアルデヒドを1：2の当量比で反応を行った場合の収率は70％で，バッチ法に比べて10％ほど反応効率がよい。また，電気浸透流の印加電圧を変化させると，バッチ法で反応させた場合3.0であった生成物のZ/E比が，印加電圧の変化に応じて0.57〜5.21の範囲で変化した。このことは，電気浸透流の印加電圧を変えることによって反応の立体選択性がコントロールできることを示唆しており，非常に興味深い。

　マイクロミキサーを使ったWittig-Horner-Emmons型反応も報告されている[4]。この場合には，脱プロトン化とアルデヒドとの反応のために二つのマイクロミキサーを連結して用いており，やはり，通常の反応装置に比べて反応効率の向上がみられた。

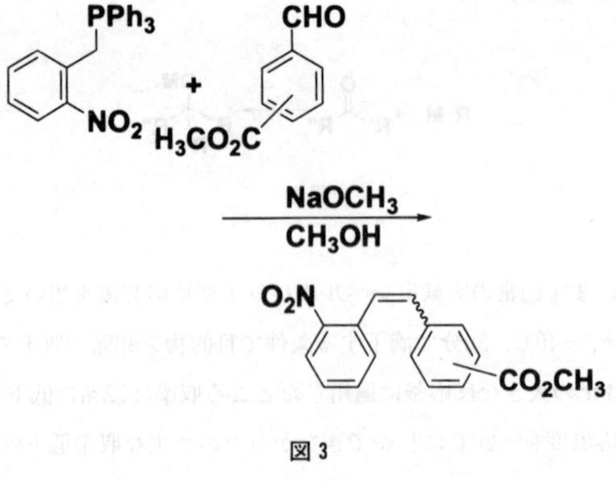

図3

第8章 マイクロリアクターの有機合成反応

3.4 Michael 付加反応

　Haswell らは図4に示すような4チャンネルのマイクロリアクターを用いて Michael 付加反応を行っている[5]。リザーバー A に diisopropylethlamine を，リザーバー B に ethyl propiolate を，リザーバー C に 2,4-pentanedione を入れて，EOF の連続送液で反応を行ったところ，付加物への変換率は56％であった。2.5秒送液—5.0秒停止の操作を繰り返すストップフローの手法を使ったところ，変換率は95％に向上した。また，マイケルアクセプターとして methyl vinyl ketone (MVK) を用いて反応を行った場合も，連続送液では13％と低変換率であったが，ストップフローの採用により，変換率は95％に向上した。ストップフロー法により試薬のチャンネル内での滞留時間が長くなり，収率が向上したものと考えられている。

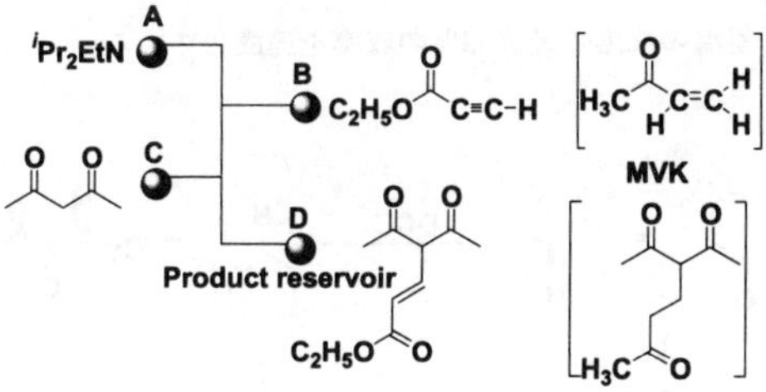

図4

3.5 アルドール反応

　Haswell らは，マイクロリアクター中でのシリルエノールエーテルを用いるアルドール反応についても報告している（図5）[6]。この場合も EOF による送液を採用しているが，収率は印加電圧すなわち送液の方法に大きく依存している。印加電圧のセットが A; 417V, B; 455V, C; 475V, D; 0V の場合，変換率はわずか1％であったが，印加電圧を A; 417V, B; 341V, C; 333V, D; 0

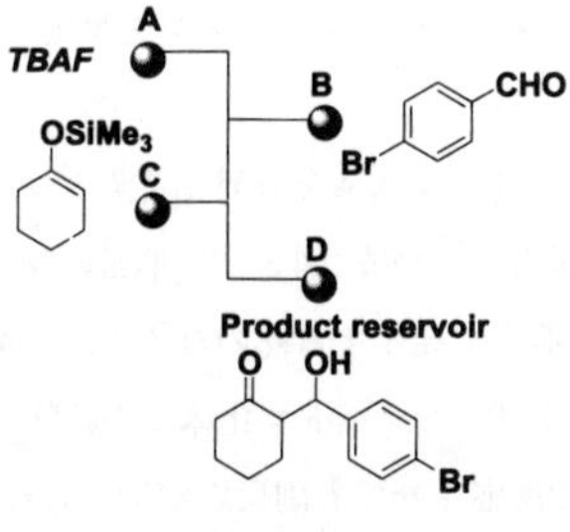

図5

Vに変え，TBAFの量を増やすことにより，変換率は100%に向上した。マイクロリアクターを用いた場合，収率は従来のバッチ反応と大差がなかったが，反応時間が従来の方法の24時間に比べると極めて短い20分であった。

3.6 エナミン合成

バッチ反応では容易に行える反応をマイクロリアクターで行う場合に通常の反応系では使える装置や試薬が使えず，いろいろな工夫が必要となる場合がある。マイクロリアクターを用いてエナミン合成を行う場合にも通常の反応系では使えるディーンスタークやモルキュラーシーブが使用できない。Haswellらは，DCCを使って水の除去を行う方法を採用し，マイクロリアクター中でエナミンの合成を行っている（図6）[7]。いろいろな印加電圧のセットすなわち送液条件を検討することで，無触媒，室温の反応で最高42%の収率を達成している。

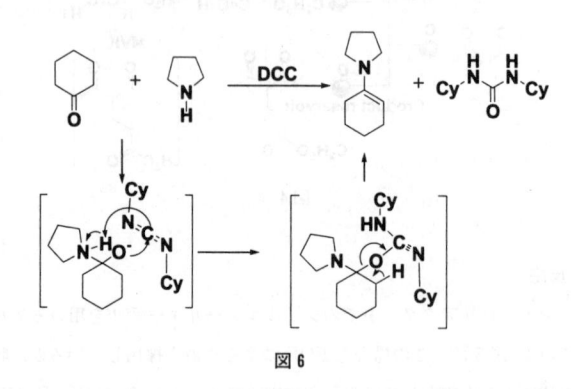

図6

3.7 尿素誘導体の反応

マイクロリアクターを使った尿素誘導体の反応も報告されている。たとえば，マイクロミキサー用いて，ジフェニルチオ尿素とシクロヘキシルアミンを反応させて非対称のチオ尿素を得る反応が報告されている（図7）[8]。

また，LoebbeckeらはN,N'-ジエチル尿素を五酸化窒素と反応させN,N'-ジニトロ-N,N'-ジエチル尿素を合成する反応を報告している（図8）[9]。通常の反応装置を用いると，低温（-10℃～-20℃）で反応させても反応容器中で発生する熱のために，生成物であるN,N'-ジニトロ-N,N'-ジエチル尿素の分解が起こったり，モノニトロ化体が不純物として生成したりするが，マイクロリアクターを用いると，室温で反応させても副反応が抑えられ，目的生成物がよい選択的性で得られている。

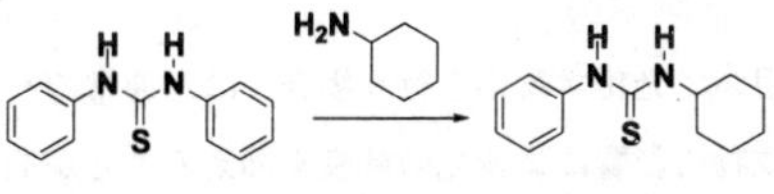

第8章　マイクロリアクターの有機合成反応

図7

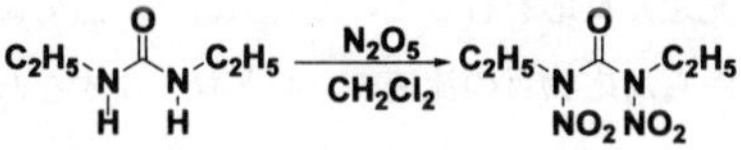

図8

3.8　エステル合成

中西，吉田らは混合効率のよい多層拡散型チップを開発し，これを用いてコレステロールやステアリン酸のエステル化反応を行い，多層拡散型チップの方がY型チップよりも反応が高収率で進行することを報告している（図9）[10]。

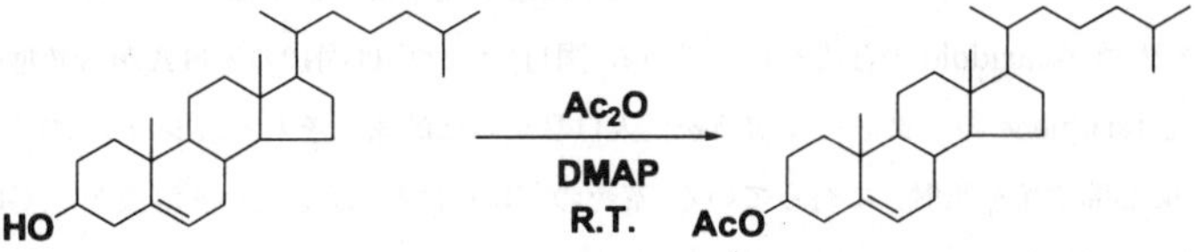

図9

3.9　ペプチド合成

マイクロリアクターを用いたペプチド合成も行われている。

Haswellらはバッチ型の反応では24時間費やして40～50%の収率しか得られていないペプチド結合形成反応が，マイクロリアクターを用いると20分でほぼ定量的に起こることを報告している[11]。さらに，このマイクロリアクターを用いて多段階ペプチド合成も行っている。

3.10　酵素反応

酵素反応は通常高い酵素濃度を必要とするものが多く，そのことが酵素を用いる化学プロセスの開発を困難にしている。

宮崎らは，マイクロリアクターを使うとトリプシンを触媒とする加水分解反応が，低い酵素濃度でバッチ反応に比べて高収率で進行することを明らかにしている[12]。

3.11 光化学反応

マイクロリアクターを用いて光化学反応を行う場合には，通常のバッチ型の反応容器で問題となる溶媒や結晶化した生成物の影響による光の減衰を抑えることが期待できる。

Jensen らは，光化学反応用のマイクロリアクターを使い，モデル反応として，イソプロパノールによるベンゾフェノンの光還元反応を行っている（図10）[13]。照射直後と反応終了時の出発原料を定量し，得られたデータから反応物質の流速のコントロールすなわち滞留時間と照射時間のコントロールにより，反応のコントロールが可能であることを示している。

図10

Wootton らは，マイクロリアクター中で光反応により効率よく安全に発生させた一重項酸素を利用して天然物 ascaridole の合成を行っている（図11）[14]。反応は図12の入口Aから光増感剤（Rose Benngal）と terpinene のメタノール溶液を，入口Bからは酸素をそれぞれシリンジポンンプで流し，曲線の反応部で光を照射して行っている。茶色の容器Cに貯められている溶液から，GCとNMRにより85％の変換率で ascaridole が生成していることを確認している。

図11

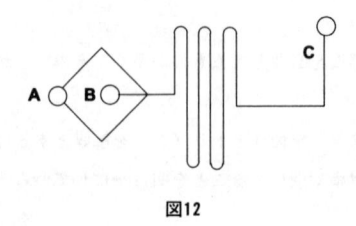

図12

第8章　マイクロリアクターの有機合成反応

4　気一液界面反応

気体―液体の界面で起こる反応も，単位体積あたりの表面積が大きいというマイクロリアクターの特長を生かせる反応である。フッ素化反応について精力的に検討が行われているので紹介する。

- **フッ素ガスによるフッ素化反応**

通常の方法では発熱が激しく制御の困難な F_2 ガスを用いたフッ素化が，マイクロリアクターを用いると安全にしかも収率よく行える。たとえば，Chambers と Spink はマイクロリアクターを用いた有機化合物のフッ素化反応を報告している[15]。

反応は，基質となる有機化合物の溶液をシリンジポンプでリアクターとして用いたニッケルの基板上の幅および深さ約 $500\mu m$ の溝（マイクロチャンネル）の一方の端から流し，溝の途中から F_2/N_2 ガスの混合物をマスフローコントローラーで注入することにより行われている（図13）。この方法によると，溝の中では気一液は気体と液体が相互に固まりとなって流れる slug flow とはならないで，液が溝壁に沿って流れ，中央部を気体が流れる pipe flow となる（図14）。pipe flow になって流れることにより最大の気液混合が起こり，また，多量に発生する熱も効果的に冷却されるため，生成物の分解や副生成物の生成が抑えられ，反応が効率的に進行する。2-chloroacetoacetate の F_2 ガスによるフッ素化反応はバルクでは低変換率（15%）であったが，マイク

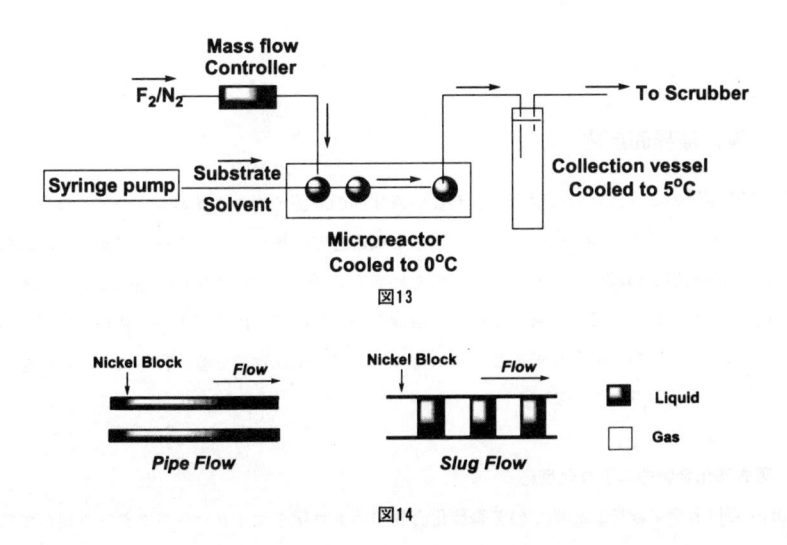

図13

図14

ロリアクターではかなり改良された結果（変換率59%）が得られている（図15）。SF_3基からSF_5基への変換というより困難なフッ素化にも応用され、液晶の構成成分として注目されている3-nitro-1-(pentafluorosulfur)benzene（図16）が56%の収率で合成されている。

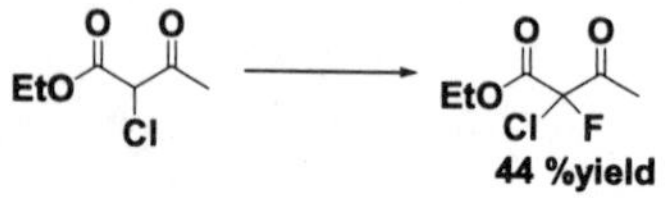

図15

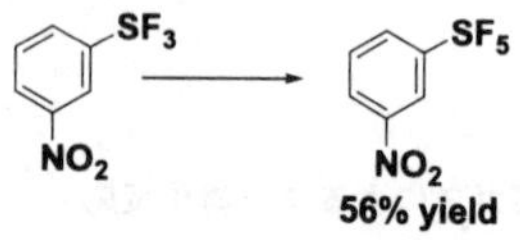

図16

Jähnisch, Ehrfeld, Löwe らは、溶液を薄膜状にして流しその表面上で気体と効率的に反応させることのできる気―液反応用のマイクロリアクターを用いて、トルエンの直接フッ素化を行っている（図17）[16]。トルエンをそのまま、あるいはアセトニトリルやメタノールの溶液として流すが、その薄膜の厚さは数十 μm となり、体積あたりの表面積は$40,000 m^2/m^3$に達する。これをフッ素ガスを含有した窒素ガス（含有量は最大50%）と接触させてオルトおよびパラ置換のモノフッ素化体を得ている。変換率75%で収率は28%であった。物質移動や熱移動が効率的に行われるために、通常の装置に比べて反応効率が向上したと考えられる。

図17

5 液―液界面反応

水と有機溶媒のように互いに混ざり合わない液体間の界面で起こる反応も、マイクロリアクターを適用することにより効率的に行える。大きな反応容器に比べてマイクロリアクターでは体積あたりの界面面積が格段に大きくなり、そのため界面を通っての物質移動が効率よく起こる。また、マイクロチャンネルでは平行する流れが層流をつくり混ざりにくいという特長も生かせる。さらに、このような液―液二相系で起こる反応は反応後の生成物の分離が容易にできる場合が多く、この点でも注目されている。

5.1 芳香族化合物のニトロ化反応

Burns らは有機／無機二相系での芳香族化合物のニトロ化をマイクロリアクターを用いて行っ

第8章 マイクロリアクターの有機合成反応

ている（図18）[17]。細い反応管の中にシリンジポンプから送液された硫酸／硝酸水溶液とベンゼンとを導き，二つの相が平行流となって流れる間に反応が起こる。反応が効率よく起こるためには，相の界面での物質移動が重要である。反応管の管径，硫酸の濃度，反応温度等を検討し，反応選択率の挙動を検討している。

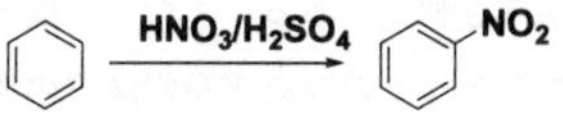

$$\text{C}_6\text{H}_6 \xrightarrow{\text{HNO}_3/\text{H}_2\text{SO}_4} \text{C}_6\text{H}_5\text{NO}_2$$

図18

5.2 相間移動ジアゾカップリング

北森らは水相／油相の相間移動ジアゾカップリング反応を報告している[18]。この反応では，油相に存在するレゾルシノール誘導体が水相に分配され，水相中のジアゾニウム塩とジアゾカップリングし，中性の生成物が油相に抽出される。通常の装置では，生成物がさらにもう1分子のジアゾニウム塩と反応するなどの副反応が起こるが，マイクロチャンネル内では抽出効果が極めて高くなり，副反応を起こす前に最初の生成物が油相に抽出されるために，効率よく1：1ジアゾカップリング体が得られる。

6 固—液界面反応

固—液界面での反応では，マイクロチャンネルの器壁の大きな比表面積の特長を生かすことができる。この分野で最もよく研究され実用化が期待されているのは，不均一系触媒反応であるが，これについては本書の触媒反応および重合反応の項目を参照していただきたい。ここでは，大きな比表面積の特長を生かせるもう一つのタイプの反応である電極反応について紹介する。

6.1 マイクロリアクターを用いる有機電極反応

コルベ反応に代表される電気化学的プロセスは，有機化合物の合成法として有力な方法の一つであり，今までに活発な研究開発が行われてきた。工業的にもアクリロニトリルの還元二量化によるアジポニトリル合成などのプロセスが実用化されている。試薬を用いずに電極との電子の授受により反応を行う有機電気化学的プロセスは，温和な条件で反応性の高い活性種を発生させることができる，原理的に試薬に基づく廃棄物を出さないことから環境面で有利である，などいくつかの利点を有している。

電極反応は電極と溶液の界面で起こるので，大きな比表面積をもつマイクロリアクターの特長

を生かすことができる。また，①反応のオン／オフなどの制御が電気的に簡便にできる，②電位の制御により反応性の制御が容易である，などの特長もマイクロリアクターによる反応の自動化に適しているといえる。従来の大きな反応装置で行う場合には，電気化学的プロセスは，装置に対する投資が大きい，溶液の電気抵抗による発熱等，いくつかの問題点を抱えていた。しかし，これらの問題もマイクロリアクターではあまり重要でないと考えられる。電極や配線をマイクロリアクターに組み込むことの容易さも利点である。また，電極間の距離も極めて小さいために，溶液の電気抵抗もあまり問題にならず，そのため支持電解質の濃度も低くできると考えられる。

6.2 マイクロリアクターによる電気化学的プロセスの理論的研究

フランスの Bergel らは電気化学的分析のためのマイクロリアクターについての理論的検討を行っている[19]。彼らは，拡散層の厚さ以下の薄さのマイクロリアクター中で電極反応を行った場合には「電極表面とバルクで濃度が同じになり，通常の濃度勾配がなくなる」という大きな特長があることを指摘している。そのほか，電極反応で生成した中間体がさらに電極反応を受けやすくなり反応経路が変わるなどの効果も期待される。

また，酵素を担持した膜を使って多層構造をもつマイクロリアクターのシミュレーションを行っており，酵素を膜のどの部分に担持するのがよいかの検討も行っている。

6.3 アミノ化合物の電解酸化反応

Gheorghe らはシリコンウェハー3層構造のマイクロリアクターを用いたアミノベンゼン誘導体の酸化反応を報告している[20]。シリコンウェハー3層構造のマクロリアクターシステムを用い，4-hydroxy-1,3-diaminobenzene 塩酸塩の電解酸化によりアゾ化合物を得る反応を行っている。溶媒は pH5 (HCl) の水である。まず，サイクリックボルタンメトリーを行ったところ 0.6V にピーク電位があった。そこでその電位で定電位電解を行ったところ，暗赤色に溶液が変化して生成物が得られ，IR スペクトルからこの化合物をアゾ化合物と推定している。

6.4 芳香族側鎖の酸化

Löwe と Ehrfeld は有機電解用のマイクロリアクターを製作している[21]。マイクロチャンネルを電極板で挟んだ構造のもので，作用電極の上側に冷媒を流し，効率的に温度制御をしているところに特長がある。

この装置を用いて，メタノール中での 4-methoxytoluene の酸化を行ったところ，対応するジメチルアセタールがほぼ定量的な変換率および選択率で得られた（図19）。支持電解質の濃度もかなり低くできることも利点である。このアセタールを加水分解することにより 4-methoxybenzaldehyde

第8章　マイクロリアクターの有機合成反応

図19

に容易に変換できる。

6.5　カチオンフロー法とコンビナトリアル合成

　吉田，菅らは，低温フロー型マイクロ電解セルを用い，有機カチオンを発生させこれを分解させることなく求核剤と反応させる方法を開拓している（カチオンフロー法）（図20)[22]。たとえば，カルバメート類を酸化してアシルイミニウムカチオンを発生させ，これをアリルシランなどの各種求核剤と反応させ，カルバメートの α 位での炭素-炭素結合形成を行っている。電極表面上での電子移動反応を効率化するとともに，反応装置を効率的に冷却し，熱に対して不安定なカチオンが分解しないようにしているところが特長である。アシルイミニウムカチオンをフロー系の途中に設置したFT-IRによりその場で分析することにも成功している。

　この方法の特色は，フロー系を利用した，シリアルコンビナトリアル合成に適用できることである。つまり，カチオンのフローに対して，流路を切り替えて各種求核剤を反応させるとともに，出発物質（カルバメート）も次々と変えて反応させることにより，多様な組み合わせの生成物が順次得られてくるというものである（図21）。また，この方法はアシルイミニウムイオンよりもさらに不安定なカチオンに対しても適用できると期待されている。

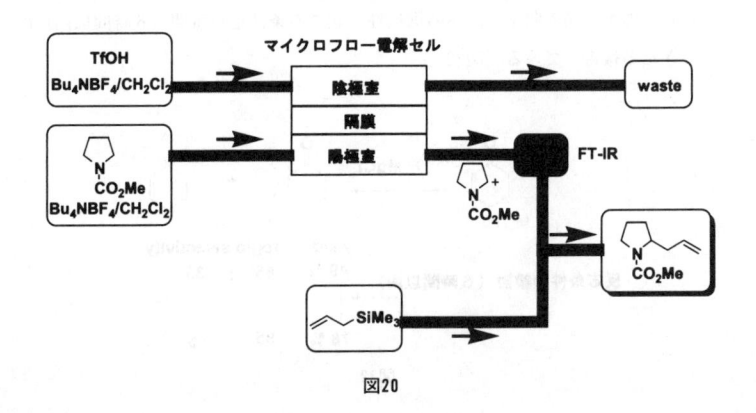

図20

図21

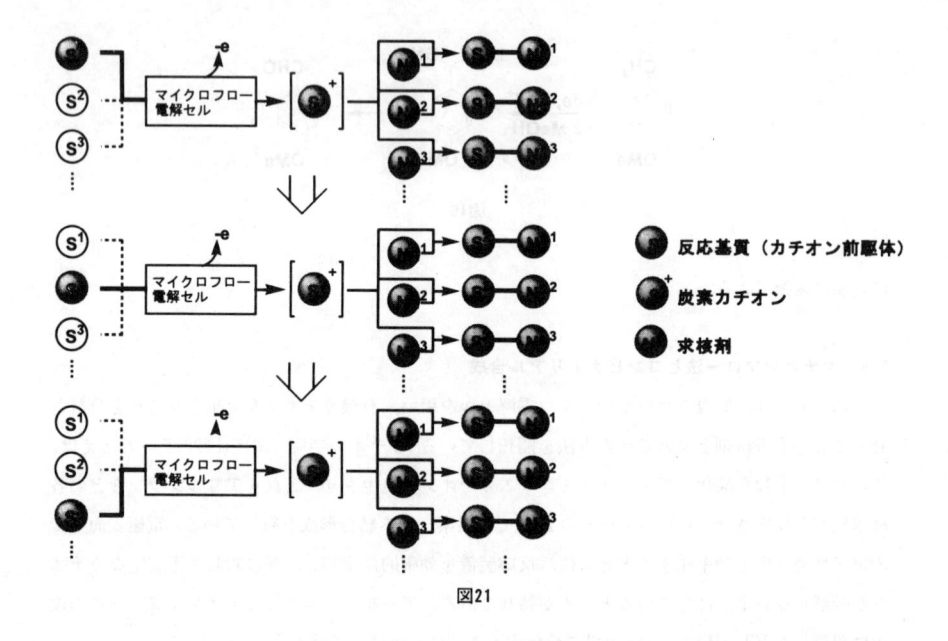

○ 反応基質（カチオン前駆体）
○ 炭素カチオン
○ 求核剤

7　反応条件の最適化

　マイクロリアクターは反応条件の最適化に用いることができる。Golbigらは、CPC-SYSTEMS社製のCYTOS-Lab Systemというマイクロリアクターを用いて反応プロセスの最適化を行っている[23]。cyclohexaneとisopropyl Grignard試薬との反応では1,2-付加と1,4-付加が65：35の比率で起こる。そこで、マイクロリアクターを用いて1,4-付加が優先的に起こる条件の検討を行ったところ、1,4-付加が78％の収率、95％の選択性で起こる条件を短時間（6時間以内）に、見つけることができたと報告している（図22）。

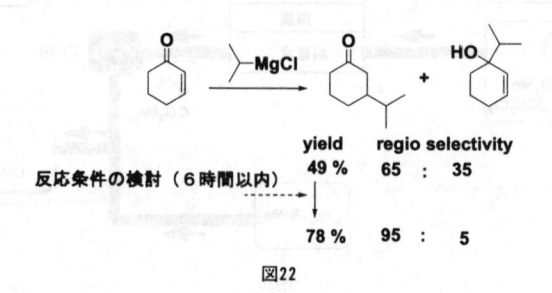

	yield	regio selectivity	
	49 %	65 : 35	
反応条件の検討（6時間以内）			
	78 %	95 : 5	

図22

8 多段階反応

マイクロリアクターを用いて β-ペプチドの多段階合成も行われている。3.9項でも述べたように，Haswell らは種々の保護基やアミノ酸について反応を検討し，保護基やアミノ酸の種類にかかわらず，マクロリアクターを用いると定量的に，短時間に反応が完結し，バッチ法に比べても極めてよい結果が得られることを見出している（図23）[24]。この結果を基にアミノ酸を順番に反応させトリペプチドを短時間に極めてよい収率で合成している。

Golbig らは，CPC-SYSTEMS 社製の CYTOS-Lab System というマイクロリアクターを用いて，多段階反応を行っている（図24）[23]。文献からは定かではないが，将来的には1枚のチップ上でこのような多段階反応が行われるのが理想であろう。

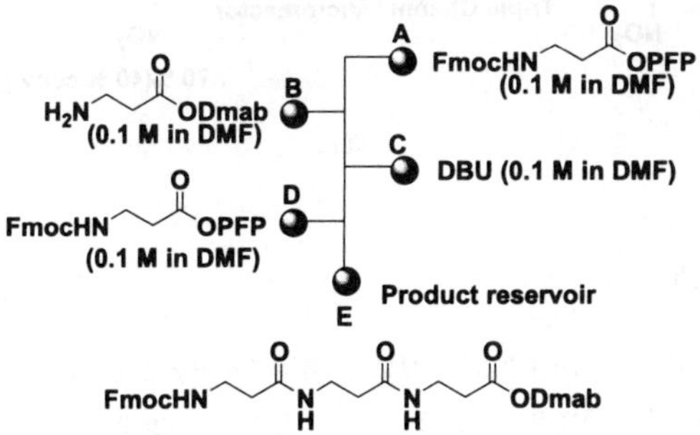

図23

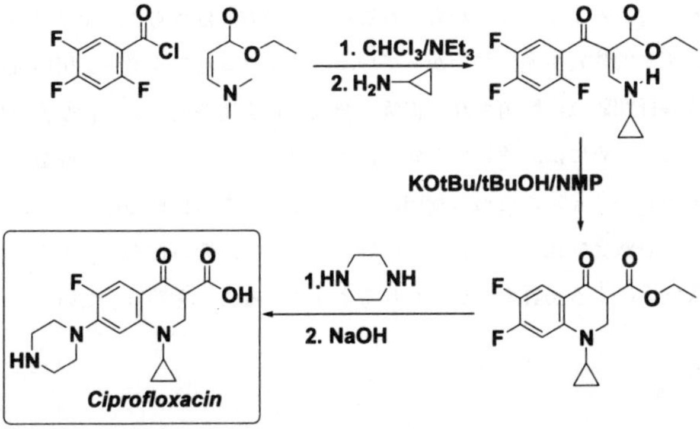

図24

9 反応のスケールアップ

マイクロリアクターを用いて大量の化合物を合成する場合には，マイクロリアクターを必要な数だけ使って反応を行うナンバーリングアップという手法が考えられている。大量合成の場合は，ナンバーリングアップと同様に1つの基盤上に多くのチャンネルを有するパラレルマルチチャンネルマイクロリアクターの作成も，これからの重要な課題である。Chambersらは将来のスケールアップを考慮して，1つの基盤上に3つのチャンネルをもつマイクロリアクターを作成し，ジニトロトルエンの直接フッ素化反応を行っている（図25)[25]。

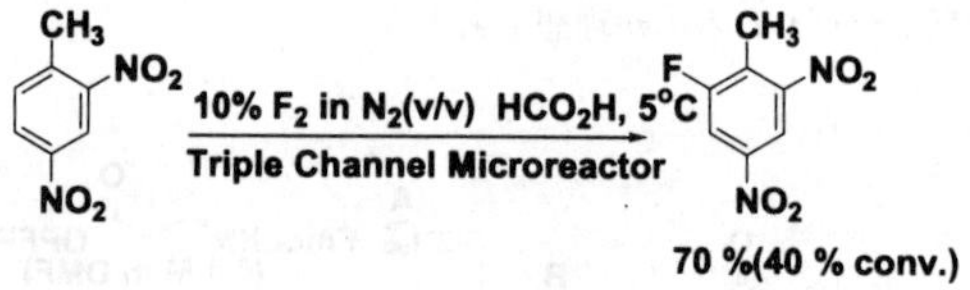

$$\text{2,4-dinitrotoluene} \xrightarrow[\text{Triple Channel Microreactor}]{10\% \text{ F}_2 \text{ in N}_2(\text{v/v}) \quad \text{HCO}_2\text{H, 5°C}} \text{fluorinated product}$$

70 %(40 % conv.)

図25

10 今後の展望

今後，マイクロリアクターが様々な既知反応に適用されるとともに，真にマイクロリアクターの特長を生かした新反応も開発されるようになるであろう。実験室でのマイクロリアクターの利用の方向として，コンビナトリアル合成に用いる方向と，有機合成の精密化や集積化に用いる方向の2つがある。後者は反応，分離，分析など一連の合成プロセスの集積化を目指すもので，多段階合成も容易にできるようになるかもしれない。この方向はさらに，マイクロチャンネルの超並列化による，工業的物質生産につながっていく。マイクロリアクターを用いれば反応のスケールアップに伴う各種問題点は解消され，実験室合成から実用合成への移行が容易になると期待される。しかし，このためには，並列化を含めたマイクロリアクターの設計理論の確立，マイクロリアクターのオペレーションのための制御法の確立など，この分野の化学工学の発展が不可欠である。化学工学と有機合成化学とがお互いに協力しあって，近い将来，マイクロ化学プラントの上での有機合成反応による物質生産が行われるようになることを期待したい。

第8章　マイクロリアクターの有機合成反応

文　　献

1) (a) W. Ehrfeld, Ed., *"Microreaction Technology"*, Springer, Berlin (1998)
   (b) T. Zech, D. Hönicke, *Erdoel Erdgas Kohle*, **114**, 578 (1998)
   (c) K. Schubert, *Chem. Technol. (Heidelberg)*, **27**, 124 (1998)
   (d) 「マイクロリアクター技術の現状と展望」近畿化学協会編, 住化技術情報センター (1999)
   (e) A. Manz, H. Becker, Eds., *"Microsystem Technology in Chemistry and Life Sciences"*, Springer, Berlin (1999)
   (f) 岡本秀穂, 化学工学, **63**, 27 (1999)
   (g) 岡本秀穂, 有機合成化学協会誌, **57**, 805 (1999)
   (h) S. H. DeWitt, *Curr. Opin. Chem. Biol.*, **3**, 350 (1999)
   (i) K. F. Jensen, S. K. Ajmera, S. L. Firebauch, T. M. Floyd, A. J. Franz, M. W. Losey, D. Quiram, M. A. Schmidt in *"Automated Synthetic Methods for Speciality Chemicals"*, W. Hoyle Ed, Royal Society of Chemistry, 14 (1999)
   (j) S. J. Haswell, P. D. I. Fletcher, G. M. Greenway, V. Skelton, P. Styring, D. O. Morgan, S. Y. F. Wong, B. H. Warrington in *"Automated Synthetic Methods for Speciality Chemicals"*, W. Hoyle Ed, Royal Society of Chemistry, 26 (1999)
   (k) W. Ehrfeld, V. Hessel, H Löwe, *"Microreactors"*, Wiley-VCH, Weinheim (2000)
   (l) 菅原徹, ファルマシア, **36**, 34 (2000)
   (m) S. J. Haswell, R. J. Middleton, B. O'Sullivan, V. Skelton, P. Watts, P. Styring, *Chem. Comm.*, 391 (2001)
2) H. Salimi-Moosavi, T. Tang, D. J. Harrison, *J. Am. Chem. Soc.*, **119**, 8716 (1997)
3) H. Krummdradt, U. Koop, J. Stold, *GIT Labor-Fachz.*, **43**, 590 (1999)
4) Ref 1k, 159
5) C. W. Wile, P. Watts, S. J. Haswell, E. P.-Villar, *Lab on a Chip*, **2**, 62 (2002)
6) C. W. Wile, P. Watts, S. J. Haswell, E. P.-Villar, *Lab on a Chip*, **1**, 100 (2001)
7) M. Sands, S. J. Haswell, S. M. Kelly, V. Skelton, D. O. Morgan, P. String, *Lab on a Chip*, **1**, 64 (2001)
8) Ref 1k, 161
9) J. Antes, T. Tuercke, E. Marioth, K. Schmid, H. Krause, S. Loebbecke, Proceedings IMRET IV, 194 (2000)
10) 明地将一, 九山浩樹, 中西博昭, 吉田多見男, 平成11年度電気学会研究会, 化学センサシステム, CS-99-48 (1999)
11) P. Watts, C. Wiles, S. J. Haswell, E. Pombo-Villar, P. Styring, *Chem. Commun.* 990 (2001)
12) M. Miyazaki, H. Nakamura, H. Maeda, *Chem. Lett.*, 442 (2001)
13) H. Lu, M. A. Schmidt, K. F. Jensen, Proceedings IMRET V, 39 (2001)
14) R. C. R. Wootton, R. Fortt, A. J. de Mello, *Org. Process Res. Dev.*, **6**, 187 (2002)
15) R. D. Chambers, R. C. H. Spink, *Chem. Commun.*, 883 (1999)

16) K. Jähnisch, M. Baerns, V. Hessel, W. Ehrfeld, V. Haverkamp, H. Löwe, Ch. Wille, A. Guber, *J. Fluorine Chem.*, **105,** 117(2000)
17) J. R. Burns, C. Ramshaw, *Chem. Eng. Res. Des.*, **77,** 206(1999)
18) H. Hashimoto, T. Saito, M. Tokeshi, A. Hibara, T. Kitamori, *J. Chem. Soc., Chem. Commun.*, 2662(2001)
19) Bergel, S. Bacha, R. Devaux-Basseguy, *DECHEMA Monogr.*, **132,** (Microsystem Technology for Chemical and Biological Microreactors), 221(1996)
20) Gheorghe, D. Dascalu, M. Ghita, *Proc. SPIE-Int. Soc. Opt. Eng.*, **3680,** 1159(1999)
21) H. Löwe, W. Ehrfeld, *Electrochim. Acta*, **44,** 3679(1999)
22) S. Suga, M. Okajima, K. Fujiwara, J. Yoshida, *J. Am. Chem. Soc.*, **123,** 7941(2001)
23) S. T.-Moghadam, A. Kleemann, K. G. Golbig, *Org. Process Res. Dev.*, **5,** 652(2001)
24) P. Watts, C. Wiles, S. J. Haswell, E. P-Villar, *Tetrahedron*, **58,** 5427(2002)
25) R. D. Chambers, D. Holling, R. C. H. Spink, G. Sandford, *Lab on a Chip*, **1,** 132(2001)

第9章 マイクロリアクターによる触媒反応と重合反応

柳　日馨[*1]　佐藤正明[*2]

1　触媒反応とマイクロリアクター

　触媒による合成反応が, 現代社会において工業的にもっとも重要な物質生産のための化学プロセスであることは論を待たない。触媒的合成反応の分野におけるマイクロリアクターの利用[1]は, 不均一系触媒反応を中心に多く検討されている。これは, 器壁面積に対する反応空間の体積が小さい[2]ために反応速度をかせげる利点が, 研究者達の意欲をかりたてる動機付けになっているものと思われる。

　不均一系触媒反応用のマイクロリアクターの開発においては, ミクロ構造の器壁に充分な量の触媒活性材料をコーティングする技術[3]やあるいはその離脱を抑さえる技術展開が欠かせない。よって, 多くの地道な研究の蓄積が必要とされることは予測するに容易である。デバイス開発, 反応検証, デバイス改良といった基礎的研究の地道な蓄積と統合が, マイクロリアクターによる触媒反応の応用の開花には必要となる。

　マイクロリアクターにおいて予想される急速な熱・物質移動の利点[4]は, 選択性が高く効率的な触媒反応を実現する上で大きな武器となろう。酸化反応[5], 還元反応, カルボニル化反応, カップリング反応など多種多岐にわたる触媒反応は, どれもが物質製造には欠かせない大事な反応である。反応の数だけ, 最適なマイクロリアクターがあると考えてよい。それが決定され, さらに反応追跡のためのセンサー, 分析, 生成物の精製などの関連システムがマイクロリアクターに直結して利用できるようになれば, 実際の化学品生産に用いることができるようになるだろう。しかし, そこではスケールアップに代わるナンバーリングアップ[6]（反応装置を並列に並べて運用）を達成するための新しい生産技術が必要である。新しい化学工学の出番といえる。

　最近,「触媒反応」と「マイクロリアクター」という2つのくくりにおいてヒットする文献は多いが, その多くは固体触媒を用いる化学反応である。一方, 均一系の触媒反応については現状ではほとんど報告例がみあたらない。本章では,「触媒反応」と「マイクロリアクター」の組合せの潜在性を象徴するいくつかの論文にスポットをあてて解説する。さらに, 我々のグループで検討

---

* 1　Ilhyong Ryu　大阪府立大学　総合科学部　物質化学科　教授
* 2　Masaaki Sato　大阪府立大学　総合科学部　物質化学科　助教授

マイクロリアクター —新時代の合成技術—

しているマイクロフロー系での均一系触媒反応についても一端を併せて紹介する。

1.1 シクロデカトリエンの選択的水素添加反応

　水素化還元反応は酸化反応と並んで不均一系触媒反応の中では幅広い利用を持つ反応であるが，酸化反応と異なり，生じる反応熱は軽度である。ここではマイクロリアクターにより部分的水素化還元反応を選択性よく実施したケムニッツ工科大学のHönickeらによる先駆的研究を紹介する[7]。

　微細加工したアルミニウムの溝表面で陽極酸化を行い，アルミナのナノスケールの細孔を作る。これにパラジウム触媒をコートし，カバープレートで挟み込みフロー型マイクロリアクターを作製した（注：カールスルーエ研究センターでの開発）（図1）。

　水素化還元反応としてシス，トランス，トランス-1,5,9-シクロデカトリエン（CDT）またはシクロデカジエン（CDD）の選択的水素化条件を検討している。この場合，オーバーリダクションが起こればシクロデカンになってしまうが，マイクロリアクターでの反応の優位性により，この副反応をうまく抑制し，二重結合がひとつだけ残ったシクロデセン（CDE）への選択的変換が達成できた（図2）。すなわち，変換率98％でシクロデセンを90％と優れた選択性と収率を共に得ることに成功している。通常の固定床触媒を用いるフロー系反応の場合は収量ならびに選択性が低い。生成物収量が優れていたのは，フローチャンネルがミクロン単位のサイズであるた

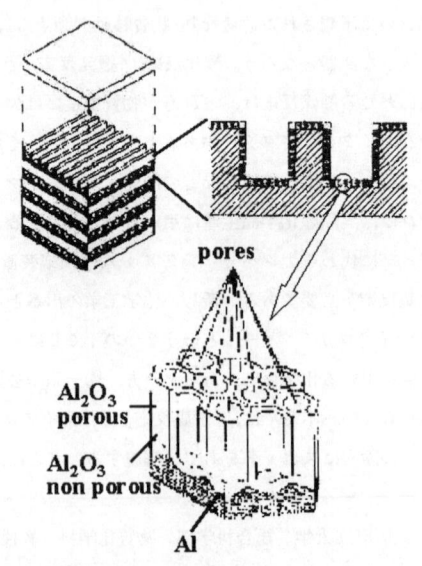

図1　陽極酸化によって生成するポーラスな表面構造[7]

第9章 マイクロリアクターによる触媒反応と重合反応

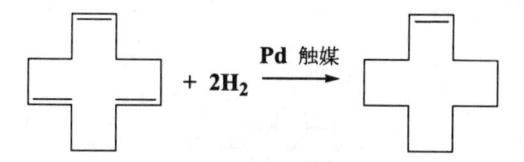

図2 CDTからCDEへの選択的水素化反応

め，反応基質と水素がこの流路を通過する際の温度勾配がほとんどなく，反応が均一に保たれたことが考えられる。また，選択性が優れていたのは，滞留時間が短縮されたことによってオーバーリダクションが回避されたことが考えられよう。

1.2 マイクロリアクターによる不均一系での鈴木・宮浦カップリング

英国のハル大学のFletcherとHaswellは，シリカゲルの細孔に担持したパラジウム触媒を擁するフロー型のマイクロリアクターを用いて鈴木・宮浦カップリングを実施している[8]。リアクターの大きさであるが$2 \times 2 \times 2$ cmのスクエア型でマイクロチャンネルは幅が300ミクロン，深さが115ミクロンのT字型のものを使用している。送液はEOF(electro-osmotic flow) を用いて2つのリザーバータンクより行っている。すなわち，リザーバーAには0.1mol/Lの4-ブロモベンゾニトリルの含水THF溶液を入れ，リザーバーBには0.1mol/Lの4-フェニルボロン酸の含水THF溶液を入れる。白金電極がそれぞれのリザーバーにセットされ，それぞれの溶液の送液は電極の電圧で調節する。2つのリザーバーからの送液の時間差をかえたところ，25秒差にしたときに最もよい収率（最高69%）で期待したカップリング生成物のビフェニルが得られた（図3）。

図3 担持触媒による鈴木・宮浦カップリング反応

1.3 マイクロリアクターを用いるKumada-Corriu反応

同じく，英国のハル大学のHaswellらは，Kumada-Corriu反応に対してもマイクロリアクターが効果的であることを示している。ここでは，100～200μmのマイクロチャンネルを有するマイクロリアクターに高分子担持されたNi触媒が用いられ，4-ブロモアニソールとフェニルマグネシウムブロミドとのカップリング反応において，バッチ式の反応に比べて速度が3300倍も加速され

ている（図4）[9]。

図4　担持触媒によるKumada-Corriu反応

1.4 微小空間における光化学反応

ゼオライトが提供する微小空間をマイクロリアクターとして呼ぶかどうかは意見が分かれるが，Tungらはゼオライト空間での光化学反応を報告している。例えば，1,4-ジフェニル-1,3-ブタジエンと一重項酸素との反応において，通常のフラスコにおける反応では多様な生成物を与えるのに対して，ゼオライト—マイクロリアクター系では定量的に1,4-シクロ付加生成物のみを与える（図5）[10]。

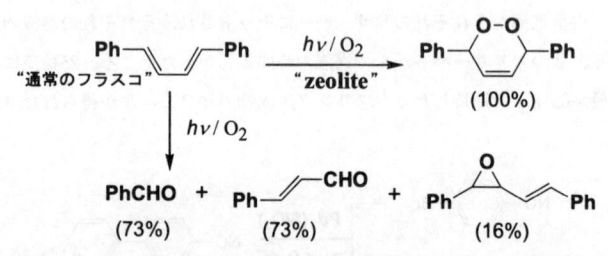

図5　1,4-ジフェニル-1,3-ブタジエン／酸素系における光化学反応[10]

1.5 メタセシス反応を用いる不飽和化合物の合成

メルク社はマイクロフロー系（マイクロミキサーとテフロンチューブ製マイクロリアクター：内径0.49mm，長さ5 m）にてGrubbs触媒やSchrock触媒を用いるメタセシス反応を検討し，不飽和化合物が効率よく生成することを見出している。本特許の実施例では，1,7-オクタジエン（1 mmol）とGrubbs触媒(0.05mmol)を室温下，ジクロロメタンを溶媒とし，20L/minの流速で反応させてシクロヘキセンを得ている（図6）[11]。

第9章 マイクロリアクターによる触媒反応と重合反応

図6 メタセシス反応による不飽和化合物の合成

1.6 マイクロリアクターを用いるエチレンの酸素酸化

マックスプランク研究所のKestenbaumらはIMM社製のマイクロリアクター（図7）に銀触媒を固定し，エチレンの酸素酸化を種々の気相条件下（酸素濃度：5〜85vol％，温度200〜300℃）にて検討した。エチレンオキシドの生成効率は従来のプロセスの場合と比べて遜色のないものであったことから，安全性が確保されるこのマイクロリアクター系は工業的に有望であると結論している。さらに，このマイクロリアクターは，酸素ガス中にエチレンガスが15％含まれた反応系（爆発限界の範囲内）に対しても適用可能であることから，選択性と収率の両方において従来のプロセスを上回ることが期待されると報告している[12]。

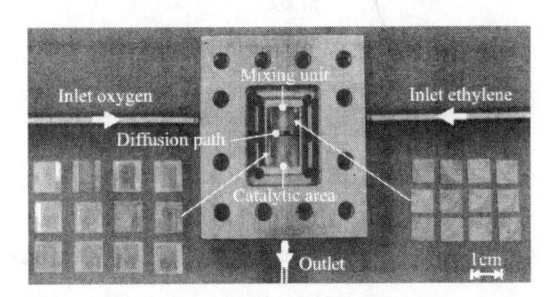

図7 エチレンオキシド合成用のIMM社製マイクロリアクター[12]

1.7 マイクロミキサーを利用した1-ヘキセン-3-オールの触媒的熱異性化反応

フランスのBellefonらは「コンビナトリアルケミストリー」と「マイクロ化学」を融合させた研究を展開している。ここでは，マイクロミキサーを利用する，1-ヘキセン-3-オールの熱異性化反応に有効な触媒スクリーニングが検討されている（図8）[13]。

図8 1-ヘキセン-3-オールの熱異性化反応

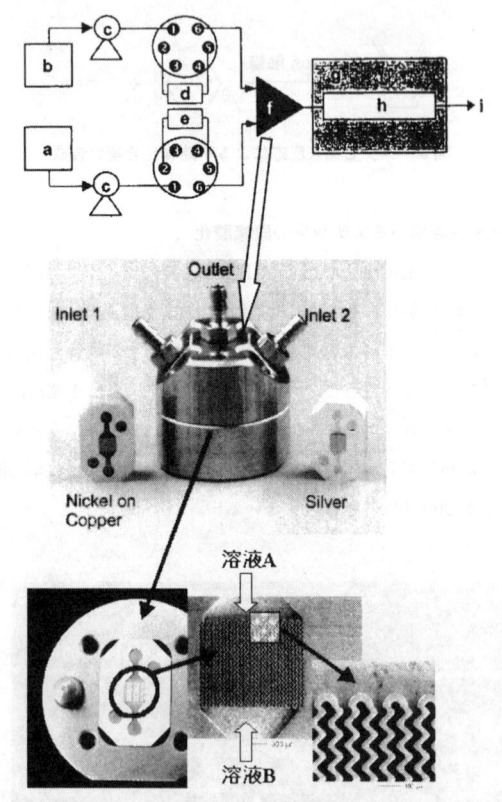

図9 液―液系の反応システム[13]と単一型IMM社製マイクロミキサーの内部構造[1(a),14]

　彼らの用いた反応装置は，図9に示すように大きく4つの部分から成り立っている。高速液体クロマトグラフィーのインジェクションユニットから供給された基質溶液と触媒溶液はマイクロミキサーで混合された後，ステンレススチール製のミニリアクター反応器（内径0.4cm, 長さ80cm）へ導かれる。ここで反応し，生成物は反応器に連結されたガスクロマトグラフィーで分析される。用いられているマイクロミキサーは単一型 IMM (Institut für Mikrotechnik Mainz) 社製マイクロミキサーである[1,14]。このシステムの特徴は，反応器内部における滞留時間が100秒と比較的短いので，インジェクションのチャンネルを変えて触媒をパルス的にマイクロミキサーへ供給することにより，連続的なフローの中で表1に示す結果が一挙に得られることである。1パルス当たりの触媒量は約100μg, 基質溶液1 ml（濃度0.1mol/L）と極めて少量である。
　彼らはマイクロミキサーを組み込んだこのシステムを，桂皮酸エステル誘導体の不斉還元反応

第9章 マイクロリアクターによる触媒反応と重合反応

表1 各種の触媒を用いて得られる生成物とその収率[13]

Entry	Catalyst	Ligand:metal	Product	Conv. [%]
1	RhCl$_3$/TPPTS	4.6:1	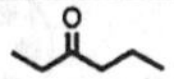 3-ヘキサノン	53
2	Rh$_2$SO$_4$/TPPTS	4.1:1	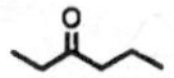 3-ヘキサノン	34
3	[Rh(cod)Cl]$_2$/DPPBTS	1.1:1	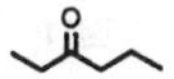 3-ヘキサノン	36
4	[Rh(cod)Cl]$_2$/BDPPTS	1.1:1	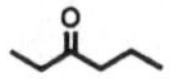 3-ヘキサノン	1.5
5	[Rh(cod)Cl]$_2$/CBDTS	1.3:1	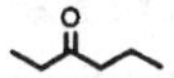 3-ヘキサノン	1
6	RuCl$_3$/TPPTS	4:1	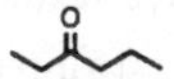 3-ヘキサノン	61
7	PdCL$_2$/DPPBTS	2.6:1	3-ヘキサノン / trans-3-ヘキセン-1-オール	3.5 / 9
8	Ni(cod)$_2$/TPPTS	4:1	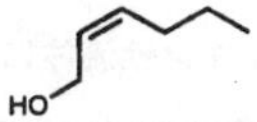 cis-3-ヘキセン-1-オール	3

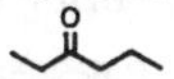

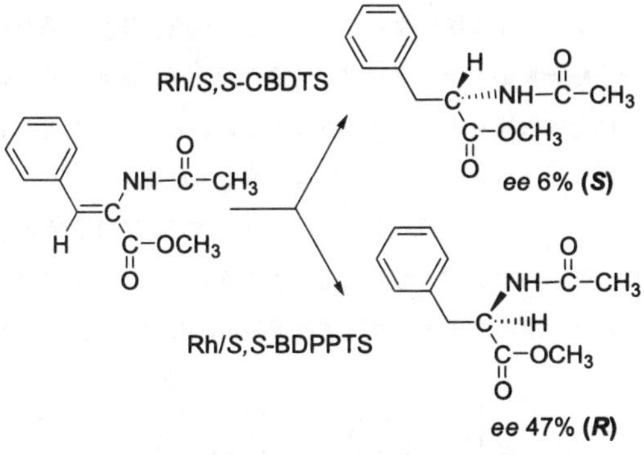

図10 桂皮酸エステル誘導体の不斉還元反応[13]

(Rh/S,S-CBDTS → ee 6% (S); Rh/S,S-BDPPTS → ee 47% (R))

をモデル(図10)とし,気一液混合型の触媒的不斉水素化反応における触媒系の探索に応用している(図11)。マイクロミキサーの片側からは直接水素ガスが導入されているが,問題はいかに細かな水素ガスの泡を作って基質分子と反応させるかということである。

このために,彼らは界面活性剤を加えたエチレングリコール:水(60:40wt %)混合溶媒をもう一方の側から導入して,マイクロミキサーで混合する手法を用いた。直径200ミクロンの水素ガス泡は安定に反応器まで到達して,気液界面で反応している。不斉還元反応の触媒探索が極めて

マイクロリアクター ―新時代の合成技術―

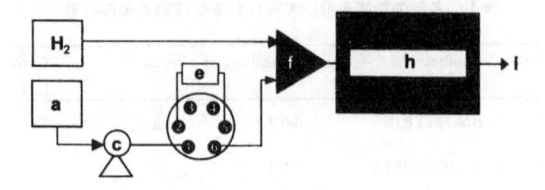

図11 気―液系の反応システム[13]

少量の触媒を用いて迅速に検討できるのが特徴である。その結果，上記の反応において Rh/S, S-CBDTS (sulfonated (S, S)-1,2-bis (diphenylphosphanylmethyl)-cyclobutane) 触媒を用いると S 配置が 6 % ee，一方 Rh/S,S-BDPPTS (sulfonated $(2S,4S)$-$(-)$-2,4-bis-(diphenylphosphanyl) pentane) 触媒を用いると，R 配置が47% ee 得られた。

1.8 均一系触媒反応：イオン性流体による薗頭反応のマイクロリアクターによる実施

先の例は均一系触媒探索のための反応例であったが，IMM 社製のマイクロミキサーは反応の前段階で有効に活用されていた。すなわち，反応自体はマイクロ空間で行われていたわけではない。我々は，マイクロリアクターによる触媒反応がほとんどの場合，不均一系を中心として展開されているのに対し，均一系触媒反応をマイクロフロー系で行う潜在的可能性に強く着目し，これまで研究を行ってきた。問題は触媒をどうリサイクルするのかということである。均一系触媒では溶媒中に触媒が溶けていることから，不均一系触媒と異なり触媒をリアクターに担持することはできない。しかし，最近，我々はイオン性流体をメディアとする系と IMM 社製マイクロミキサーとの組合せにより，均一系のパラジウム触媒反応がマイクロフロー系で良好に進行する例を初めて見出すことに成功した[15]。用いたイオン性流体は BMIm・PF$_6$ である（図12）。

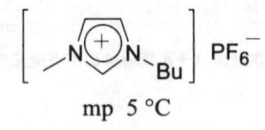

mp 5 °C

図12 イオン性流体（BMIm・PF$_6$）

このマイクロフロー系ではいわゆるバッチ式の反応容器での撹拌が50～100ミクロン以下のマイクロチャンネル内での高速撹拌に効率よく置き換わったものといえる。すなわち，バッチ反応においては数時間の反応時間を設定した反応がマイクロチャンネル内の短い滞留時間で問題なく生起することを見出した。

第9章 マイクロリアクターによる触媒反応と重合反応

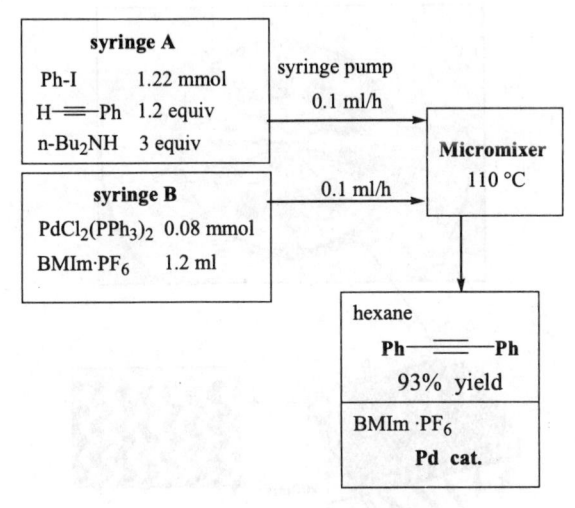

図13 イオン性流体を用いる新規の触媒反応システム

薗頭カップリング反応は機能性材料から天然物の合成まで幅広く利用されており，合成化学的に有用なアセチレン化合物の簡便な合成反応である。さらに触媒効率の向上をめざした研究，ならびに他の遷移金属触媒反応系への一般化を現在検討している。

2 重合反応とマイクロリアクター

高分子の分野においても「マイクロ化学」の特徴を活用したフロー型反応装置を用いる合成化学的な研究や，このマイクロフロー系の反応装置を工業的なプラントへ応用する試みが始まっている[1,16]。そこで以下には，高分子の分野におけるマイクロリアクター，マイクロミキサー等を用いる研究の一端を紹介し，重合反応を含む高分子合成や微粒子合成に対する「マイクロ化学」の特徴と応用への可能性についてふれてみたい。

2.1 ラジカル重合

従来は，工業的なラジカル重合反応というと，バッチ式あるいはセミバッチ式の反応装置を用いるのが常識であった。しかし，その固定概念を打ち破りフロー式の反応装置を用いることによって，重合反応の高効率化や信頼性の改善を図ると共に，製造に関わる安全性が高められることをドイツの Aventis Research and Technologies 社（現在は Axiva 社）が報告した[17]。ここでは，

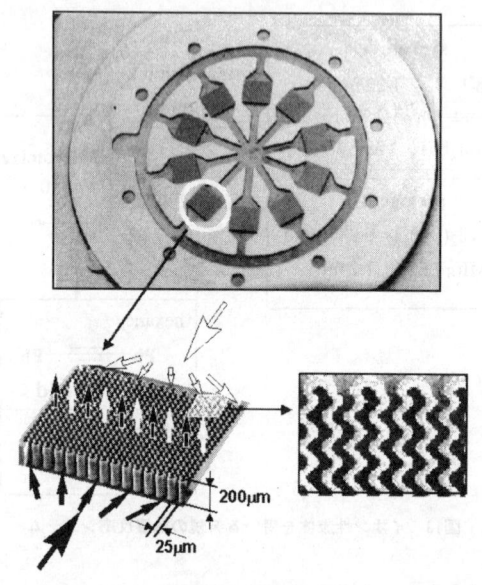

図14 プラントに用いられている統合型IMM社製マイクロミキサーの内部構造[1(a),14]

図15 アクリル酸エステルの重合反応

25ミクロン幅の微小流路が多数束ねられた構造のマイクロミキサーが10個組み込まれた統合型IMM社製マイクロミキサーが用いられている（図14）[1,14]。このマイクロミキサーにアクリル酸エステル（モノマー）の溶液と開始剤の溶液が導かれると、超高効率の混合が簡単に実現し、開始剤がモノマー溶液中にほぼ均一に分散される。その結果、重合過程でホットスポットなどの異常反応ドメインが消滅し、より均一な条件における重合反応が達成された（図15）。特筆すべきは、生成物の分子量分布である。従来のバッチ式反応装置を用いて合成されていた重合体には副生成物として分子量が10^5を越えるものが一定の割合で含まれていたため、パイプ中で詰まるとか溶融温度を上げなければならないなどの難点があった。しかし、マイクロミキサーが用いられたフロー式の重合反応系においては、この問題が完全に解決された。なぜなら、ここでは分子量が6×10^4を越える成分は全く含まれておらず、1×10^4を中心とするきれいな分子量分布の重合体が得られてい

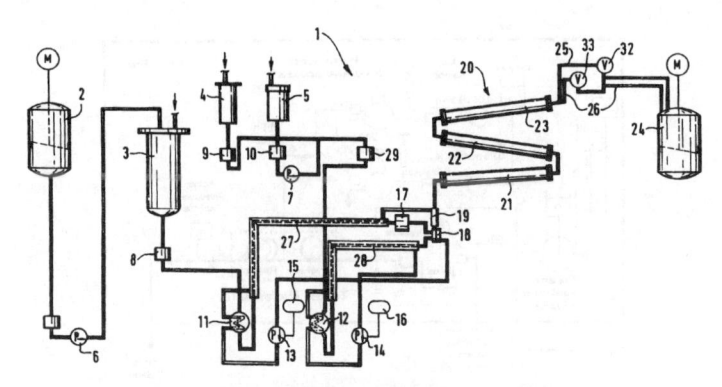

第9章 マイクロリアクターによる触媒反応と重合反応

図16 ポリアクリル酸エステル製造プラントの模式図[18]

るからである。ドイツ特許に示されている反応装置の模式図を図16に示す[18]。モノマー溶液（タンク2,3）と開始剤溶液（タンク4,5）はそれぞれ温められた（熱交換器11,12）（加熱装置27,28）後に、マイクロミキサー（18）で混合される。所定の温度に制御された反応管（21,22：直径10mm 長さ1m、23：直径20mm、長さ1m）を通過する過程で重合反応が進行して、生成物の高分子は24のタンクに貯まる。このパイロットプラントのスケールでも、1年間で50トンの生産が可能であると報告されている。

2.2 アニオン重合

アニオン重合に関しても「マイクロ化学」を活用する製法に関する特許がフランスのElf Atochem社から提出されている。0.1〜10ミクロンのノズルからモノマー溶液と開始剤溶液が0.1〜100barの圧力で吹き出されることによって混合され、この混合溶液が所定の温度（−80〜200℃）に保たれた反応管内（長さ500mm）を流れる過程でアニオン重合が進行している。使用可能なモノマーはアクリル酸系、メタクリル酸系、ビニル系、ジエン系、マレインイミド系と幅広い。開始剤はアルカリ金属あるいはアルカリ土類金属化合物である。メタクリル酸メチルの濃度が7.39mol/L、開始剤濃度が$7.39×10^{-3}$mol/Lの時に分子量65,600のポリメタクリル酸メチルが得られている[19]。

2.3 金属触媒重合

これまでの「マイクロ化学」を駆使した重合反応において、マイクロ流路（マイクロミキサー）はモノマーと開始剤が均一に混合されるために用いられており、生長反応は後続の管内（直径が1cm以上）で進行していた。すなわち、重合反応そのものは乱流条件下で起こっており、微小な流路内で制御されているものではなかった。

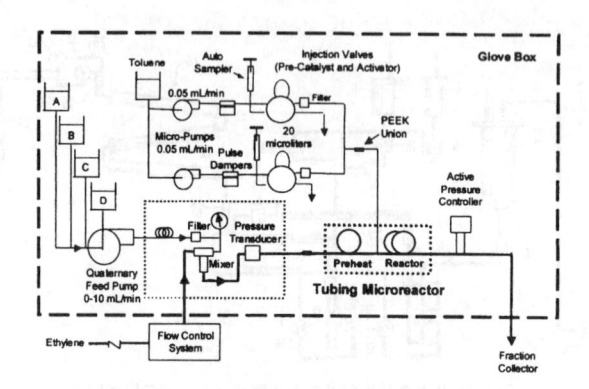

図17　エチレン重合用のETMR反応装置[20]

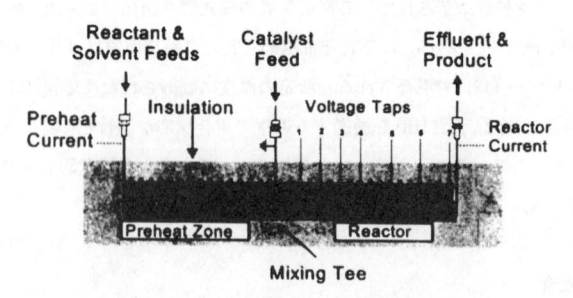

図18　Tubing Microreactorの内部構造[20]

　しかし，最近，ダウケミカルのニールセンらは加圧系におけるエチレンの重合反応を直径1.27 mmの流路内で，しかも層流条件下にて実現させた研究を発表している。現段階における彼らの目的は，エチレンの重合反応をフロー系にて実施できるelectro-thermal-microreactor(ETMR)を作成し，最適な触媒と実験条件を迅速に見出すためのモニターシステムを確立することである。この反応システムの概略を図17に示す。2.8MPa（400psig）の加圧フロー系にてエチレンガスが溶解し，トルエン溶液は2ml/minの流速で所定の温度に加熱されたマイクロリアクター（Tubing Microreactor）に導かれる。そして，このマイクロリアクター途中からメタロセン触媒が加えられて，エチレンの重合反応が進行する[20]。

　このマイクロリアクター（Tubing Microreactor）の内部構造を図18に示す。特徴は以下の通りである。

　① 流路である1/16インチHPLC用のステンレス管に電流を通じ，生じるジュール熱を重合反

第9章 マイクロリアクターによる触媒反応と重合反応

応に用いる
② ステンレス管の各部位における電位差から温度変化(反応熱)を算出し,生成するポリエチレンの量を評価する
③ 粘性は上がるが,流路内にポリエチレンが詰まることはない

HPLC用のステンレス管を反応場として用いることで,加圧フロー系にて重合反応を実現している。生成するポリエチレンの物性については明らかにされていないが,分子量分布やポリマー鎖の形状等に微小流路の特徴が反映されれば,この重合システムはモニターシステムだけではなく,工業的な高分子合成反応にも広く用いられることになるかもしれない。少なくとも,本システムは種々の気―液反応系に対してすぐにも適用可能であろう。

2.4 逐次反応による高分子合成

連鎖反応だけではなく,逐次反応による高分子合成においても「マイクロ化学」の活躍する場があるかもしれない。たとえば,パラフェニレンジアミンとテレフタルアルデヒドとのシッフベース生成反応を溶液中にて,通常のバッチ式反応装置で行うと分子量分布の広い重合体が生成するが,マイクロリアクターを用いると分子量の制御が期待される。ロシアのKrasnovらは特殊なマイクロミキサーを用いるトリボケミカル反応により,オリゴマーを選択的に得ている[21]。

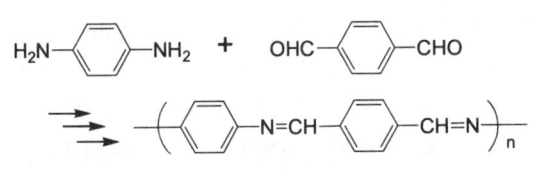

$$H_2N-\text{C}_6H_4-NH_2 + OHC-\text{C}_6H_4-CHO \longrightarrow \text{—}[\text{C}_6H_4-N=CH-\text{C}_6H_4-CH=N]_n\text{—}$$

図19 シッフベース生成反応による高分子化

2.5 不均一触媒を用いる高分子合成

固体触媒を用いる高分子合成に対してもチャレンジングな試みがなされている。薄膜状に加工されたニッケル(II)-アルミナ触媒に高温,高圧下でエチレンが接触すると,重合反応が起こり低分子量ではあるがポリエチレンが生成する[22]。現在はまだ小さなバッチ式のマイクロリアクターを使っている段階ではあるが,いずれフロー式に移行するのは時間の問題であろう。一方,すでにフロー式のマイクロリアクターが用いられている例としては,ジルコニア触媒を用いるC_6飽和炭化水素の反応がある。硫酸処理したジルコニア触媒上に,120〜240℃でヘキサンを通じると脱水素反応により不飽和化合物が生成し,そして次に,付加反応が起こって重合体が生じる[23]。

2.6 微粒子の製造

　これらのマイクロミキサーやマイクロリアクターは，2つの溶液の高効率攪拌や重合反応の制御だけでなく，微粒子や懸濁溶液，乳化溶液を製造する能力をも有することが知られている。基礎的な実験として，IMM社によるシリコンオイル―水から得られる分散系がある。マイクロリアクターを用いて混合されると，乳化剤がなくても安定に分散された均一な大きさの微粒子が得られ，その大きさはマイクロミキサーの流路幅（25，40μm），2つの液体の混合比率，そして流速に依存していた。従って，これらの条件を変えることによって微粒子の大きさを自在に調節できるのが特徴である[24]。マイクロミキサーを用いないで，単純に2種類の混ざらない液体を激しく攪拌して得られる分散系や，乳化剤を加えて生成するエマルジョン系では，微粒子のサイズを厳密に制御することは容易ではなく，その分布も幅広いものであった[25]。

　IMM社によると，工業的なエマルジョン生産にマイクロミキサーが初めて用いられたのは塗布薬用のクリーム（皮膚を通過する除放性医薬）に対してであった。医薬を含むワックスがマイクロリアクターを用いて界面活性剤の水溶液に分散されると，サイズが1ミクロン程度のエマルジョンが生成し，分布幅も極端に狭い（0.8～4μm）ものであった。このエマルジョンの特性は室温で固体，60℃で液体となることである[26]。メルク社もマイクロミキサーを用いると高性能な医薬用や化粧品用のローション，エマルジョン，ゲル，クリーム，溶液が得られることを示しており，これらの製造に関する特許を所有している[27]。

　固体微粒子の製造に関しても，IMM社製のマイクロミキサーを用いる方法が報告されている。メルク社によると，ポリエトキシシランのDMF溶液をアンモニア水―プロパノール混合溶媒とマイクロミキサーにより混合すると，直径5ミクロン程度のシリカゲル微粒子が効率よく生成する。興味深いのは，この製法が無機材料に限らず有機材料についても適用可能で，任意の大きさのポリマービーズ（直径が0.1～300μm）が容易に得られることである[28]。

　我々のグループは自作のマイクロリアクターを用いて，液体中に異なる液体の微粒子を作成し，その界面でナイロン膜を成長させ，ナイロン製のカプセルを得た。このナイロンカプセルはその内部に種々の機能性分子が包含される新素材になり得る点で興味深い。また，このナイロンカプセルは微小な体積を持つ微粒子でもあるので，このナイロンカプセル内部をマイクロ反応場とする種々の化学反応も可能である。すなわち，マイクロリアクターで得られた微粒子が別の意味で1つのマイクロリアクター（マイクロ反応場）になり得る[29]。

　層間化合物や包接化合物のチャンネルを反応場として利用し，種々のビニルモノマーを重合させる研究は古くから行われてきたが，近年，反応制御の観点から，マイクロ反応場が再び注目を集めるようになってきた。たとえば，ゼオライトを用いるスチレンやアクリル酸エステルの重合反応[30]，モンモリロナイトを用いる配向性グラファイト合成[31]，メソポーラス材料を用いるMMA

第9章 マイクロリアクターによる触媒反応と重合反応

の重合反応[32]，メソポーラスシリカを用いるエチレンの重合反応[33]などがある。

　また，マイクロエマルジョン系における閉じられた空間が懸濁重合や乳化重合の場として利用されることはよく知られているが，多様な化学反応の場としても活用されるようになってきた。たとえば，結晶性ポリフェニレンの電気化学的な酸化重合反応[34]，シリカゲル微粒子表面へのプロピレンの重合反応[35]，磁性微粒子含有の高分子カプセル生成反応[36]など，興味深い研究が報告されている。また，さらに，オイル中に分散された液滴を光学的に動かすことで，化学反応を微小なスケールで制御する試みも始まっている[37]。

3　今後の展望

　マイクロリアクターやマイクロミキサーは触媒反応や高分子合成反応の多様な分野に活用されてきていることがわかった。特徴は，微小流路から構成されるマイクロチャンネルで超高効率混合が実現し，温度が一定のもとで化学反応が均一に制御されることである。これによって，選択性の改善や，反応速度の大幅な加速が生じている。また，マイクロ流路の形状やサイズが大きな影響を与える例としては微粒子の生成反応などが指摘されている。

　今後の課題として，触媒反応については微小流路への触媒の固定方法，均一系触媒反応における効率の向上，多様な遷移金属触媒反応への展開などが考えられる。また，液-液反応だけでなく，気-液反応や気-固反応に対しても大きなポテンシャルを有しており，触媒反応に対して「マイクロ化学」が大きな役割を演じる日が近々やってきそうである。高分子合成の分野では，今後リビング重合や開環重合の制御などが取り組まれることになるであろう。これらは任意の組成，配列，構造を有する高機能性高分子（ブロック共重合体やグラフト共重合体などを含む）合成への新しい道を開くもので，「マイクロ化学」によって高分子の世界が大きく膨らむと期待される。

　反応装置のダウンサイジング化に対して，バッチ式では生産量の少なさが問題となるが，フロー式では一つのパイロットプラントで50t/yearまで達成されているAxiva社の例もあるので，大きな障害にはならないであろう。むしろ，少量多品種のニーズに素早く応えることができる点が大きな利点かもしれない。大量生産に対しては，前述のナンバーリングアップ技術[6]が考えられている。この技術が化学工学の諸問題を乗り越えて完成される時代が訪れると，マイクロフロー系を用いる有機合成や高分子合成は膨大な量の生産にも対応できることになり，工業的な物質生産に新しい息吹をもたらせると期待される。

マイクロリアクター —新時代の合成技術—

文　　献

1) (a) W. Ehrfeld, V. Hessel, H. Löwe, Eds. *Microreactors*, WILEY-VCH, Weinheim (2000)
   (b) 岡本秀穂, 化学工学, **63**, 27(1999)
   (c) 岡本秀穂, 有機合成化学協会誌, **57**, 805(1999)
   (d) 菅原徹, ファルマシア, **36**, 34(2000)
   (e) K. Kusakabe, D. Miyagawa, Y. Gu, H. Maeda, S. Morooka, *J. Chem. Eng. Jpn.*, **34**, 441(2001)
   (f) 草壁克己, 諸岡成治, *Petrotech*, **26**, 928(2000)
2) V. Hessel, W. Ehrfeld, T. Herweck, V. Haverkamp, H. Löwe, J. Schiewe, C. Wille, T. Kern, N. Lutz, in Proceedings of the 4th *International Conference on Microreaction Technology, IMRET 4*, 174, Atlanta(2000)
3) (a) C. Rehren, M. Muhler, X. Bao, R. Schlögl, G. Ertl, *Z. Phys. Chem.*, **174**, 1 (1999)
   (b) K. F. Jensen, I.-M. Hsing, R. Srinivasan, M. A. Schmidt, M. P. Harold, J. J. Lerou, J. F. Ryley, in W. Ehrfeld Ed. *Microreaction Technology: 1st International Conference on Microreaction Technology, Proceedings of IMRET 1*, 2, Springer-Verlag, Berlin(1997)
   (c) L. Kiwi-Minsker, I. Yuranov, V. Höller, A. Renken, *Chem. Eng. Sci.*, **54**, 4785(1999)
   (d) R. Wunsch, M. Fichtner, K. Schubert, in W. Ehrfeld Ed. *Microreaction Technology: 3rd International Conference on Microreaction Technology, Proceedings of IMRET 3*, 625, Springer-Verlag, Berlin(2000)
4) K. Schubert, W. Bier, J. Brandner, M. Fichtner, C. Franz, G. Linder, in W. Ehrfeld, I. H. Rinard, R. S. Wegeng Eds., *Process Miniaturization: 2nd International Conference on Microreaction Technology, IMRET 2; Topical Conference Preprints*, 88, AIChE, New Orleans(1998)
5) D. Hönicke, G. Wießmeier, in W. Ehrfeld Ed., *Microsystem Technology for Chemical and Biological Microreactors*, Vol. 132, 93, Verlag Chemie, Weinheim(1996)
6) (a) W. Ehrfeld, V. Hessel, H. Löwe, in Proceedings of the 4th *International Conference on Microreaction Technology, IMRET 4*, 3, Atlanta(2000)
   (b) J. J. Lerou, M. P. Harold, J. Ryley, J. Ashmead, T. C. O'Brien, M. Johnson, J. Perrotto, C. T. Blaisdell, T. A. Rensi, and J. Nyquist, in W. Ehrfeld Ed., *Microsystem Technology for Chemical and Biological Microreactors*, **132**, 51, Verlag Chemie, Weinheim(1996)
7) (a) G. Wießmeier, D. Hönicke, *Ind. Eng. Chem. Res.*, **35**, 4412(1996)
   (b) G. Wießmeier, D. Hönicke, in W. Ehrfeld, I. H. Rinard, R. S. Wegeng Eds., *Process Miniaturization: 2nd International Conference on Microreaction Technology, IMRET 2; Topical Conference Preprints*, 152, AIChE, New Orleans(1998)
   (c) G. Wießmeier, D. Hönicke, *J. Micromech. Microeng.*, **6**, 285(1996)
   (d) D. Hönicke, *Stud. Suef. Sci. Catal.*, **122**, 47(1999)

第9章　マイクロリアクターによる触媒反応と重合反応

8) P. Fletcher, S. Haswell, *Chemistry in Britain*, **35**, 38(1999)
9) S. J. Haswell, B. O'Sullivan, P. Styring, *Lab on a Chip*, **1**, 164(2001)
10) C.-H. Tung, L.-Z. Wu, L.-P. Zhang, H.-R. Li, X.-Y. Yi, K. Song, M. Xu, Z.-Y. Yuan, J. -Q. Guan, H.-W. Wang, Y.-M. Ying, X.-H. Xu, *Pure Appl. Chem.*, **72**, 2289(2000)
11) H. Wurziger, G. Pieper, N. Schwesinger, WO 0170387 A1 27 Sep(2001)
12) H. Kestenbaum, A. Lange de Oliveira, W. Schmidt, F. Schüth, W. Ehrfeld, K. Gebauer, H. Löwe, T. Richter, D. Lebiedz, I. Untiedt, H. Züchner, *Ind. Eng. Chem. Res.*, **41**, 710(2002)
13) (a) C. de Bellefon, N. Tanchoux, S. Caravieilhes, P. Grenouillet, V. Hessel, *Angew. Chem. Int. Ed.*, **39**, 3442(2000)
    (b) C. de Bellefon, S. Caravieilhes, P. Grenouillet, in Proceedings of the 5th *International Conference on Microreaction Technology, IMRET 5*, 91, Strasbourg(2001)
14) (a) W. Ehrfeld, K. Golbig, V. Hessel, H. Löwe, T. Richter, *Ind. Eng. Chem. Res.*, **38**, 1075(1999)
    (b) H. Löwe, W. Ehrfeld, V. Hessel, T. Richter, J. Schiewe, in Proceedings of the 4th *International Conference on Microreaction Technology, IMRET 4*, 31, Atlanta(2000)
15) T. Fukuyama, M. Shinmen, S. Nishitani, M. Sato, I. Ryu, *Org. Lett.*, **4**, 1691(2002)
16) 岡本秀穂, *Petrotech*, **23**, 918(2000)
17) T. Bayer, D. Pysall, O. Wachsen, in W. Ehrfeld Ed. *Microreaction Technology: 3rd International Conference on Microreaction Technology, Proceedings of IMRET 3*, 165, Springer-Verlag, Berlin(2000)
18) D. Pysall, O. Wachsen, T. Bayer, S. Wulf, Ger. Offen. DE 19816886 A1 21 Oct(1999)
19) X. Marcarian, C. Navarro, L. Falk, F. Pla, Eur. Pat. Appl. EP 913187 A2 6 May(1999)
20) C. A. Nielsen, R. W. Chrisman, R. E. LaPointe, T. E. Miller, Jr., *Anal. Chem.*, **74**, 3112(2002)
21) A. P. Krasnov, V. V. Kireev, V. A. Mit, D. S. Kudasheva, L. I. Komarova, *High Performance Polymers*, **12**, 395(2000)
22) Q. Zhang, M. Kantcheva, I. G. Dalla Lana, *Ind. Eng. Chem. Res.*, **36**, 3433(1997)
23) S. Coman, V. Pârvulescu, P. Grange, V. I. Pârvulescu, *Applied Catalysis a-General*, **176**, 45(1999)
24) (a) V. Haverkamp, W. Ehrfeld, K. Gebauer, V. Hessel, H. Löwe, T. Richter, C. Wille, *Fresenius J. Anal. Chem.*, **364**, 617(1999)
    (b) W. Ehrfeld, V. Hessel, J. Schiewe, PCI Int. Appl. WO 0062913 A1 26 Oct(2000)
25) 「マイクロリアクター技術の現状と展望」近畿化学協会編, 住化技術情報センター(1999)
26) V. Hessel, W. Ehrfeld, V. Haverkamp, H. Löwe, J. Schiewe, in R. H. Müller, B. Böhm Eds., *Dispersion Techniques for Laboratory and Industrial Production, Wissenschaftliche* Verlagsgesellschaft, Stuttgart(1999)
27) J. Zur Lage, H. J. Driller, J. Bünger, A. Wagner, PCT Int. Appl. WO 0054735 A1 21 Sep (2000)
28) F. Eisenbeiss, J. Kinkel, Ger. Offen. DE 19920794 A1 9 NOV(2000)

29) M. Sato, I. Ryu, *6th International Conference on Microreaction Technology, IMRET 6*, 364, New Orleans (2002)
30) H. Z. Freidler, *J. Polym. Sci.*, **2**, 475 (1964)
31) T. Kyotani, N. Sonobe, A. Tomita, *Nature*, **331**, 331 (1988)
32) K. Moller, T. Bein, R. X. Fischer, *Chem. Mater.*, **10**, 1841 (1998)
33) K. Kageyama, J. Tamazawa, T. Aida, *Science*, **285**, 2113 (1999)
34) S. Pitchumani, K. L. N. Phani, S. Tamilselvan, S. Ravichandran, in I. S. Bhardwaj Ed., *Polym. Sci., Vol. 1*, Allied Publ., New Delhi (1994)
35) G. Weickert, G. B. Meier, J. T. M. Pater, K. R. Westerterp, *Chem. Eng. Sci.*, **54**, 3291 (1999)
36) B. Chu, V. Zaitsev, P. A. Dresco, PCT Int. Appl. WO 9919000 A1 22 Apr (1999)
37) S. Katsura, A. Yamaguchi, H. Inami, S. Matsuura, K. Hirano, A. Mizuno, *Electrophoresis*, **22**, 289 (2001)

第Ⅳ編　マイクロ化学工学

第10章　マイクロ単位操作研究

前　一廣*

1　はじめに

　前章までに述べられてきたように，マイクロ流路を用いた化学プロセッシングは従来の工業的物質生産の方法を根底から変革して省資源や省エネルギー型革新的技術に発展する可能性を大いに秘めている。しかし，このプロセッシングを的確に実施するには，マイクロ流路での単位操作を合理的に行い，マイクロ流路の特徴を十二分に発揮させるためのデバイス設計，操作論を確立していくことが鍵になる。この観点からの研究は，マイクロデバイスに大きく依存することもあり，ようやく緒についたばかりで定量的な扱いが確立されていないのが現状である。本章では，各マイクロ単位操作に関する既往の研究を概観し，その基本的な考え方と今後の研究の方向性について概観する。

2　マイクロ単位操作の役割

　マイクロ化学プロセスは，マイクロ加工技術などを用いて作成された幅数 μm から数百 μm のマイクロ流路内で発現する物理現象，化学現象を利用したプロセスである。マイクロ化学プロセスはマイクロ反応器，マイクロ混合器，マイクロ熱交換器，マイクロ分離器，およびマイクロ検出器などの基本機能デバイスによって構成されたシステムにより実現される。このように，マイクロ化学プロセスは，その基本機能デバイスの大きさが従来のものに比べて格段に小さく，体積あたりの表面積が大きい，流路幅が狭い，装置内容積が小さいという特徴に由来して，①高速混合，②高速熱交換，③高速拡散，④フロー精密制御といった優れた機能を有している。しかしながら，マイクロデバイスでの操作では，装置サイズと装置形状がその装置の持つ機能に大きく影響することから，設計余裕をとって装置を設計することができない。従って，設計時に各装置にどのような機能を付加するかを，従来のプラント以上に厳密に規定し，その機能を正確に発現する装置を製作しなければならない。すなわち，これらの機能を的確に利用し生産を目的とした化学プラントとして成立させるには，基盤となるマイクロ特性を踏まえたデバイスをもとに，マイ

---

*　Kazuhiro Mae　京都大学大学院　工学研究科　化学工学専攻　教授

クロ単位操作論を確立することが不可欠である。これには，各マイクロデバイスでの基礎実験をもとに，マイクロ流動，エネルギー伝達，物質移動などを表現する各種輸送現象論モデル，マイクロ混合モデル，拡散モデルと反応速度モデルを組み合わせたマイクロ反応モデル，輸送現象論モデルを発展させたマイクロ分離モデルを構築していく必要があろう。以下，各研究の現況と課題について述べる。

3 マイクロ流路でのスケーリング効果

まず，最初に考えるべきことはスケール減少に伴う輸送特性の変化である。容易に想像できるように，マクロスケールからマイクロスケールにスケールダウンした場合に流体を支配する力のバランスが大きく変わってくる。図1に空間サイズと流体の輸送特性のオーダーを比較した[1]。まず，モーメンタムに関して，メーターのオーダーを1としたときの各力のサイズ減少に伴う相対的な大きさの変化を比較すると，サイズの減少とともに慣性力が大きく減少する。これに伴い，粘性力／慣性力，重力／慣性力，表面張力／慣性力の比は大きくなるが，粘性力／慣性力に比べ表面張力／慣性力がマイクロサイズで6桁も大きくなっている。このことは，マクロ流路では影

	ナノ (分子)	マイクロ (マイクロ空間)	ミリ	メータ (我々)	キロ (地球)
長さ(L)	10^{-9}	10^{-6}	10^{-3}	1	10^{3}
表面積(L^2)	10^{-18}	10^{-12}	10^{-6}	1	10^{6}
体積(L^3)	10^{-27}	10^{-18}	10^{-9}	1	10^{9}
比表面積(L^{-1})	10^{9}	10^{6}	10^{3}	1	10^{-3}
速度($\propto L$)	10^{-9}	10^{-6}	10^{-3}	1	10^{3}
慣性力($\propto L^4$)	10^{-36}	10^{-24}	10^{-12}	1	10^{12}
粘性力($\propto L^2$)	10^{-18}	10^{-12}	10^{-6}	1	10^{6}
圧力($\propto L^2$)	10^{-18}	10^{-12}	10^{-6}	1	10^{6}
重力($\propto L^3$)	10^{-27}	10^{-18}	10^{-9}	1	10^{9}
界面張力($\propto L$)	10^{-9}	10^{-6}	10^{-3}	1	10^{3}
粘性力／慣性力($\propto L^{-2}$)	10^{18}	10^{12}	10^{6}	1	10^{-6}
圧力／慣性力($\propto L^{-2}$)	10^{18}	10^{12}	10^{6}	1	10^{-6}
重力／慣性力($\propto L^{-1}$)	10^{9}	10^{6}	10^{3}	1	10^{-3}
界面張力／慣性力($\propto L^{-3}$)	10^{27}	10^{18}	10^{9}	1	10^{-9}
対流伝熱量($\propto L^3$)	10^{-27}	10^{-18}	10^{-9}	1	10^{9}
伝導伝熱量($\propto L$)	10^{-9}	10^{-6}	10^{-3}	1	10^{3}
伝導／対流($\propto L^{-2}$)	10^{18}	10^{12}	10^{6}	1	10^{-6}
対流物質移動量($\propto L^3$)	10^{-27}	10^{-18}	10^{-9}	1	10^{9}
拡散物質移動量($\propto L$)	10^{-9}	10^{-6}	10^{-3}	1	10^{3}
拡散／対流($\propto L^{-2}$)	10^{18}	10^{12}	10^{6}	1	10^{-3}

図1 マイクロ化に伴うスケーリング効果[1]

第10章 マイクロ単位操作研究

響の少なかった表面張力がマイクロ流路では最も支配的になることを示しており，表面張力を上手に利用した単位操作が非常に有効であることを示唆している。また，粘性力も大きく影響するため，壁面と流体の相互作用などにも注意して単位操作を実施する必要がある。

次に，伝熱に関して比較すると，マイクロ流路では対流伝熱に比べて伝導伝熱が支配的になることがわかる。これは，壁面を通じての熱交換が容易になることと同時に，伝熱面の材質が伝熱特性に大きく影響を及ぼすことを示している。最後に，物質移動に関して比較すると，マクロでは対流などのモーメンタムの移動が支配的であるが，マイクロになると Re 数及び拡散距離が小さくなることに伴い拡散が支配的になる。

このように，スケーリング則からマイクロ流路では粘性力，表面張力，伝導伝熱，拡散が支配的になることがわかった。よって，マイクロ単位操作は，これらの点に着目して実施されるべきであり，マクロモデルからのアプローチによって，マイクロ単位操作がマクロモデルで表現可能か否かを詳細に検討し，スケーリング効果以上の効果があるかどうかを見極めることが重要となる。この点に着目して，現在，研究開発が実施されているマイクロ単位操作研究を紹介する。

4　マイクロ混合操作

混合操作は2成分以上の原料を用いた反応を行う上で不可欠な操作である。特に，不均相系では，いかに効率的に混合するかが重要となる。混合操作は大別して，①分子拡散，②乱流あるいは層流混合に分類される。分子拡散は全ての混合操作の最終段階で，Fick の法則に支配され，

$$t \sim d^2/D$$

で表されるように，拡散時間が拡散距離dの2乗に比例する。例えば，1 mm の幅で拡散時間が1分かかる物質を$100\mu m$ の流路で拡散させると0.6秒で完結する。一方，マクロで一般に使用されている乱流混合においては，流体はその流体塊の回転運動によって連続的に薄層に分割され小さなフラグメントになって混合が進んでいく。ところが，層流混合では流体運動による分割は不可能なので，分割―混合を強制的に行う方法により混合するしかない。今，マイクロ流路では，流路幅（径）が小さいため層流を形成することが多いことと，秩序だった流れを形成するためにマイクロデバイスを利用することが多いため，乱流混合は利用できないことがほとんどである。よって，分子拡散によるか，強制的に層流混合を行うという方法によらざるを得ない。このことから，現在考えられているマイクロミキサーあるいはマイクロリアクターは，基本的に層流で分子拡散に基づくものがほとんどである。

さて分子拡散，層流混合を効率的に行うためのマイクロミキサーの接触方式としては，図2[2)]に示すように，

マイクロリアクター —新時代の合成技術—

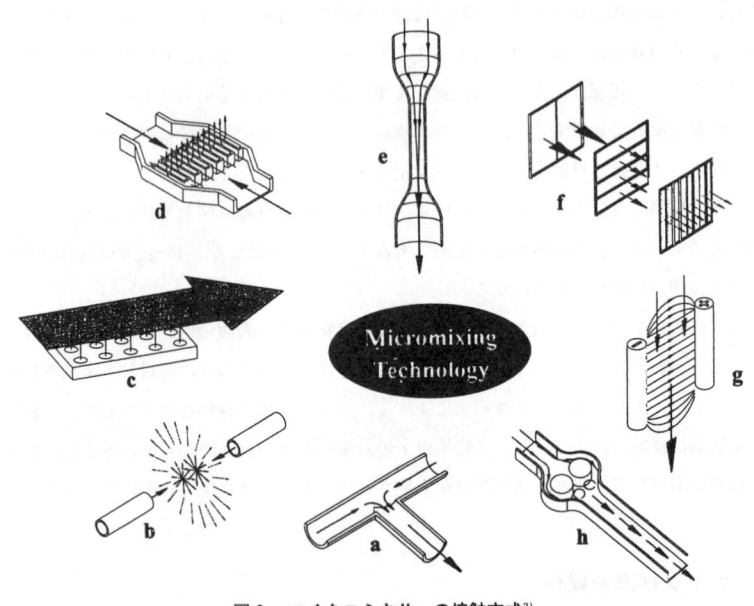

図2 マイクロミキサーの接触方式[2]

① ミキシングティーによる混合
② メインストリームに別成分を多数のサブストリームから導入
③ 2成分それぞれを多くのストリームに分割し，それを混合
④ 流れ方向で径を絞り，拡散距離を小さくする
⑤ 分割・混合を繰り返す
⑥ 超音波，電気エネルギー，熱エネルギーを利用して混合
⑦ 小さな流体セグメントを周期的に導入

などの方式が考えられる。その代表的な研究例を混合系に分類して以下に示す。

(1) 均一液相系

Loeweら[3]は，上記③に相当するものとして，図3[3]に示すマイクロミキサー（IMM社販売）を製作し，混合形式と混合特性の関連性を以下の反応を実施し出口をUV-VISで検出することで検討している。このときの流量範囲は，10～1000ml/h，圧力損失は10～1000mbarであった。図4[3]に示すように，強制撹拌，乱流のミキシングティーに比べ開発した層流タイプのマイクロミキサーの混合特性が圧倒的に優れていることを示した。また，牛島ら[4]は，機械的乱流混合撹拌とマイクロミキサーの混合特性をモデル計算から比較し，粘性散逸が渦管で起こっている機械的乱流混

第10章　マイクロ単位操作研究

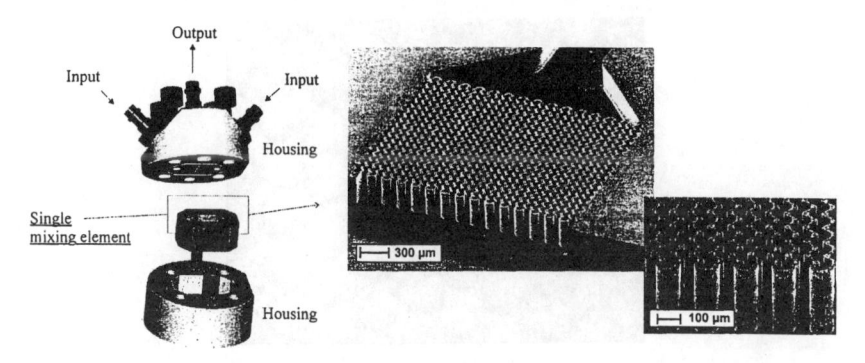

図3　IMM製のマイクロミキサー[3]

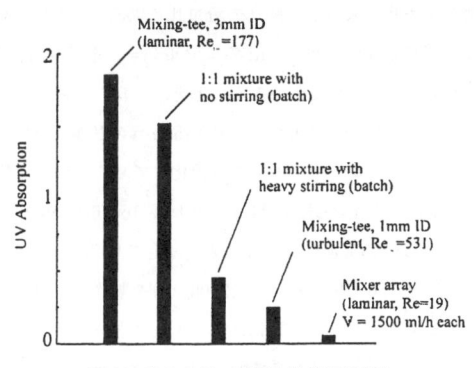

図4　各ミキサーの混合性能の比較[3]

合撹拌では，全体積の14%程度にすぎず，100μm程度の拡散混合の方が圧倒的に有利であることを示した。以上の結果から，マイクロ化によって大きく混合特性が改善されることが明らかになり，今後，流量，マイクロ流路幅，形状について詳細に検討していくことで，より高性能なミキサーの開発が期待できる。

(2)　液液不均相系

これまでマクロ混合装置では，相互溶解しない2液を混合するには多大なエネルギーが必要であった。しかし，4．(1)項で述べたようにマイクロ化することで，慣性力に比べ表面張力を支配的にできること，狭い空間で液滴の体積を束縛できることから，高界面積で均一径のエマルジョン等を製造できる可能性が大きい。この観点から，種々の研究が精力的に実施されている。Loeweらは図3に示したマイクロミキサーを用いて，水—シリコン油によるエマルジョン製造を試みて

マイクロリアクター —新時代の合成技術—

図5　貫通型マイクロチャンネルで製造した単分散液滴[5]

いる[3]。方法は，水と油をミキサー入口から種々の流量比で供給するだけという単純なもので，流量比，総流量によって，任意に数 μm〜数十 μm のエマルジョンを迅速に製造できること，流量の大きいほど小さな径のエマルジョンが製造できることを示した[3]。Herweek ら[5]は，4層のプレートを重ね第2層にほうき状のミキサー（幅60μm，深さ150μm の15本の流路が幅50μm の壁で隔てられている）をセットし，そのフローパターンを可視化して，ミキサー形状，流量が混合特性に及ぼす影響を検討している。シリコン/水＝400/400 ml/h，160/640 ml/hの流量比で混合した結果，1/4で190μm，1/1で236μm の液滴ができることを示している。また，Mengeaud ら[6]は，ジグザグ流路（幅100μm，ピッチ100〜400μm，全長2100μm）を製作し，CH_3OH，H_2SO_4 と methyl-2-furoate を混合反応する実験を行うとともに，ナビエーストークス式に基づく数値解析も実施している。両者の検討から，大きなジグザグで幅方向の拡散距離を減少すること，流路長が長くなり混合時間が増加することから，ピッチ400μm が最も混合効率が優れていることを示している。また，Re 数が60で95％の混合効率に達しているが，Re＜10では82％一定と混合効率が低下することから，流量は大きい方が良いと結論している。次に，異なる接触方式（上記②）として，中嶋ら[7,8]は，均一エマルジョン製造用貫通型マイクロチャンネル（相当直径17.3μm）を製作し，種々の植物油脂（分散剤）と種々の乳化剤を溶解した水（連続相）を混合することで，32.5μm（変動係数1.5％）の単分散マイクロ液滴の製造（最大流量10ml/h）に成功している（図5[8]）。この方法は，矩形の貫通孔形状，流路幅を制御することで，慣性力に対する表面張力の比を制御し，表面張力物性に基づき液滴径を一定していると考えられ，今後のマイクロミキサー設計・操作に大きな指針を与えている。

　一方，前らは，上記⑤の形式に従ったマイクロミキサーを試作し，エマルジョンの製造の可能性を検討している[9]。図6に示す構造のマイクロミキサー（YM-1；㈱山武共同開発）を試作した。

第10章 マイクロ単位操作研究

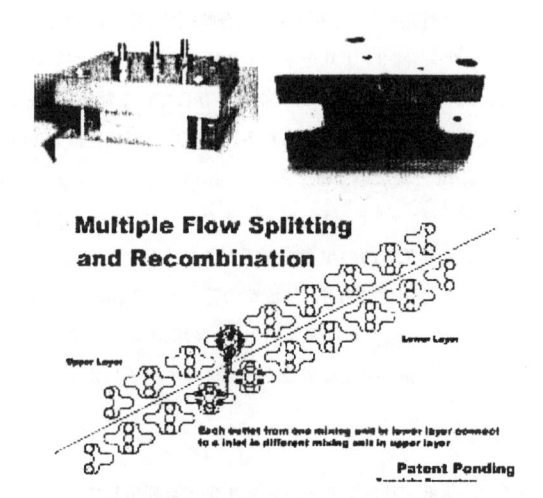

図6 開発したマイクロミキサー (YM-1)

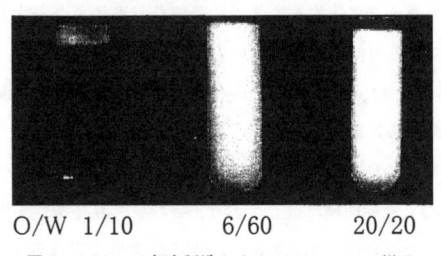

図7 YM-1で高速製造したエマルジョンの様子
O/W 1/10 6/60 20/20

2箇所の入口から別々に流入した流体が，それぞれ最下部シートにて11のブロック(400μmの流入孔2箇所，流出孔2箇所から構成)に分割，供給される。各ブロックでは，それぞれの孔から流入，2分割された2つの流体が混合したのち，ブロック両端の流出孔から上段へと流れていく。第2段目シートでは，ブロック数が1つ少なく下段のブロックの間に配置されている。ここでは，下段の隣接する2つのブロックの右端と左端の孔から流出してくる流体がそれぞれ流入孔2箇所からブロック内に流れ込み，2分割されたのち，混合してそれぞれ2箇所の流出孔から上段へと流れていく。このような方式で，分割混合を繰り返し，最終的に11段目でブロック1つとなり，ミキサーから混合流体が排出される。このミキサーを用いて，界面活性剤を添加せずに蒸留水とサラダ油の混合を試みた。このときのエマルジョンの写真を図7に示す。図より，高流量条件で高濃度エマルジョンを生成することに成功した。特に，マクロの混合操作では困難な水—油等量混

合でもエマルジョンを界面活性剤なしに，0.1秒の混合時間で製造可能であることがわかった。さらに，YM-1はIMMミキサー（図3）よりチャンネル幅が大きくなっていることでより大量の原料を乳化でき，常圧シリンジポンプで5 L/hrの能力を有しているため，高圧ポンプを用いることで1台あたり年100t程度の生産が可能と考えられる。製造した液滴径は2 μm前後にピークがあり，等量混合では，1～15μmと幅広い分布であった。IMMミキサーによる結果も同様で，40μmの流路と300μmの流路で差がないことがわかった。また，エマルジョン生成要因を検討するために，液滴のζ電位を測定した結果，油の線速を上げるほど，大きなζ電位を有しており，高流量では界面活性剤添加と同等のζ電位であり，油流路の管壁との摩擦がエマルジョンの安定化に寄与していることがわかった。このように，種々の形式での液液系マイクロミキサーの開発，混合操作の研究結果から，エマルジョン製造に関してマイクロデバイス化するメリットが大きいことがわかる。

(3) 気液系

これまでマクロ系では，気液接触は分散板，ノズルなどを利用して行われてきた。しかし，気泡の合一が避けられないこと，気液流量比の範囲が限定されることから，気液系の反応操作がある程度束縛されてきた。マイクロ化することで，微細な気泡径を合一することなしに分散でき，有効な気液反応を実施できる可能性を持っている。このような観点から，種々のマイクロミキサーの研究が実施されている。Oroskarらは，種々の研究者によるマクロ装置とマイクロ装置での気液混合による気液界面積の比較をまとめている（表1）[10]。表左欄のマクロ装置では，通常，数百 m^2/m^3のオーダーであるのに対して，マイクロ装置（マイクロバブルカラム，Falling film）では，5000～27000m^2/m^3の気液界面積に達しており，明らかに混合特性が向上することがわかる。Zechら[11]の研究では，気液混合は均相系の混合のように素早く混合可能で，反応時間／混合時間

表1 各種マクロ、マイクロ混合器での気液界面積の比較[10]

マクロ混合器	気液界面積[m^2/m^3]	マイクロ混合器	気液界面積[m^2/m^3]
充填層 交流接触 併流接触	10～350 10～1700	マイクロバブルカラム (1100μm×170μm)	5100
気泡塔	50～600	マイクロバブルカラム (300μm×150μm)	9800
噴霧塔	10～100	マイクロバブルカラム (50μm×50μm)	14800
機械的強制攪拌	100～2000	流下薄層マイクロリアクター (300μm×100μm)	27000

第10章 マイクロ単位操作研究

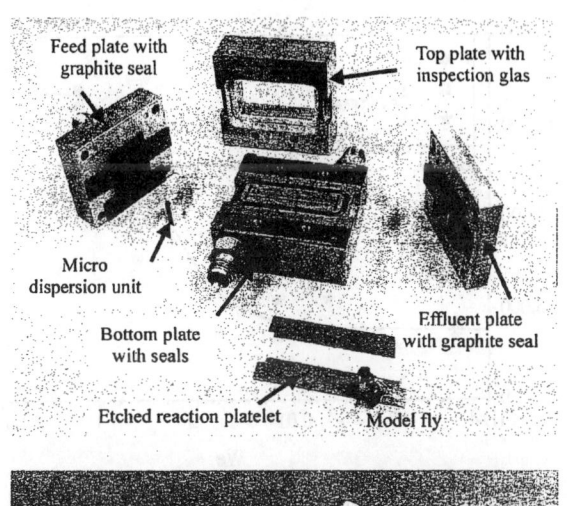

図8 IMM製バブルカラム[12]

比は，数 mm の流路では0.2であったものが，500μm で逆転し，数 μm の流路では100に達すると報告している。Haverkampら[12]は上述のバブルカラムを開発し，その能力を詳細に検討している。IMM社では，図8[12]に示すような20μm 深さでガス流路幅が 5 μm，液流路幅が20μm の混合ユニットに続いて，300μm×100μm の32個のチャンネルをスリット状にしたバブルカラムを製作している。これを用いて，N_2/水，N_2/イソプロパノール系で，N_2流量が 1～180ml/min，液流量が0.11と0.86ml/min の条件で混合実験を実施し，N_2/水系ではフィルム厚さ55μm，界面積13400m^2/m^3，N_2/イソプロパノール系ではフィルム厚さ64μm，界面積18000m^2/m^3を達成している。この両者の界面積の差は，水とイソプロパノールの接触角の違いによる。また，式(1)で示される We 数

145

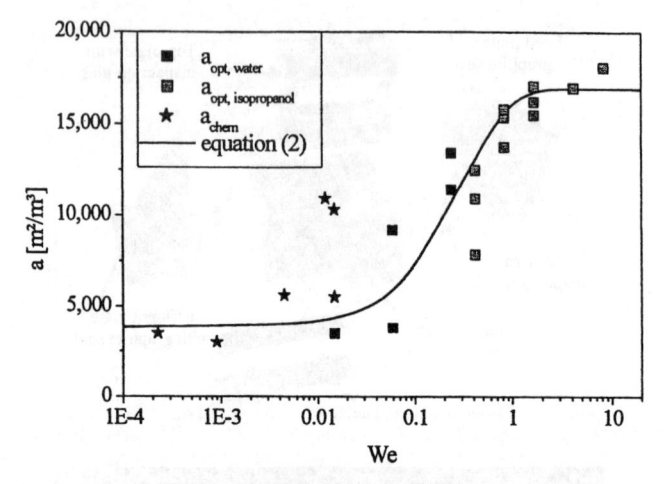

図9 気液界面積とWe数の関係[12]

を導入して，式(2)のような相関式を提出している。図9に示すように，式(2)によって気液界面積は良好に相関されており，マイクロ流路では，上述のように慣性力よりも表面張力が支配していることを証明している。彼らは，さらにこのモデルを反応器モデルへと拡張し，八田数を導入して迅速反応系（界面物質移動律速）へ適用し，実測値を良好に表現できること，物質移動律速の系ではマイクロリアクターは非常に効果があることを示している[12]。

$$We = \frac{W_G{}^2 d\rho}{\sigma} \quad (1)$$

W_G：ガス流速 [m/s], d：相当直径 [m], ρ：密度 [kg/m³], σ：界面張力 [N/m]

$$a = a_{max} + \frac{-45721 - a_{max}}{\left[1 + \exp\left(\frac{We - 0.3}{0.3}\right)\right]}, \quad a_{max} = 16,900 \text{m}^2/\text{m}^3 \quad (2)$$

以上，マイクロ混合操作に関して概観してきたが，種々の系でマイクロ混合操作は明らかに効果があることがわかった。各種反応のみならず，エマルジョン製造等の各種ミキシング操作などの領域では即実用化できる可能性が高く，今後，大いに発展していくものと考えられる。

5 マイクロ反応操作

マイクロリアクターはマイクロ化学プロセスの中のメインデバイスであり，この基盤技術を確

第10章　マイクロ単位操作研究

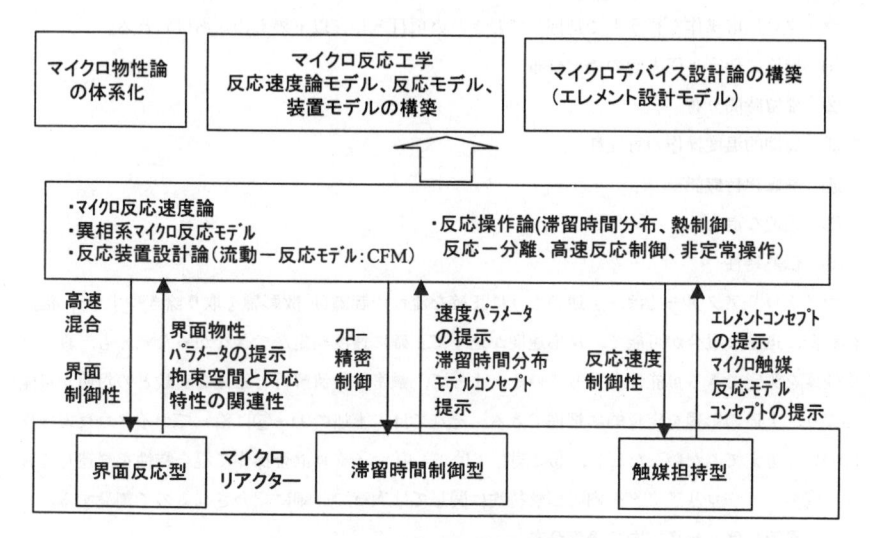

```
┌──────────┐   ┌──────────────┐   ┌──────────────┐
│マイクロ物性論│   │ マイクロ反応工学 │   │マイクロデバイス設計論の構築│
│ の体系化 │   │反応速度論モデル、反応モデル、│   │ (エレメント設計モデル) │
│          │   │ 装置モデルの構築 │   │              │
└──────────┘   └──────▲───────┘   └──────────────┘
                      │
┌──────────────────────────────────────────────────┐
│ ・マイクロ反応速度論        ・反応操作論(滞留時間分布、熱制御、│
│ ・異相系マイクロ反応モデル      反応一分離、高速反応制御、非定常操作)│
│ ・反応装置設計論(流動—反応モデル:CFM)                      │
└──────────────────────────────────────────────────┘
  高速      界面物性       フロー    速度パラメータ  反応速度   エレメントコンセプト
  混合      パラメータの提示 精密      の提示       制御性    の提示
          拘束空間と反応   制御     滞留時間分布            マイクロ触媒
  界面      特性の関連性            モデルコンセプト         反応モデル
  制御性                           提示                  コンセプトの提示

  ┌─────┐  マイクロ   ┌────────┐     ┌─────┐
  │界面反応型│ リアクター │滞留時間制御型│     │触媒担持型│
  └─────┘          └────────┘     └─────┘
```

図10　マイクロ反応操作の体系化スキーム

立することが最優先課題となる．これにはマイクロ反応操作を体系化していくことが重要であるが，この手段として有効と考えられるスキームは，図10に示すように，代表的な5つのマイクロ基本特性（反応速度制御性，超分散混合特性，拘束空間制御性，熱・物質移動特性，界面制御性）を定量的に明らかにし，設計・操作論を確立していくこと，すなわち，上述の代表的な5つのマイクロ特性を優先的に引き出す4種類のマイクロリアクターデバイス（界面制御型，滞留時間制御型，多段階反応型，触媒担持型）を用いて，各種反応研究を実施し，拘束空間と反応特性，生成物構造の関連性，滞留時間分布のコンセプト，マイクロ触媒機能などを明確にしていくことが不可欠である．しかし，ここで注意しておく必要のあることは，マイクロの特徴といわれている層流は，反応速度向上の立場からみると欠点であり長所にはなり得ない．マイクロチャンネル内層流に長所を見出すなら，これまでどうしても拡散律速でしか反応操作できなかった系，反応と分離を同時に行う系などに限定される．しかし，反応は混合することが最初の関門であることに着目すると，層流にとらわれず，マイクロデバイスを用いて高速に混合することで，短い滞留時間で反応を完結できる点などに長所を見出すことは可能である．

これまで，マイクロリアクターを利用した合成反応は多数実施されているが，これら反応に関しては，すでにこれまでの章で詳述されているので，ここでは，反応工学，マイクロ反応装置工学として最も特徴が期待できる触媒担持反応器に関して，反応器・反応操作モデルに照らして実施されているいくつかの試みを以下に紹介する．

マイクロリアクター —新時代の合成技術—

マイクロ反応操作を行う上で把握しておきたい項目として以下のものがあげられる。
① 層流に伴う半径方向の濃度分布
② 滞留時間分布
③ 周期的温度操作の可能性
④ 触媒担持機能
⑤ 迅速な混合
⑥ 伝熱特性

マイクロリアクターでは，上述のように正確な流れの制御（拡散影響を取り除きやすい），温度の制御，迅速な混合が可能で，反応速度が速くて正確に速度測定ができなかった系でも，真の反応速度を測定できる可能性を持っている。よって，厳密な数値解析と正確な実験との対照が可能となり，上述の影響を定量的に把握できる。それでは，上述の①～⑤に沿ってマイクロ反応操作について考えてみたい。ただし，⑤に関しては，4項マイクロ混合操作で混合特性を詳述しており，⑥のマイクロリアクター内の伝熱特性に関しては次章で詳細に紹介されるので割愛する。

(1) 層流に伴う半径方向の濃度分布

まず，層流に伴う半径方向の濃度分布に関しては，Gobbyら[13]が，平行板壁触媒反応器での単一反応を等温，非等温で解析する枠組みを検討している。マイクロリアクターでは，Pe/R（Pe：ペクレ数＝$2uR/D$，R：流路径，D：拡散係数）が小さいので数学的な処理が簡単になる。すなわち，軸方向の拡散を無視できるため，反応種に対して解が1つの固有値で表現でき，垂直方向の平均的な濃度は1次微分で決定できるとしている。一方，Commengeら[14]は，マクロ系で提唱されている数値解析法を適用して，マイクロチャネル内の半径方向の濃度分布が速度定数に及ぼす影響を検討している。彼らは，式(3)に示すようなDemkohler数（Da）を導入した軸対称層流管型反応器の二次元モデル（式(4)）を壁面の触媒上で反応が起こる系に適用して，壁面で反応するときの濃度場を計算し，反応器半径と拡散，反応速度との関連性を検討した。計算の結果，速い反応の場合，壁からの拡散が律速となり，壁での濃度は管中心の濃度の45％であった。ここで，半径を小さくしていくと半径方向の拡散抵抗が減少していき，ある半径から半径方向で濃度一定となる。この現象は，ペクレ数（軸方向の混合度を表す指標）には無関係で，Demkohler数のみに依存しDa＝0.1で半径方向濃度分布が一定となることを示している。また，擬均一モデル，Tayler＆Arisモデル（一次元当等温拡散モデル）での解析もあわせて実施し，式(4)の二次元モデルの有効性を検証している。

$$Da = \frac{kh}{D} \tag{3}$$

D：拡散係数 [m²/s]，k：物質移動係数 [m/s]，h：流路幅 [m]

第10章 マイクロ単位操作研究

$$\frac{\partial^2 C^+}{\partial r^{+2}} + \frac{1}{r^+}\frac{\partial C^+}{\partial r^+} - Pe(1-r^+)\frac{\partial C^+}{\partial z^+} + \frac{\partial^2 C^+}{\partial z^{+2}} = 0$$

境界条件：$C^+ = 1$　at $z^+ = 0$,　$\partial C^+/\partial r^+ = 0$　at　$r^+ = 0$

$$\frac{\partial C^+}{\partial r^+} + Da\,C^+ = 0 \quad \text{at} \quad r^+ = 1 \tag{4}$$

ここで，$C^+ = C/R$,　$r^+ = r/R$,　$z^+ = z/R$

(2) 滞留時間分布

マイクロリアクターでは層流のため滞留時間をシャープにできない可能性が高い。Walterら[15]は，Tayler & Arisモデルで定義されている軸方向有効拡散係数E(式(5))を用いてCFDにより解析を実施している。これによると，滞留時間がシャープになる最適の拡散係数が存在し，拡散係数が10^{-5}m²/sのとき，半径方向の濃度分布一定でかつ滞留時間分布が最もシャープになることを示した。また，マイクロ流路径が小さいほど，滞留時間はシャープになり150μm以下になるとほとんど変化がなくなると報告している。また，強制的にプラグフローとするために壁に電圧を印加して電気浸透流を形成する方法も提案されている[16]。

$$E = D + \chi\frac{r^2 u^2}{D} \tag{5}$$

D：分子拡散係数 [m²/s]，r：幅 [m]，u：流速 [m/s]，χ：形状因子($=1/48$) [−]

(3) 周期的温度操作の可能性

周期的温度操作の定量的な検討に関しては，Brandnerら[17]が周期的温度操作のためのマイクロ構造を提案している。式(6)に示す伝熱式から，QもしくはA/Vを大きくするか，ρを小さくすることでτが小さくなり，周期的操作が可能となる。彼らは，これに基づき，フォイルを多層に重ね，加熱と冷却流路を直交させたデバイスを設計し，数秒で10K毎の温度変化，30秒毎に200Kの周期的温度操作に成功している。Rougeら[18]は，基本的に同様のコンセプト（流路は平行で伝熱面積/体積$=1833$m²/m³）で周期的温度操作を実施している。油を用いた場合，180℃から200℃への温度変化を2秒で達成している。また，反応系にも拡張し，イソプロパノールの脱水反応を190℃と210℃の周期的操作で試みている。

$$\frac{Q}{V} = \rho C_p\frac{\Delta T_c}{\tau} = U\frac{A}{V}\Delta T_m \tag{6}$$

Q：伝熱量 [kJ/s]，V：容積 [m³]，ρ：流体密度 [kg/m³]，C_p：定圧熱容量 [kJ/kg K]，
ΔT_c：サイクル温度差 [K]，τ：サイクル時間 [s]，U：総括伝熱係数 [kJ/m²sK]，
A：伝熱面積 [m²]，ΔT_m：加熱・冷却媒体と流体の平均温度差 [K]

(4) 触媒担持機能

最後に，触媒担持機能に関してマイクロの可能性を考察する。現在，マイクロリアクターの実用化で最も進んでいるのが，自動車やモバイルなどへの搭載を想定した改質器の開発である[19〜27]。少量生産とはいえ，化成品，医薬対象のマイクロ化学プロセスでは一定量の生産が求められ，分離操作なども必要になるのに対して，改質器はマイクロリアクターそのものが製品として成立するので，最も早く世の中で確立されるものと考えられる。この観点から，ここでは，現在，各所で鋭意開発中の改質器研究状況の数例を紹介し，触媒担持機能の長所に関して考察する。

Jonesら[23]は，3種類の触媒担持した燃料電池用の改質器でブタン，メタノールのスチームリフォーミングを行っている。ブタンの場合，600℃，25〜35msで100% COと水素に転換できること，メタノールでは，新規触媒によって，280℃で90%の転換率でCOを0.5%以下に抑えることに成功している。Irvingら[24]は，InnovaTek H2GENと命名した接触改質器とH_2分離膜を組み合わせたマイクロリアクターを開発し，メタノール，ディーゼル，天然ガスを原料とした実験とともにシミュレーターの開発を実施している。このマイクロリアクターの特徴は，①耐硫黄触媒，②100%水素収率，③コーキング防止用の燃料インジェクションシステム，④マイクロリアクターと熱交換器のコンパクト化，⑤Plasmafronによる早いスタートアップがあげられる。改質器は800℃，H_2O/C比＝5〜8で100時間安定運転を実施し，H_2が75%，CO_2が20%，COが5%の選択率で，380〜480℃，30〜60psiで操作される分離膜によって，水素を82%回収している。Resueら[25]は，メタノールの水蒸気改質に関して，20mm×200μm×100μmのFe-Cr合金のプレートに触媒をイソプロパノール中に懸濁した液を塗ったのち500℃で焼成，水素還元したものからなるマイクロリアクターを用いて実施している。流量80〜270 ml/minでメタノール濃度2，5，9，12 mol%，200℃で反応した結果，メタノール転換率は時間とともに直線的に増加し，その活性化エネルギーは56kJ/molで，外部境膜の影響がないことを確認している。また，Cu系触媒(100〜250μm)の固定層での実験結果と比較して，マイクロリアクターの方が，20〜100%反応速度が増加することを示している。また，河村ら[26]は，γ-ベーマイト・硝酸銅・硝酸亜鉛・炭酸ナトリウムからなる懸濁液をゾル-ゲル法でマイクロ流路壁に改質触媒(Cu-Zn系)を担持(触媒膜厚14μm)し，600μm幅×400μm深さの流路からなるマイクロリアクターを製作している。水蒸気/メタノール＝2，SV＝100000h^{-1}の条件で改質を行った結果，280℃で85%の転換率，携帯機器作動に必要な水素発生量を得ることに成功している。また，同様の触媒を固定層で実験した結果と比較して，マイクロリアクターの方が5〜10%程度転換率が優れていると報告している。

メタノール改質では，触媒系の制限から主にゾル-ゲル法による担持であったが，触媒担持型マイクロリアクターでは，CVDによる担持など多種多様の担持方法が考えられている。しかしながら，触媒は目的とする反応によって異なること，触媒は失活し定期的に交換する必要があるこ

第10章　マイクロ単位操作研究

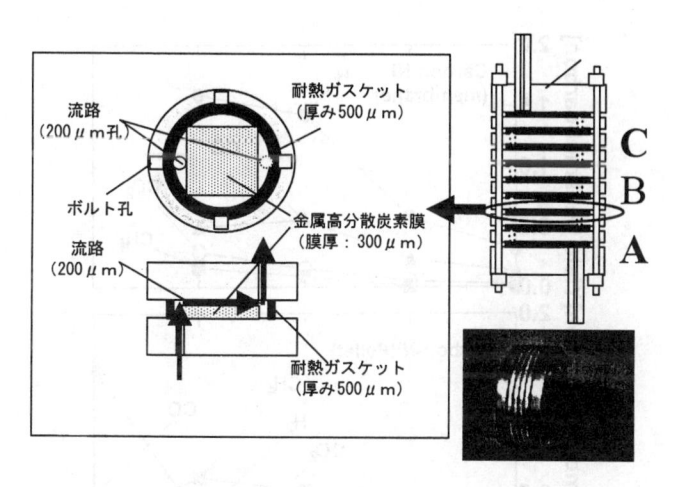

図11　エレメントアセンブル形式の触媒担持型マイクロリアクター

と，微細加工は高価で汎用性に欠けることから考えると，触媒マイクロリアクターを化学生産プロセスへ適用していくには，全く新しい発想の設計概念が必要である。前ら[27]は，微細加工を必要としない新しい発想の触媒担持型マイクロリアクターとして，図11に示すように，触媒エレメントと反応器エレメントを別々に考え，それをアセンブルすることでマイクロ空間を創製するという発想のリアクターを提案している。その応用例として，新規に開発したNi高分散担持炭素膜触媒（膜厚300μm）をエレメント10段からなるマイクロリアクターでメタノールの分解反応を実施した結果，300℃でほぼ100%転換できることを示した。また，固定層の結果と比較して，転換率が優れていること，図12に示すように，マイクロリアクターでは一段目の反応しか進行しておらず，選択率を大きく変化できることを明らかにした。このマイクロリアクターの特徴は，多段になっており，複数の触媒反応を連続的に実施でき，その反応速度によって段数を自在に変え得るという点にある。このように，メタノール改質を例に，触媒担持型リアクターが固定層に比較して多少優位であることが実験的に示されているが，これは，マイクロ流路がゆえの優位性なのか，微細加工したマイクロ流路でのゾル－ゲルのコーティングによる触媒の活性，触媒の比表面積によるものなのかは明らかでない。もし後者によるものであれば，マイクロ化するメリットは担持できる総表面積にしかなく，大量生産を考えるとミリサイズでも十分ということになる。すなわち，物質移動，伝熱特性が大きく支配する系では，マイクロ流路が優れているのは当然で，触媒担持とマイクロ流路の長所をきちんと区別して整理していくことが大切である。

　以上，反応工学の観点からの紹介をしたが，現時点で結論づけられることは，マイクロ流路幅

151

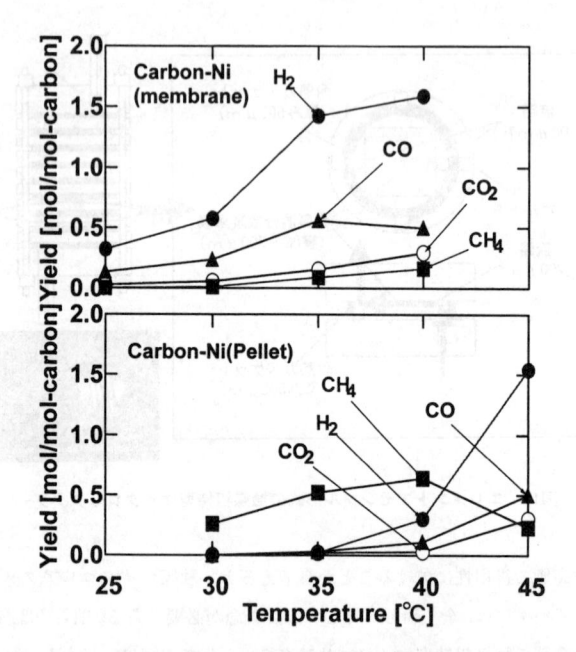

図12 メタノール分解反応の選択率の比較

をある径以下（径の大きさは扱う物質の拡散速度に依存）にすることで，層流を形成していても半径方向の濃度分布を均一にし，滞留時間分布をシャープにできること，混合を迅速にできること（前章参照）である（触媒担持に関しては，さらに検討が必要）。しかし，これらの特性は反応原料の物性に大きく依存しているため，マイクロリアクターの設計では，この点を十分考慮しないと，生産量が低い上にマクロ反応器より効率も悪いという結果を招く点に注意すべきである。

6　マイクロ分離操作

マイクロリアクターである反応を効率的に実施できたとしても，製品を取り出すには分離操作が必要である。考え方としては，反応はマイクロリアクターで実施しても分離はマクロで行うケースも考えられる。すなわち，マイクロ分離操作の方が有利な場合のみこれを採用すべきである。

さて，マイクロ化することでどのような分離操作が有利であるかがポイントとなるが，分離操作は，基本的に2種類以上の物質の平衡物性，速度物性の差を利用して行われるものである。上述のマイクロ化に伴う輸送物性の相対的バランス変化（図1）を考えてみると，異相系の界面積

第10章　マイクロ単位操作研究

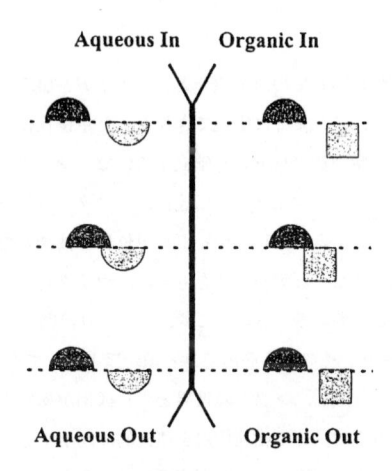

図13　CRL製マイクロ抽出器[28]

を大きくできる点から，抽出，蒸発，吸収，吸着，膜分離などの分離操作はマイクロ化することで優位になる可能性が高い．特にマイクロ吸着では，マクロ系で実用化されている圧力スウィング吸着（PSA）に加えて，温度スウィング吸着（TSA）も組み合わせることが可能となり，これまで困難であった物質系の分離ができる可能性を秘めている．また，マイクロリアクターとマイクロ分離器を組み合わせて，効果的な反応分離操作も大いに期待できる．現在のところ，マイクロ分離操作で数多く研究が実施されているのは抽出操作である．

CRLでは[28]，図13に示すように，2つ以上のマイクロ流路を部分的にオーバーラップさせながら合流させたのちそれぞれの流路に分岐するマイクロ抽出器を提案しており，Fe^{3+}イオンの抽出が6秒で100%できることを示している．草壁ら[29]も幅（上部）400μm，幅（下部）300μm，深さ100μmからなるY字のマイクロデバイスを用いて，希土類の抽出・逆抽出を行い，pHを制御することで，短時間に平衡濃度まで抽出・逆抽出可能であることを示した．一方，エマルジョン抽出では，Loeweら[3]が，IMMミキサー（図3）を用いて，アセトン，コハク酸を抽剤として水，トルエン，n-ブタノールを抽出する実験を行っている．総流量900～1800 mL/hで平衡量まで迅速に抽出できることを示している．また，牧ら[30]は上述のYM-1（図6）を用いて，フェノールの逆抽出を実施し，数百ミリ秒という接触時間で平衡まで大量に逆抽出できることを示している．これらは，エマルジョン径が小さく界面積が大きいことによる．このように，マイクロ抽出操作は大いに今後の展開が期待できる．

7 おわりに

以上，マイクロ単位操作に関しての研究紹介とその考え方を整理してきたが，拘束されたマイクロ空間を利用することで，これまでに実現できなかった単位操作を創出できる可能性が大いにある．しかし，マイクロ化学製造プロセスを確立するには，マイクロリアクターを始め，プロセスを構成するマイクロミキサー，マイクロ熱伝達器，マイクロ分離器といったマイクロ単位操作の技術基盤の構築が不可欠である．図14にマイクロ単位操作技術基盤確立のための研究フレームワークを示す．種々の発想にたったデバイスをもとに，マイクロ空間での各種物理化学モデル，装置モデルを構築することが要求される．ここで，マイクロ流路といっても小さくても数 μm 程度なので，Navier-stokes 式をそのまま適用できる系がほとんどであり，一見，マクロ化学工学が適用可能であると感じる．しかし，マクロの世界と少し様相が異なる点は，流体と壁面の相互作用がクローズアップされる点で，この相互作用を積極的に利用することがポイントとなる．すなわち，マイクロとマクロの流れの違いは，①不連続効果（数十 μm 以下の流路内でのガスではマッハ数の小さい圧縮性流体の扱いが必要），②表面支配，③低 Re 数効果，④ multi-scale and

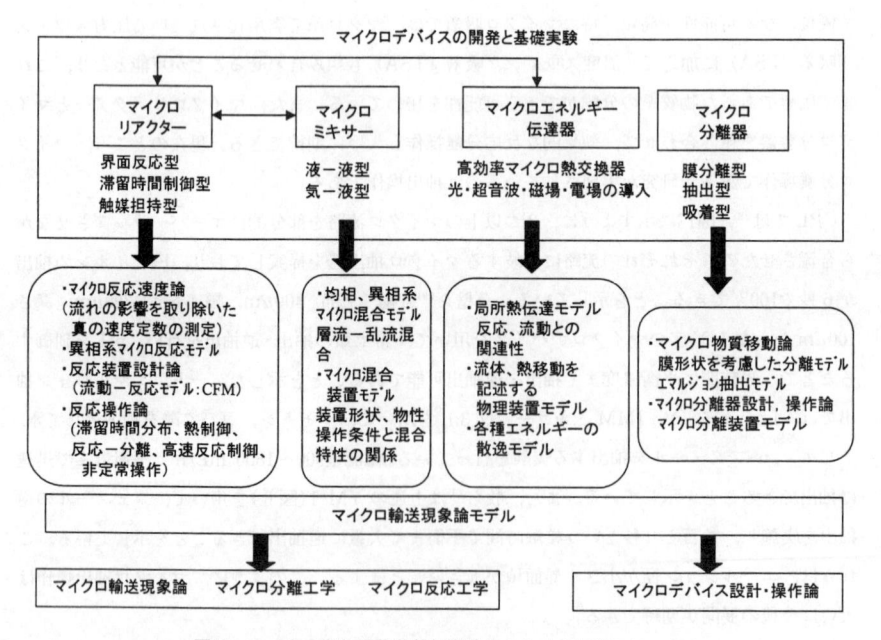

図14 マイクロ単位操作基盤技術確立のための研究フレーム

第10章 マイクロ単位操作研究

multi physic effect などを発現するので，境界条件の修正，構成方程式モデルの修正，ボルツマン方程式，分子動力学とマクロ流体方程式のハイブリッド化を考えていく必要がある。例えば，流体解析研究を考えてみると，MD で壁面の境界条件を計算し，これを Navier-stokes 式と組み合わせる手法の開発など，新たな化学工学研究が必要である。

それにもまして，重要なことはサイズ決定の化学工学論の変革である。これまでのバルク対象の化学工学では，例えば反応器容積といった平均的な値を計算する設計方程式レベルであったが，マイクロ流路では壁面からの影響が多大なので，流路の形状までが問題となってくる。現在，CFDなどで形状を与えて，圧力，濃度，温度分布をかなり正確に計算できるようにはなっているが，逆に，希望する濃度とするには，どのような形状の反応器，流路が最適であるかを導き出す設計方程式はない。このように，マイクロ化学工学の目的は，平均量，全体量を満足する設計・操作論からローカルな情報を形状や壁面の物性まで含めた形で表現できる精緻化学工学へと展開することにあり，数多くの新しい化学工学への研究課題がある。このステップがあって初めて，マクロとミクロが繋がっていくものと思われる。今後の研究の進展に期待したい。

文　　献

1) 荻野文丸，私信
2) W. L. Ehrfeld et al., "Microreactors", p.45, WILEY-VCH, Weinheim (2000)
3) H. Loewe et al., Proc. IMRET-4, p.31 (2000)
4) 牛島ほか，化学工学会第67年会要旨集，C206 (2002)
5) T. Hseweek et al., Proc. IMRET-5, p.215 (2001)
6) V. Mengeaud et al., Proc. IMRET-5, p.350 (2001)
7) 小林功ほか，化学工学会第33回秋季大会，G122 (2000)
8) 中嶋光敏，化学工学会第35回秋季大会，G308 (2002)
9) 前一広ほか，化学工学会第67年会要旨集，C213 (2002)
10) A. R. Oroskar et al., Proc. IMRET-5. p.153 (2001)
11) T. Zech et al., Proc. IMRET-4. p.390 (2000)
12) V. Haverkamp et al., Proc. IMRET-5. p.202 (2001)
13) D. Gobby et al., Proc. IMRET-5. p.141 (2001)
14) J. M. Commenge et al., Proc. IMRET-5. p.131 (2001)
15) S. Walter et al., Proc. IMRET-4. p.209 (2000)
16) 釜堀政男，日立製作所，特開平7-232056「微量反応装置」(1995)
17) J. Braudner et al., Proc. IMRET-5. p.165 (2001)

18) A. Rouge et al., Proc. IMRET-5. p.230(2001)
19) P. Pfreifer et al., Proc. IMRET-3. p.372(1999)
20) A. Tonkovick et al., Proc. IMRET-3. p.364(2001)
21) S. Fitzgerald et al., Proc. IMRET-4. p.358(2001)
22) J. Zilka-Marco et al., Proc. IMRET-4. p.301(2001)
23) E. Jones et al., Proc. IMRET-5. p.277(2001)
24) R. M. Irving et al., Proc. IMRET-5. p.286(2001)
25) P. Reuse et al., Proc. IMRET-5. p.322(2001)
26) 河村義裕ほか，化学工学会第67年会要旨集，C318(2002)
27) 前一広ほか，化学工学会第67年会要旨集，C316(2002)
28) I. Robins et al., Proc. IMRET-1, p.35(1997)
29) 草壁克己ほか，化学工学会第35回秋季大会，G217(2002)
30) 牧泰輔ほか，化学工学会第35回秋季大会，G216(2002)

第11章　マイクロ化学プラントの設計と制御

長谷部伸治*

1　マイクロ化学プラントの可能性

　生産を目的としたマイクロ化学プラントが現実に多く存在するわけではない。よって，マイクロ化学プラントの設計・制御という問題に対しても，実績のある手法は存在しない。しかしながら，実験室レベルから生産プロセスへの迅速な移行が可能であるというマイクロ化学プラントの特徴を最大限に生かすためには，生産プラント化する際の問題点を明確にしておくことが不可欠である。このような観点から，本章ではマイクロ化学プラントの設計・制御における課題を整理することに重点を置いて解説する。今後の研究課題に関する話題が中心であり，具体的な手法に関する解説でない点をあらかじめお断りしておく。

　マイクロ化学装置の応用分野は，一般に以下のように分類できる。

① 実験の効率化（コンビナトリアル・ケミストリー，Lab-on-a-Chip）
② 分析システム（マイクロトータル分析システム：μTAS）
③ マイクロ化の特徴を生かした生産システム

　本章で対象とするのは，上記③である。上記①，②については，装置を小さくしたことによる様々な恩恵を受けやすい。例えば，装置内容積を小さくすることにより，試薬および廃棄物処理コストの削減，爆発の危険性の回避，装置内滞留時間の短縮等，実験を効率化する際の望ましい性質を得やすい。μTASへの応用では，流路幅を狭くすることにより拡散による物質移動が迅速に行え，分析時間の短縮が可能である。また，コンビナトリアル・ケミストリーに関しては，マイクロ装置が開発されたことにより，出現した手法であるといえる。

　生産プロセスへの応用を目指した場合，マイクロ化のどの特長を利用するかが問題となる。現在マクロなプラントで生産可能な物質を，「マイクロプラントでも生産可能である」といってもメリットは少ない。メリットを出すためには，

　③-a） マイクロプラントでなければ合成できない物質の生産

あるいは

　③-b） マイクロプラントを使うことにより効率があがる製品の生産

---

　*　Shinji　Hasebe　京都大学大学院　工学研究科　化学工学専攻　助教授

を目指さなければならない。このような分野がどれほどあるのか，現状では明確ではない。将来の化学産業を一変させる宝の山なのか，それとも非常に限られた分野にしか適用できない技術なのか。マイクロ化学プラント研究に携わる研究者・技術者は，ブームに踊らされることなく，「装置単体」での性能に加え，「生産プロセス」としたときの性能を想定して技術を評価しなければならない。

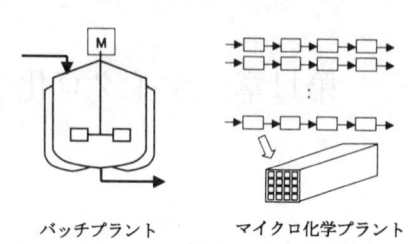

図1　マイクロ化学プラントの可能性

マイクロ化した場合，生産プロセスとして最も問題となるのがその生産量である。マクロな装置と相似型でサイズを1/10にすれば，断面積は1/100になる。同一の流速で原料を流せば，流量は1/100となり，滞留時間は1/10となる。このような状況で可能な生産量のイメージを読者に持ってもらうため，簡単な例題を用いて考察してみる。

図1の左図は，マクロなバッチ反応器である。内容積は1 m³とする。この反応器で原料や生産条件を変え，10種類の異なった製品を生産するとする。1バッチの生産に2日必要と仮定すると，年間320日稼働したとして全ての製品を均等に生産するとすれば，各製品年間16m³の生産量となる。この製品を図1の右図に示すようなマイクロ化学プラントで生産することを考えてみる。製品ごとに1系列のプラントを利用するとすれば，各系列において毎時2 kg生産すれば，マクロなバッチプロセスと同量の生産が行える。説明を簡単にするため，溶液密度は1 g/cm³，流路内の平均流速を0.1m/secとすれば，この生産量は，一辺600μmの正方形流路16本で達成できる。ただし，流路長を10cmとすると，平均滞留時間は1秒となる。このように考えると，この例で鍵となるのは流路断面積の小ささではなく，反応に必要な滞留時間を確保できるか，という点であることがわかる。例えば，温度制御が容易というマイクロ装置の特長を利用して，反応温度をバッチ反応器よりも高温で維持できれば，短い滞留時間で反応率を上げることが可能である。そのような操作により滞留時間の短縮が実現できれば，高付加価値製品の微少量生産のみならず，ある適度の量の製品生産に対しても，十分利用可能なプラントであることがわかる。

2　マイクロ化学プラントの設計問題

2.1　マイクロ単位操作の設計

マイクロ化学プラントの設計を議論するためには，まずプラントを構成する要素の設計問題を考える必要がある。サイズをマイクロ化することにより，反応，熱交換，混合，吸収，吸着等の単位操作について，従来と異なった装置構造や設計法が要求される。よって以後，これらの単位

第11章　マイクロ化学プラントの設計と制御

操作を，通常の単位操作と区別するため，「マイクロ単位操作」と呼ぶ．マイクロ単位操作の設計問題が通常の単位操作と異なる点について，以下項目に分けて説明する．

(1) 設計余裕

装置サイズを決めるためには，装置のモデルと設計仕様が必要である．実際に装置を運転したときの状態と装置モデルの間には差があることから，従来の化学装置の設計では，モデル上で最適に設計した値にある程度の余裕（設計余裕）を付加して最終設計値とする．例えば蒸留塔では，あらかじめ与えられた設計仕様（処理量，原料組成，製品組成など）に対して，物理モデルを用いて塔段数，フィード段，還流比，炊きあげ蒸気量という設計変数や操作変数の値を求める．この設計結果に対して，余裕を見て最終設計値を決める．例えば，気液平衡関係のモデル誤差や各段の気液が完全に平衡状態にないことを考慮し，段数に余裕をとる．段数に余裕をとるのは，このような方法により，気液平衡関係や各段での平衡からのずれが望ましくない方向にずれたとしても，それを補償できることを知っているからである．さらに，リボイラーやコンデンサー能力に余裕を持たせることにより，操作変数である炊きあげ蒸気量や還流比を変更できるようにし，原料流量や原料組成の変動に対処できるようにしている．装置がモデル通りに操作できたとしても，設計余裕は無駄にはならない．段数を増やすことで実際の運転時に製品組成に余裕ができれば，還流比や炊きあげ蒸気量を減らし，ユーティリティコストを削減することができる．

一方，マイクロ単位操作では，その機能発現に装置サイズが大きく影響している．言い換えれば，装置設計と機能設計を分離して検討することができない．このようなケースでは，モデルと実装置の間に誤差があるからといって，単純に設計変数値を大きくすれば（あるいは小さくすれば）よいとは言えない．例えば，図2のような簡単な装置において，機能に関係する最適化因子が流路幅と滞留時間であったとする．この場合，余裕を見て流路幅を2倍にした装置を作れば，

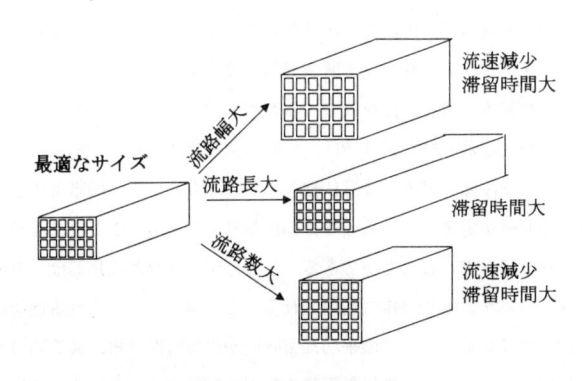

図2　設計余裕の考え方

マイクロリアクター —新時代の合成技術—

滞留時間や流量と壁面積の比などが変わり，流路幅から定まる機能を果たせなくなる可能性がある。また，同一の断面形状であっても，流路長を長くしたり流路数を増やしたりすれば，滞留時間や流速が望ましい値から異なった値になってしまう。この例からわかるように，マイクロ単位操作の設計では，要求される機能に対するモデル化誤差をどのようにバックアップするか，いまだ明確になっていない。

マイクロ単位操作を実現する装置（以後，マイクロ化学装置と呼ぶ）では，流路幅が狭くなることから，多くの場合流れは層流となる。よって，形状が極端に複雑でない限り，現状のシミュレーション技術でも，反応を考慮した流動シミュレーションを行うことが可能な状況にある。このような流動シミュレーションシステムの精度をより向上させることにより，設計余裕を考える必要のない装置設計法を開発していくことが望まれる。

(2) 装置形状

従来のマクロな単位操作の設計問題では，完全混合，ピストンの流れ，静的気液平衡関係，総括熱伝達係数，というような用語で代表される変数に基づいて，装置がモデル化されてきた。言い換えれば，単位操作を場所に依存しない変数で表現できる程度に細分化しモデル化してきた。マイクロ化の特徴には，装置内での物質の流動や拡散の状態が大きく影響している。したがって，マイクロ化することの利点を生かした設計をするためには，装置内での流動や拡散の影響をフルに利用して装置の機能を実現しなければならない。装置内の流動や拡散の状態は，当然装置の形状の影響を受ける。したがって，その設計問題の定式化に際しても，装置形状を変数に加えなければならない。

(1)項で示したように，多くの場合マイクロ装置内の流れは層流となり，計算機でシミュレーションするには好都合な状態である。市販のCFDソフトウェアも整備されてきており，流動の専門家でなくても装置内の流動や伝熱状態を容易に計算できる状況になってきている。ただし，現状ではあらかじめ定めた形状の装置の流動や伝熱条件を，シミュレーションに基づき確認している状況であり，シミュレーションに基づいて装置形状の最適化を行っている研究は少ない。その原因の1つは，マイクロ装置の設計仕様を代表する変数が明確になっていない点があげられる。例えば，通常の多管式熱交換器の概念設計では，一般に温度変化させたい物質の量と物性，入出力温度，利用可能な熱媒や冷媒の温度が設計仕様として与えられ，この段階での決定変数は総伝熱面積である。総伝熱面積が定まれば，適当な径の伝熱管を想定することにより管本数が決まり，熱交換器の長さや断面積を求めることができる。一方，マイクロ熱交換器は，急激に温度を下げ反応を停止させる，というような操作に利用される。この場合，要求される機能は単に物質に温度変化を与えることではなく，そこでの平均滞留時間や滞留時間分布，装置内の温度分布の許容値などが，設計仕様に入ってくる。総伝熱面積を決めただけではこのような仕様を満たすか否か

第 11 章　マイクロ化学プラントの設計と制御

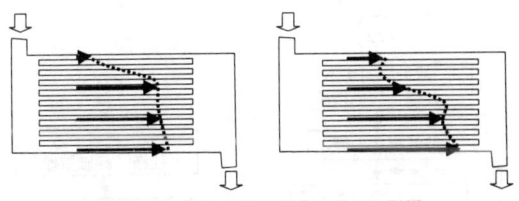

図 3　入口形状が管路流量に与える影響

を判断できないのは明らかである。図3は，入口形状の違いが，各流路の流速に与える影響を示した研究例である[1]。図中の矢印は，流速を示す。この図からわかるように，装置形状を少し変えるだけで，装置内の流れの状態は大きく変わってしまい，装置形状は設計仕様に大きく影響する。

現状では，マイクロ単位操作に対して，標準的な装置形状や標準的な設計仕様項目が設定されておらず，各研究者が自由な発想で独自に装置構造を提案している。標準的な装置形状を設定することは，マイクロ単位操作の発展を阻害する恐れもある。ただし，ある程度装置形状を標準化しないと，マイクロ化学プラント構成を一般的に論ずることができないことも事実である。今後，様々なマイクロ単位操作に対して，マイクロ化の特長を生かした装置であるための支配的な因子を明らかにし，装置形状と設計仕様を含めた標準化を進めていく必要がある。また，マイクロ化学装置開発に適したCFDソフトウェア（2層流（液液，気液）や粘性溶液（高分子），壁面の影響（親水性，疎水性，荒さ）等を考慮できるCFDソフト）の開発が待たれる。

装置形状を標準化することにより，設計因子をいくつかの代表的な変数に集約できる可能性がある。しかしながら，このように集約化できたとしても，現状では設計条件の設定とその設定下でCFDシミュレーションによる入出力関係の計算を繰り返し行うことで，逐次最適に近い設定条件を求める，という手法を適用せざるを得ない。装置形状に関係する設定条件の変更では，変更に伴いCFDシミュレーションを行う際のメッシュの切り直しが必要になってくる場合もあり，最適な設計条件を求めるには多大な労力と計算時間がかかる。今後，設計の効率化を図るためには，図4に示すように，装置形状と流動条件を共に変数と考え，それらの最適条件を一度に求める，最適装置構造設計手法を開発していく必要がある。

(3)　無視項の再検討

マイクロ装置といっても，原子や分子の大きさからすれば，かなりマクロなサイズを対象としている。したがって，「原則として」これまでマクロな世界で提案されてきた関係式が設計や運転の問題に利用できる。ただし，従来無視してきた項が大きな影響を及ぼすことは十分考えられる。例えば，壁面から5 μm までの領域が壁面と特異な関係にあるとしよう。直径1 cmの管では，この領域の占める割合は全体の0.2%であるが，直径50μmの管では36%を占める。したがって，こ

161

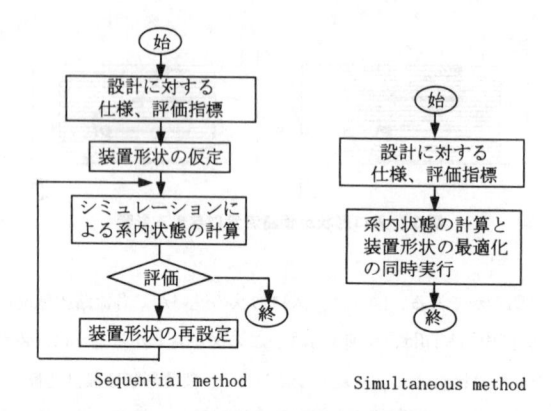

マイクロリアクター ―新時代の合成技術―

図4 マイクロ化学装置の最適設計

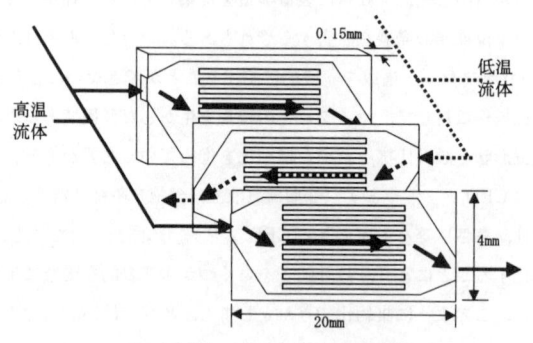

図5 プレート型マイクロ熱交換器

のような状況では，壁面と流体の関係をモデルに組み込む必要がある。このような問題の一例として，ここでは，熱交換器の伝熱問題について紹介する。

マイクロ化学装置の特長の一つとして，単位体積あたりの表面積が大きいことがあげられる。このため，伝熱面積が大きく取れ，迅速な熱交換が可能になる。マイクロ熱交換器を利用すれば，反応熱の素早い除熱による高発熱反応の安定化や，流体を急冷して反応を急停止することによる逐次反応中間生成物の合成が可能になる。このように，マイクロ熱交換器はマイクロ化学プロセスの重要な構成要素であるが，その設計には，従来の単位操作の設計法がそのまま利用できるとは限らない。実際のマイクロ熱交換器を想定して，図5に示すプレート型向流式熱交換器について，伝熱特性を解析するためCFD解析ソフトFLUENTを用いたシミュレーションを行った。熱交換器本体の材質として，銅（熱伝導率：387.6W/(m・K)）・スチール（熱伝導率：16.27W/(m・

第11章　マイクロ化学プラントの設計と制御

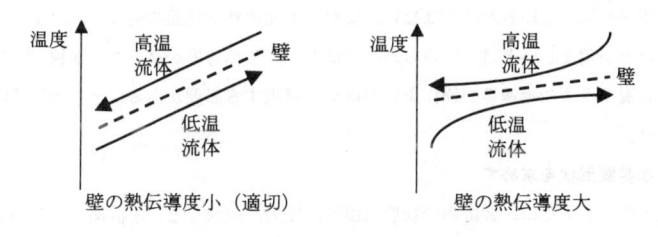

図6　向流型熱交換器の温度分布

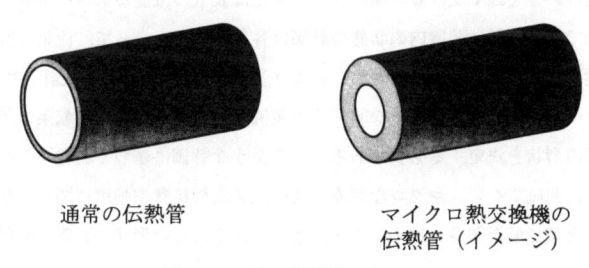

図7　マイクロ伝熱管のイメージ

K))・ガラス(熱伝導率：0.78W/(m・K))を用いた場合，以下のような興味深い結果が得られた。ある流量条件で，100℃の水と20℃の水を熱交換させたところ，高温流体の温度変化は銅の場合59.4K，スチールの場合72.7K，ガラスの場合64.8Kとなった。この結果は，熱伝導率の低いガラスの方が銅より効率よく熱交換をしていることを示している。この理由は，熱伝導率が高い物質ほど，流れに垂直な方向だけでなく流れに平行な方向（軸方向）の伝熱も速くなることによる。そのため，熱伝導率が高い物質を壁材として利用した場合，高温流体入口方向から低温流体入口へ壁中を熱が伝わってしまい，熱交換器全体がほぼ同じ温度になってしまう。そして，図6に示すように，並流型の熱交換器と同じような構造になってしまい，伝熱効率が低下する。熱伝導率が低い物質を壁材として用いると，熱交換器全体で均等に熱交換が行われるようになり，伝熱効率は高くなる。ただし，壁材の熱伝導率が非常に低くなれば，流れに垂直な方向の抵抗が大きくなり，伝熱効率は低くなる。

　通常の熱交換器においても，壁を伝わって流れと平行方向に熱は伝わっている。しかしながらその値は流れに垂直方向の伝熱量と比較してかなり少ないため，無視されてきた。マイクロ装置では通常の装置と比べ，流体が流れる部分の幅に対する壁の幅の割合が非常に大きくなる（図7）。したがって，通常の装置の設計では無視されていた項が大きな意味を持ってくる。ただし，物理

的に新しい関係が生じているわけではない。また，上記の熱交換器の例は，銅のかわりにガラスの熱交換器の方が望ましいと言っているわけではなく，熱伝導率が高いという銅の特長を生かすためには，装置サイズや流速等の操作条件を適切に選択する必要があることを示していることに注意されたい。

(4) 新たな装置形状を求めて

通常の化学プラントでは，装置内の状態（温度，圧力，組成など）を計測し，その値が一定になるように，他の操作できる変数の値を調節する。いわゆるフィードバック制御により，プラントの運転状態を望ましい状態に保っている。マイクロ化学装置内の流動状態は，そこを流れる物質の温度や粘度の影響を強く受ける。流動状態の変化は装置の機能に大きな影響を与えるが，マイクロ化学装置では，一般に装置内の状態の計測は容易でない。よって，流動状態や装置への要求機能が，物質の状態にできるだけ依存しないよう装置を設計（ロバスト設計）する必要がある。言い換えれば，一つの運転条件だけでなく，その装置で考え得る様々な運転条件での装置の性能を評価し，装置の形状を決定する必要がある。このような評価に基づく装置がどのような形状になるか，現状では明確でない。マクロな装置に比べ，装置材料費や強度に関して制約が少ないことから，自由な発想で装置開発を進めることにより，従来にない形状の装置が実現する可能性が高い。

本来，流れが層流であるマイクロ空間は，複数の物質の混合にはふさわしくない。この問題点を克服するために，様々な形状のマイクロミキサーが開発されてきた。そしてそれらのマイクロミキサーは，ある特性で評価すればマクロな空間での混合器をしのぐ性能を有することが明らかになってきている。このことは，マイクロ化学装置の欠点といわれる要素を克服するための努力が，新たな機能を備えたマイクロ化学装置を生み出す可能性があることを意味している。創意工夫によりまだまだ可能性を秘めた分野であり，今後の発展を期待したい。

2.2 マイクロ化学プラントのシンセシス

プラントのサイズを変えず，系列数の増加により生産量を増やすという考え方を，ナンバーリングアップと呼んでいる。マイクロ化学プラントでは，実験室において製品が合成できれば，その合成に用いた装置（装置群）の複製をたくさん作ることで実生産システムに移行でき，研究開発から生産までの期間短縮が可能であると言われている。しかしながら，「ある製品を合成する経路の開発」と，「その製品を長期間連続で経済的かつ安全に生産するプロセスの開発」の間には，依然大きなギャップがある。ここでは，生産プロセス化する際の問題点を中心に解説する。

図8は，典型的な化学プロセスの構造を示したものである[2]。一般に，化学プロセスの概念設計は，この図のような大まかなプロセス構造の決定から，図中の四角で囲んだ各部分のより詳細な

第11章　マイクロ化学プラントの設計と制御

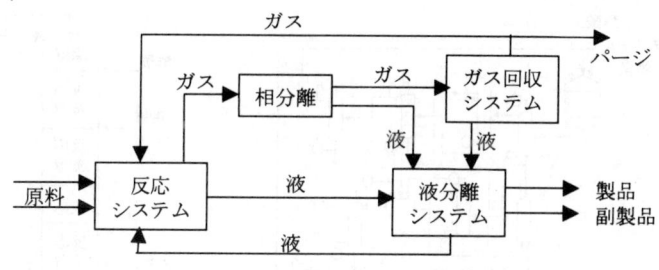

図8　反応・分離プロセスの構造

構造の決定，各機能ユニットへの単位操作（あるいは単位操作の組合せ）の割り当て，装置サイズと入出力条件の決定，制御系の設計，という順序で行われる．最適なプロセス構造を決定する問題は，プロセスシンセシスと呼ばれている．プロセスシンセシスを難しくしている一つの要因は，各機能に対する単位操作の割り当てや，単位操作間の結合関係等に，様々な組合せが考えられることである．最適な構造を求めようとすれば，組合せの1つ1つに対して，装置サイズや運転条件の最適化を行い，その中から最も評価の良い構造を選ぶ，という方法をとらねばならない．現実には，様々な制約条件や経験則を用いて，最適になる可能性のない構造を早い段階で除去し，次第に詳細化するというアプローチがとられるが，定まった方法があるわけではない．この点が，プロセスシンセシスが「アートの世界」と呼ばれる所以である．

通常，分離システムの構造決定は，反応システムの概要が定まってから行われ，液分離システムとしては複数本の蒸留塔を用いた構成が一般的である．蒸留塔のマイクロ化についての研究も行われているが[3]，マイクロ化の特長を生かした装置形状が提案されている状況にはない．よって，現状では，分離に関するマイクロ単位操作としては，抽出や膜分離などの他のマイクロ単位操作が利用されるであろう．ただし，利用可能な分離システムが制限されることから，従来のように反応システムの概要を定めてから分離システムの構造を定めるといった手順では設計できない．例えば，副反応を抑えかつ反応率を高めることで分離システムの不要なシステムとする，あるいは，溶媒をうまく選定することで蒸留を用いない分離システム構造とする，といったことを考えなければならない．即ち，どのような分離が利用可能かを想定して，反応経路選定や溶媒選定を行う必要がある．

これまでのプロセスシンセシスの研究は，主に既存の単位操作をいかに組み合わせるか，という点を中心に研究が進められてきた．しかしながら現状では，マイクロ化学プラントの概念設計問題を考える際に利用できる，「マイクロ単位操作」自体が明確になっていない．利用可能な単位操作の明確なイメージのない状態で,プロセス設計を行わなければならない状況にあると言える．

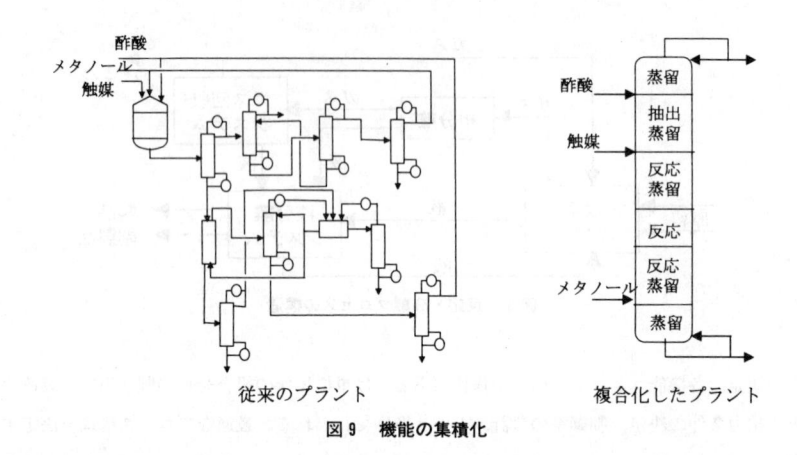

マイクロリアクター —新時代の合成技術—

図9 機能の集積化

（左：従来のプラント、右：複合化したプラント）

このような状況では，「どのような機能を組み合わせて目的を達成させるか」を，まず考えるべきである。機能の組合せとしてプロセス構造を求め，それに続いて与えられた機能を実現するハードの構造を決定することとなる。従来のプロセス設計では単位操作のイメージが強すぎ，要求される機能からハードの構造を定めるという考え方はされてこなかった。上述したような考え方で装置設計やプロセス設計ができれば，全く新しい構造のプロセス出現も夢ではない。

要求機能からプロセスのハードな構造を求めるという考え方を発展させることにより，様々な機能を集積化した装置を考案することも可能である。反応蒸留のように，複数の単位操作を融合することにより，別々の装置で運転した場合と比べ，効率を大幅に向上させることができるケースがある。図9は，マクロなプロセスではあるが，従来11器の装置で行っていたプロセスを，蒸留，反応蒸留，抽出蒸留，反応を行う1つの塔に集約したプロセス例である[4,5]。マイクロ化学プラントでは，ある程度の生産量を確保するためには，並列化が不可欠である。よって，工程数の多いプロセスでは，全装置数が莫大な数になる可能性がある。このような点から考えても，機能の集積化による装置数の削減は検討すべき課題である。残念ながら，機能の集積化をシステマティックに行う方法論は存在せず，研究者の経験に頼っているのが現状である。マイクロシステムでは流れを正確に制御できることから，複数の単位操作の融合には好都合であり，積極的に利用すべきである。今後の研究の進展に期待したい。

2.3 ナンバーリングアップ

前項で述べたように，研究室である製品が合成できたとしても，それを生産プロセス化するためには，様々な要因を考慮する必要がある。「ナンバーリングアップ」という問題だけでも，様々

第 11 章　マイクロ化学プラントの設計と制御

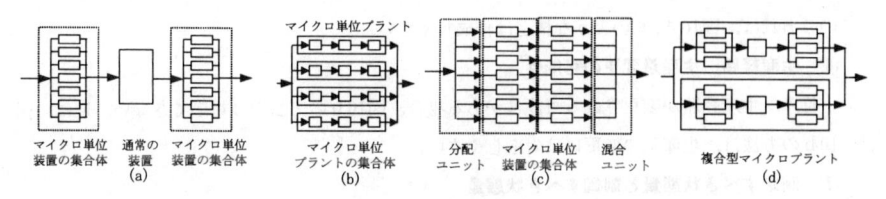

図10　様々な集積化法

な要因を考えなければならない。

　マイクロ装置の集積化には，処理量を増やすために単一機能のマイクロ単位操作を集積する方法（図10 a）と，種々の機能を有するマイクロ単位操作装置を集積した単位マイクロプラントを集積化する方法が考えられる（図10 b）。また，図10 a の各装置の出口をまとめず，結合することも考えられる（図10 c）[6]。さらに，図10 d に示すように，様々な結合法をミックスした集積化も可能である。生産プロセス化する場合，図中のどの集積化法が望ましいかあらかじめ定まっているわけではなく，以下に示すような項目を考慮して定めなければならない。

① **利用価値のある（利用すべき）マイクロ単位操作の種類**

　マイクロ化するメリットのある単位操作（あるいは，単位操作列）は何かを，まず明確にする。一部マクロな単位操作を利用する場合は，プロセス構造は図10 a のようになる。

② **単位操作間で許容される移送時間**

　マイクロプラントでは，装置間の結合部分の滞留時間が無視できない。2つの単位操作をできるだけ空き時間をとらずに操作したいのであれば，1つの基板上に集積化する（図10 b），あるいは，装置間の距離を短くした上で，図10 c のような構造をとることが望ましい。

③ **処理温度**

　前節で示したように，マイクロ装置は流れ方向の熱伝達を無視できない。したがって，1つの基板上に異なった温度で処理する単位操作を実装することは好ましくない。2つの連続した操作を異なった温度で行いたい場合は，それらを別々の装置とし（図10 a，10 c），装置間の熱移動を防止する構造をとるべきである。

④ **装置間の移送設備**

　マイクロ化されたポンプも提案されているが，ある程度の量の製品生産を考えた場合，現実的ではなく，できるだけ従来の原理に基づいた大容量のポンプを用いることが望ましい。工程間に全てポンプが必要な場合，図10 b，c のような構造は望ましくない。

⑤ **集積化することによる装置コスト削減の可能性**

　マイクロ化学装置は様々な方法で作成される。1枚の基盤を同一の方法で処理して作成する

のであれば，図10 a，c のような構造は作成しやすい．

⑥ **生産経路，生産量変更の可能性**

将来，生産経路が変更される可能性がある場合，図10 b の方法では対応できない．逆に，図10 b の方法は，生産量の変更には対応しやすい．

⑦ **測定すべき状態量と制御すべき状態量**

この項目については，次節で説明する．

3 マイクロ化学プラントの計測と制御

3.1 マイクロ化学プラントにおける計測

触媒を用いた反応では，触媒性能は時間と共に劣化する．また，環境温度や圧力も時間と共に変化する．したがって，望ましい製品を得るためには，プラントの状態を正確に知ることが不可欠である．μTAS をはじめ，計測のためのマイクロ装置に関する研究は多く行われている．また，マイクロ化学装置の解析のために，装置内の状態を計測することも広く行われている．しかしながら，これらは連続して長期間運転することを念頭に置いた，生産プラントのための計測に関する研究ではない．

従来の化学プラントでは，プラントを設計後，計測・制御系設計を行うことが可能であった．しかしながら，マイクロ化学プラントでは，並列装置数が莫大になる可能性がある．また，プラントを製作してから流量計や熱電対，バルブを付加することができない．よって，計測，制御すべき変数を，プラントの構造設計と同時に検討しておかねばならない．この点が従来の計測・制御系の設計と大きく異なる点である．プラントの設計時に計測・制御系の設計を考えるためには，あらかじめ系に影響を与えると想定される外乱を列挙し，それらの外乱への対処法を定める必要がある．そして，対処するために必要な計測箇所やその状態量，および制御すべき場所やその状態量を明らかにし，必要な計測・制御システムを組み込んだ装置やプラントを設計・作成する．

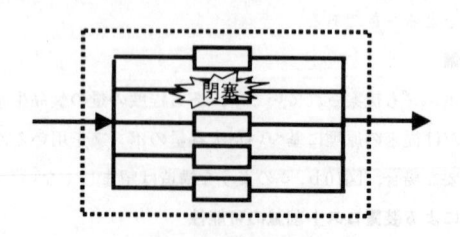

図11 閉塞の検出法

第11章　マイクロ化学プラントの設計と制御

　ここでは一例として，配管の詰まりを例に，計測の問題を考えてみる。図11に示すような並列に設置したマイクロ化学装置の1つが詰まる，あるいは流路面積が小さくなった場合を想定する。並列装置の分岐前の流量を一定にするように制御していた場合，詰まった装置に流れない分だけ，他の並列装置に原料が流れる。その結果，装置内滞留時間が変化し，あらかじめ定めた機能を達成できないことが予想される。したがって，詰まりを早く検知し，対策を講じることが重要となる。このような異常に対して，以下のような検出法が考えられる。
① 全ての装置に対して，a）入口（あるいは出口）の流量，b）入口と出口の圧力差，c）出口濃度，d）装置内流体温度，を測定する
② 装置群に対して，a）分岐前と合流後の圧力差，b）合流後の濃度，c）合流後の流体温度，を測定する

　詰まった流路の特定という観点からは，上記①の各方法の方が，②の各方法に比べ優れていることは明らかである。しかしながら，多くの場合，全ての流路に上述したような測定器を設置することは現実的ではない。例えば，異常があれば，集積化した1つの基盤全体を取り替える，というような対処法を想定している場合には，この並列装置群のどれかが異常状態にあることを知ればよく，上記②の計測方法で十分である。また，温度計測は比較的導入しやすいが，この装置群内の熱移動速度が大きい場合，十分な検出精度が得られるか問題である。特定の計測法で十分な検出精度が得られるかというような問題は，従来のマクロなプラントの計測に関する経験が役に立たないケースが多い。よって，動的シミュレーションなどを利用し，様々な対処法を検討すべきである。また，全ての装置について測定しなくても，各装置の入口にマイクロ on-off バルブを設置すれば，その開閉により②の方法であっても，異常装置を特定できる。このように，発想を変えた対処法も検討すべきである。

　計測・制御を行う方針が，図10に示したプラント構造の選択にも影響を与えることは明らかである。例えば，各装置への流量を計測したい場合，図10aの集積化法では全ての装置の入口流量を測定する必要があるが，図10b，cの集積化法では，系列ごとに流量を測定すればよい。

3.2　マイクロプラントの制御

　従来のプロセス制御では，制御したい状態量を計測し，その値を他の操作できる変数値を変化させることによって一定に保つ，いわゆるフィードバック制御が中心であった。例えば，反応器内の温度を制御する場合，図12(a)に示すように，装置内の温度を計測し，その値が望ましい値になるようジャケットに流す熱媒（あるいは冷媒）の流量を調節する。装置数が少ない場合，マイクロ化学プラントにおいても，フィードバック制御方式を用いることは可能であるが，装置数が増えるにつれ，個々の装置についてその状態をフィードバック制御するのにはコストの面から限

169

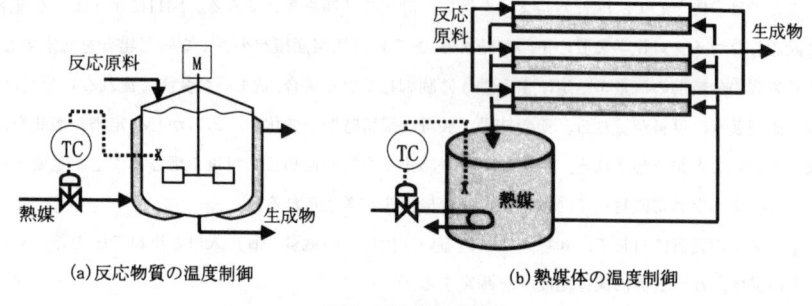

マイクロリアクター —新時代の合成技術—

(a) 反応物質の温度制御　　(b) 熱媒体の温度制御

図12　反応温度の制御

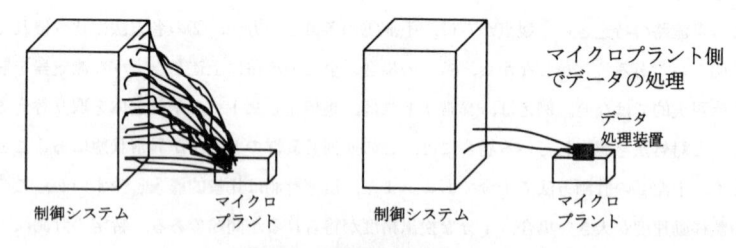

図13　情報処理機能の組み込み

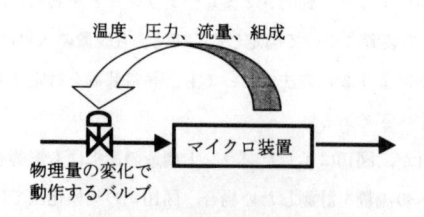

図14　自己制御性を有する装置

界が生じる。したがって，どの単位で制御すべきかを考える必要がある。設計したとおりにプラント内を物質が流れる，というマイクロ装置の特徴を考慮すれば，外乱や異常が生じる可能性が少ない箇所については，成り行きにまかせて制御しないというのも，1つの方策である。熱の伝達速度が速いという特徴を用いれば，個々の反応物質の温度を制御しなくても，図12(b)に示すように熱媒の温度を制御しておけば，並列装置全ての反応物質温度もほぼ制御できているとみなせるケースも存在する。対象とするマイクロプラントの特徴を考慮し，何を厳密に制御すべきかを，プラント開発時に検討しなければならない。

第11章 マイクロ化学プラントの設計と制御

マイクロ加工技術を用いれば、多くのセンサーやアクチュエーターをマイクロプロセス内に組み込むことも不可能ではない。ただし、多くの箇所から多種類の情報を得ようとすると、制御システムとプラントとの間で非常に多くの情報伝達用配線が必要となる。マイクロプラントが「配線のお化け」にならないためには、フィールドバス等を使い、情報処理機能をマイクロプラント側に持たせることも検討する必要がある（図13）。また、図14に示すように、温度、圧力、流量、特定成分濃度等により作動するバルブやポンプが開発できれば、電気信号に変換した情報を利用せず、直接プラント内の状態を制御できる可能性もある。例えば、温度により収縮・膨張する配管は、バルブの役目を果たす。生体内の制御機構にも、利用可能な原理が多くあるように思われる。このような人工的な制御系を用いない自己修復性のある装置についても、興味深い研究分野である。

4 おわりに

マイクロケミカルプラントの設計と制御の問題について、今後取り組むべき課題を中心に説明した。従来の化学装置の設計では不確定要因が多すぎ、化学工学の分野で発展してきた詳細な現象モデルに関する研究成果を設計に生かしきれていなかった。計算機は発達したが、設計計算に用いるモデルは30年前と変わらない、という状況から脱出しなければいけない。設計通りに製作し運転すれば、望みの性能が保証される、というマイクロ化学装置の実現により、初めて Chemical Engineering Science に基づく装置設計・プラント設計の道が開かれたと言える。前途多難であるが、進むべき価値のある道である。多くの研究者が寄与されることを期待する。

本稿ではマイクロ化学装置のハードを制作する技術については、触れなかった。微細加工技術や閉じた流路を形成するための部材の接合技術、装置間のコネクターの設計、高温に耐えかつ微細加工しやすい装置材料の開発等、この分野においても興味深い開発対象が多く残っている。小さくするのは日本人の得意技である。合成化学、分析化学、化学工学、機械工学、電子工学等の専門家のチームワークにより、日本発の技術を育てていくべきであるし、またそれが可能であると考えている。

文　献

1) W. Ehrfeld, V. Hessel, H. Loewe, "Extending the Knowledge Base in Microfabrication

171

towards Chemical Engineering and Fluiddynamic Simulation", Preprint of IMRET 4, 3-20, Atlanta (2000)
2) J. M. Douglas, "Conceptual Design of Chemical Processes", McGraw-Hill (1988)
3) H. Fink and M. J. Hampe, "Designing and Constructing Microplants", Proceedings of IMRET3, 664-673, Springer (2000)
4) A. I. Stankiewicz and J. A. Moulijn, "Process Intensification : Transforming Chemical Engineering", *Chem. Eng. Prog.*, **96**. 1, 22-34 (2000)
5) J. J. Siirola, "An Industrial Perspective on Process Synthesis", AIChE Symposium Series, **304**, **91** (Proceedings of FOCAPD'94), 222-233 (1995)
6) 生田ら, "化学ICの研究", 第2回化学とマイクロシステム研究会講演予稿集, 43, 兵庫 (2000)

第Ⅴ編　展　　　望

第12章　化学産業におけるマイクロリアクターへの期待

佐藤忠久*

1　はじめに

21世紀の化学技術を展望した時，その役割は性能重視の物質創製・変換技術から，環境重視の物質創製・変換技術へと大きく移行することは明らかである。すなわち，サステイナブルケミストリー（もしくはグリーンケミストリー）の視点から化学技術自身を環境調和型のものとする技術体系の構築は，「化学」が社会から受け入れられ今後も発展していくための必須条件であり，この観点を軽視することは化学産業の衰退を招くことになる。

20世紀における化学技術の発展は目覚しいものがあったが，21世紀には価値基準転換の結果として20世紀とは異なった発展様式が必要とされる。その模索の中で，20世紀には経済的価値が低いために捨てられた技術でも，環境価値的に優れた要素があれば，化学技術または他分野の新しい技術革新のバックアップにより経済的不利を補い，21世紀に新たな衣装をまとって復活することも十分に考えられる。

Sheldonが1993年に発表している化学工業間のE-factor（目的化合物に対する副生成物の重量比を表し，グリーン度を表す指標の一つ。EはEcologyの意）を表1に示した[1]。この表からわかるように，スケールが小さいファインケミカル工業や製薬工業における製造が非効率で廃棄物が多いことがわかる。

主に基礎原料を供給し生産量が多い石油化学分野，および一般化成品やポリマーを供給するバルクケミカル分野は既にかなり廃棄物の少ない生産システムが確立されており，その上将来はバ

表1　化学工業間のE-factorの比較[1]

Industry	Production(tons/year)	E-factor
Oil refining	$10^6 \sim 10^8$	0.1
Bulk chemicals	$10^4 \sim 10^6$	1〜5
Fine chemicals	$10^2 \sim 10^4$	5〜50
Pharmaceuticals	$10^1 \sim 10^3$	25〜100

*　Tadahisa Sato　富士写真フイルム㈱　足柄研究所　主席研究員

マイクロリアクター ―新時代の合成技術―

イオテクノロジーによりさらに安全で廃棄物を減らす生産システムが精力的に研究されている。

医薬品分野を見ると，その一部は将来遺伝子組み換えを基にしたバイオテクノロジー生産になる可能性があるが，全てがそれで可能になるとは思えず，やはり大部分は化学合成に依拠することになるであろう。

また，ファインケミカル分野はその多様性から，21世紀も基本は化学合成に依拠することになると思われる。

このように，今後の成長市場を担うと思われる情報・電子材料分野の高機能性材料や医薬品の製造法が，21世紀も今までと同じような E-factor の製造方法では問題である。

この問題を解決する方法としてよく提案されるのは，新触媒や新反応を開発して収率を改善し副生成物等の廃棄物を極力減ずることである。多くの場合，合成研究者はその検討を従来のバッチ式反応装置を用いて行うことを想定している。バッチ式反応装置のコンセプトは基本的に18～19世紀に確立したものであり，20世紀はそれを踏襲し改良を加えてきた時代のように思われる。その証拠に，19世紀の文献を読んでもそれほど違和感なく反応装置がイメージできるし，現在使用している装置名にも当時の名残が色濃く残っている(例えばリービヒ冷却器)。化学技術に対して要求されるものが質的に大きく変わる21世紀においても，この延長線上でよいのだろうかという疑問は当然湧いてくる。化学産業が持続可能な発展を遂げるためには，反応装置を含む物質生産システムに関して化学産業のイメージを一新させる革新的技術の登場が是非とも必要である。

化学技術戦略推進機構(JCII)の物質・プロセス委員会の委員としてこのような観点で世界の動向を調べてみたところ (1999～2000年)，「マイクロリアクター」と呼ばれる装置（デバイス）が化学産業の革新的物質生産システムを担う化学反応装置として期待でき，欧米を中心にすでに検討が進んでいることがわかった[2,3]。マイクロリアクターに関する技術は，Lab-on-a-Chip に代表されるように当初(1980年代末)は DNA 分析等の微量分析に用いる目的で研究された技術が1990年代中ごろから化学合成を指向した研究へと発展している。

マイクロリアクターは，エレクトロニクス技術として，更に MEMS(Micro Electro Mechanical Systems)技術として20世紀後半に発達した微細加工技術を利用して作られるものであり，それ故エレクトロニクスの世紀とも言われる20世紀を経なければ生まれ得ない技術であったと言える。マイクロリアクターは21世紀に花咲く必然性をもった技術であるかもしれない。そして本技術は，最初に述べた20世紀には環境価値的に優れていても経済的価値が低いために捨てられた化学技術を蘇らせる技術になりうるかもしれない。本技術に対する化学産業界の期待について述べる。

第12章　化学産業におけるマイクロリアクターへの期待

2　化学産業が着目するマイクロリアクターの特徴

2.1　マイクロリアクターのとらえ方

　第I編において既に述べられていることであり，多少オーバーラップする内容になるがマイクロリアクターに関してそのとらえ方を整理してみたい。

　マイクロリアクターという用語は，本技術のパイオニアの一人であるドイツのEhrfeldらにより文字通りのマイクロリアクター（反応器）以外のマイクロミキサー（混合器），マイクロ熱交換器やマイクロ検出器等のマイクロ化学デバイスの総称として用いられ，かつそれに関する技術の代名詞となっている[4,5]。それゆえ，本章ではマイクロリアクターという用語が単純にマイクロ反応器そのものを表す場合と，マイクロ化学デバイスの総称やそれに関する技術を表す場合があることをご了承願いたい。

　マイクロリアクターによる触媒反応のパイオニアの一人であるHönickeは，マイクロリアクターの定義を次のように述べている[6]。

① 　マイクロリアクターは化学反応を行うために使用される3次元構造体であり，固体基板上にマイクロテクノロジーの適切なプロセスによって作成されるものである。

② 　マイクロリアクターは通常$500\mu m$より小さい等価直径[7]の流路（マイクロチャンネル）の中で反応（主にフローで）を行う装置である。

　マイクロリアクターという語は，実際にはマイクロ技術がマイクロ流体目的に応用されるよりもずっと前から使用されてきた。古くは，cm単位の寸法の小さな固定床型リアクターがマイクロリアクターと呼ばれ，マクロなリアクターの場合と同様のプロセス条件下での反応を調べるために使用された。これらのリアクターは従来の機械工学技術で製作され，今も流動接触分解などの化学工学の分野では強力なツールである[4]。さらに，マイクロゼオライトのキャビティ，さらにはミセル・逆ミセルの中や人工ホスト分子などもマイクロリアクターと呼ばれることもある。

　Hönickeの定義①によれば，これらはマイクロリアクターの概念から外れることになり，前者はミニリアクターと呼ぶべきものであり，後者はいずれも分子サイズの反応場であることからむしろナノリアクターと呼ぶべきものである[8]。定義②を重視する立場から，他のマイクロリアクターと明確に区別するために「マイクロチャンネルリアクター」とした方がよいのではないかという考えもあり，そのように表現される場合も多い。

　上記定義のマイクロリアクターは大きく2つに分類される。一つはLab-on-a-chipに代表されるように基板（ガラスやプラスチックチップ）上に様々な要素をマイクロスケールサイズで組み込み（集積化），一つのチップ上で化学操作を完了させてしまうというマイクロリアクター（図1）[9,10]であり，もう一つは各単位操作（混合，反応，分離等）を行う個別のマイクロデバイス（耐腐食

177

マイクロリアクター —新時代の合成技術—

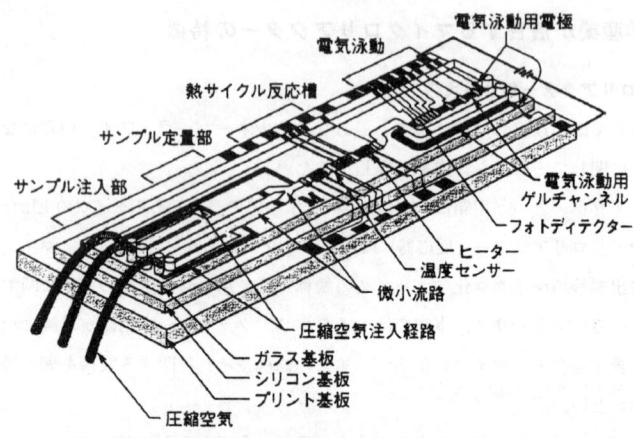

図1 集積化したマイクロリアクター（マイクロチップ）の例[10]

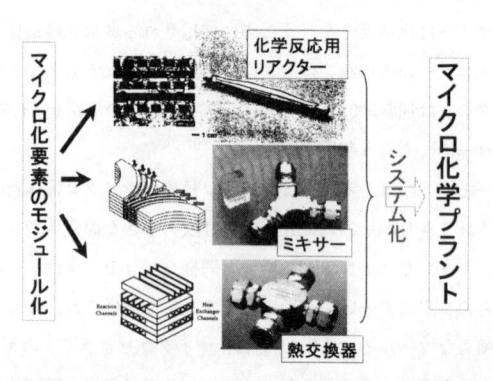

図2 マイクロリアクターのモジュール化とシステム化（マイクロ化学プラント）[11]

性の金属やセラミック基板）を作製し（モジュール化），それをシステム化して化学操作を完了させるマイクロリアクター（図2）[4,11]である。前者を「マイクロチップ」，後者を「マイクロ化学プラント」という呼び方をする場合もある。

　LIGA技術[12]等の微細加工技術を駆使してマイクロリアクターの開発と化学への応用で活発な活動を行っているEhrfeldは，Wegengらが提唱したマイクロリアクターの定義[13]を適切な例として彼の論文の中で紹介し，その定義の最も注目すべきポイントは，多くの分析システムとは異なり流れの軸に沿った全ての横方向寸法がμm領域である必要はなく，希望する用途によって必要な一部のみがμm領域であればよい，という結論にあるとしている[4]。すなわち，マイクロリアクタ

178

第12章　化学産業におけるマイクロリアクターへの期待

一のサイズの全てが必ずしも顕微鏡的サイズである必要はなく，微細加工技術と精密加工技術を組み合わせてフレキシブルにマイクロサイズのユニットと大きなユニットを組み合わせてよいということを強調しているわけである。この考えは上記マイクロ化学プラント技術に関するマイクロリアクターの考え方について述べたものとみることができる。

有用な化学品を安全かつ効率的に生産し，様々な産業界に供給することが化学産業の大きな役割であるが，その観点からは上記2つの分類のマイクロリアクターのうち，物質生産に重点をおく後者，すなわちマイクロ化学プラント技術であるマイクロリアクターがより重要である。しかしながら，2つのマイクロリアクターの基盤技術は共通であり，開発の過程では積極的にマイクロチップ技術を利用してマイクロ化学プラント技術の最適化を行う作業が必要になると思われる。

2.2　マイクロリアクターの特徴

マイクロリアクターはフラスコよりも格段に小さいサイズであるため用いる試薬の量やコストを抑えることができ，微少量での合成が可能になることがその特徴の一つとして挙げられる。しかし，それは化学産業がマイクロリアクターに注目する最大の理由ではない。

最大の理由は，次のようなマイクロスケールのサイズ（寸法）効果に起因する，これまでの装置にはない特徴のためである。

(1)　レイノルズ数が小さいので層流支配である

チャンネル（流路）がマイクロスケールであるマイクロリアクターの世界においては，寸法および流速のいずれも小さくレイノルズ数（流れを特徴づける無次元の数）は200以下である[14]。よってマイクロリアクターの世界は，通常の反応装置のような乱流支配ではなく層流支配の世界である。

層流支配の世界では，2つの液体の流れを接触させても界面を通した拡散でしか混合できない（図3）。混合に要する時間は2液の接する界面の断面積と液層の厚さに依存する。拡散理論に従うと混合（質量伝達）に要する時間 (t) は d^2/D (d：輸送距離，D：質量拡散率) に比例するので，輸送距離すなわちチャンネル幅を小さくすればするほど混合時間は速くなる。マイクロスケ

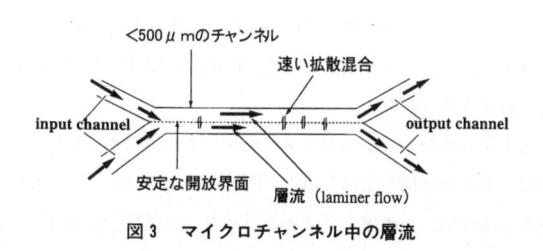

図3　マイクロチャンネル中の層流

ールの空間での混合は機械的撹拌などを用いなくても分子輸送，反応，分離が分子の自発的挙動だけで速やかに行われる。

このような特徴は二相系抽出操作において有利と思われるが，事実マイクロチャンネルを効率的抽出操作に利用しようという特許[15]が反応に利用する特許[16]よりも早くイギリスの研究者より出願されている。

層流支配であることは化学反応においては常に有利かというと必ずしもそうではなく，極めて反応が速いすなわち拡散律速の反応をコントロールするような場合は有利であるが，遅い反応には必ずしも有利ではない。層流で遅い反応を行うとフロー速度を極端に遅くするとか，流路長をかなり長く取らなければならない可能性が高く，それを避けるためにむしろ層流支配下での高速混合の手法[5]（例えば Multiple Flow Splitting and Recombination 法，Multilamination of Fluid Layers 法）が必要になってしまう。

しかしながら，層流支配であることを利用すれば有機溶媒／水の二相系で行われる反応においては反応と相分離を連続して行えるようなシステムを開発できる可能性がある。マクロなバッチ式反応では実現できない層流支配の特徴を生かした合成反応の開発は今後の興味深い研究課題[17,18]の一つであり，化学産業の期待も大きい。

(2) 比表面積（単位体積あたりの表面積）が非常に大きくなる

マイクロスケールの空間では比表面積が非常に大きくなるので，液—液二相系や気—液反応のような界面で起きる不均一反応が効率よく行えるようになる。また，このような特徴は流体間の不均一反応だけではなく，チャンネル壁が反応に関与できる場合にはそれを固相と考える固—液あるいは固—気反応も可能にする。これは従来のマクロな反応容器では考えられない反応形態である。その例として，マイクロチャンネルの壁に担持した金属触媒を用いた酸素酸化[19]や水素化還元反応[20]が活発に研究され報告されている。また，このような特徴は電極反応など固—液界面で起こる反応の効率を格段に向上させる可能性もあり，実際に研究対象になっている[21]。

比表面積が大きくなればなるほど相間の熱交換効率は高くなる。また，拡散理論に従うと熱伝達時間 (t) は d^2/α (d：輸送距離，α：液の熱拡散率）に比例するので，輸送距離すなわちチャンネル幅を小さくすればするほど熱伝達は速く起きることになる。この特徴により，マイクロリアクターでは急激な発熱により暴走する危険性のある反応でも制御して行えるようになる。また，従来の反応装置では実現できなかった精密な温度制御や，短時間で急激な加熱または冷却を必要とする反応も容易に行えるようになる。

これらの特徴を最大限に活かし，かつマイクロチャンネル中のようなマイクロ空間での支配的な力はマクロ空間でのそれとは同じではない点（例えばマイクロチャンネル壁との相互作用（摩擦力等）が重力等より支配的）も考慮してマイクロリアクターは設計される。また，反応は基本

第12章　化学産業におけるマイクロリアクターへの期待

的にフロー（連続プロセス）で行い，反応時間はリアクター空間に反応流体が滞留する時間を制御することにより行うことも本技術の特徴といえる。現在でも大スケールの反応においてはフローで反応を行う例が多いが，少量の合成もフローで行うという点が新鮮である。今後は実験室レベルの反応もフローで行うことになるかもしれず，そうなればこれまでの研究スタイルが大きく変わる可能性がある。

3　化学産業はマイクロリアクターに何を期待しているか

　現在，化学産業の物質生産に関わる研究開発・製造は大きな転換期を迎えようとしている。現在のような形態がすぐになくなるとは思わないが，今後求められる資源・エネルギー・環境への対応を行うためには，革新的製造システムの開発は必要不可欠である。その一つとしてマイクロリアクターが考えられるわけであるが，マイクロリアクターに対する化学産業界の期待を整理してみると主なものは下記の5項目に集約される。これらは前節で述べた特徴に基づいている。各項目ごと以下に詳しく説明する。
① 研究開発のスピードアップ
② スケールアップ技術の革新
③ 安全性上懸念される反応への適用
④ 反応の高度制御実現
⑤ 新しい材料開発への利用
　なお，これらは物質生産に関わる期待であり，化学分析に関わる期待は今回省略した。化学分析を担うマイクロリアクターに対しても化学産業界の期待は大きいが，今回の目的は合成技術としてのマイクロリアクターの役割を明らかにすることにあるからである。分析装置としてのマイクロリアクターに対する期待については，それに焦点をあてた論文をご参照願いたい[22]。

3.1　研究・開発のスピードアップ
(1)　医薬など高機能化合物探索研究のスピードアップ
　コンビナトリアルケミストリーは，医薬・農薬のリード化合物探索の有用な手段として成熟したレベルに達しており，スクリーニングに入る化合物の数は以前に比べてかなり増大している。その結果，合成プロセス開発研究者に対して，可能性のある多くの候補化合物の合成処方を短期間で確立して欲しいという圧力が増している。現在，医薬・農薬開発上の主な障害（律速段階）はリード化合物探索よりもプロセス開発研究の部分にあると見られている。この問題を人的資源投入なしに解決することが要望されており，そのためにはプロセス開発研究の自動化検討は避け

マイクロリアクター ―新時代の合成技術―

られない状況になってきている。しかしながら，プロセス開発に自動化技術を導入しようとするといろいろな問題が出てくる。従来のコンビナトリアル用自動化装置（ロボット）は，オンライン分析機能が不十分であるなど，プロセス開発研究用に適切な装置とはいえない。そこで最近はプロセス開発研究支援を目的とした自動合成装置の開発が盛んである[23]。

このような流れの中，マイクロリアクターを用いてこのプロセス開発研究の効率化を進めようという動きがある。ドイツのCPC-Cellular Process Chemistry Systems社（略称：CPC-SYSTEMS社，1999年設立）は最近プロセス開発支援ツールとしてのマイクロリアクターを発表している。それはCYTOS™-Lab Systemと呼ばれるものである（図4）[24,25]。このシステムは様々な反応に対応できるように設計されたマイクロリアクターであり，例えば医薬品であるCiprofloxacin全合成の各ステップ（図5）はこの装置ですべて実現可能であると報告している。

また，プロセス最適化研究が効率化できることを示す一つの例として，2-シクロヘキセノンとイソプロピルマグネシウムクロリドとのグリニャール反応の例が示されている（図6）。この反応において最適化する前の収率は49％であり，位置選択性はA：B＝65：35であった。CYTOS™-Lab Systemを用いて最適化を検討したところ，6時間で14種類の異なる反応条件をスクリーニングし，収率78％，位置選択性A：B＝95：5に到達できた。

マイクロリアクターは連続フロープロセスであるため，反応パラメーター（温度，時間，相対濃度，pHなど）の素早いスクリーニングが可能であり，反応がもつ生来の可能性に関する情報が得られる。この情報をもとに従来のバッチ反応装置でのスケールアップ研究へ移行できる。

マイクロリアクターの最終的目標は，それを利用してフレキシブルな実生産ができるようにすることであるが，その前段階としてマイクロリアクターを医薬などの臨床試験に必要な量を素早く提供する装置として利用すること，および従来のバッチ式装置で製造するための最適化を迅速に行うことに利用することが期待されている。これはドイツではもう実現できるレベルにきているようである。

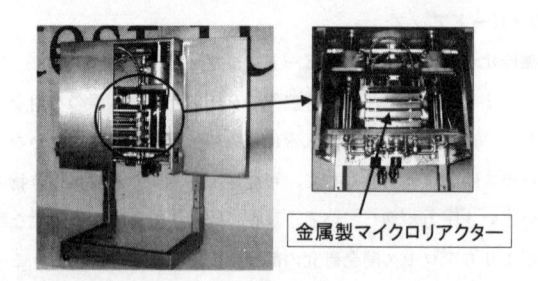

図4　CPC-SYSTEMS社開発のマイクロリアクター（CYTOS™-Lab System）[25]

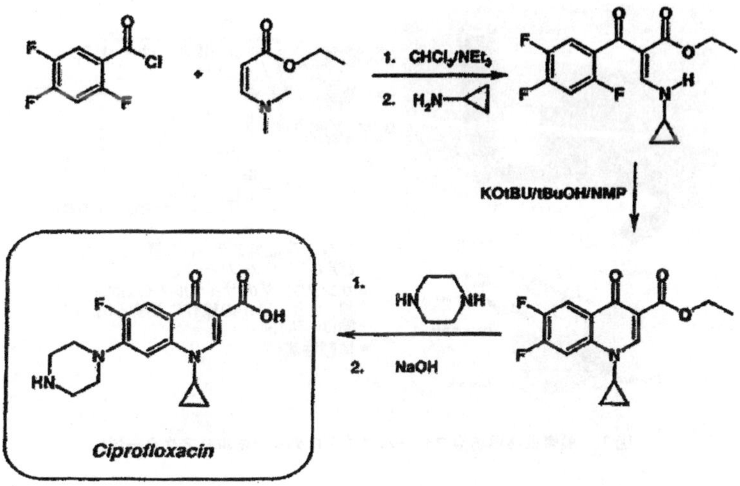

第12章　化学産業におけるマイクロリアクターへの期待

図5　CYTOS™-Lab SystemによるCiprofloxacinの合成

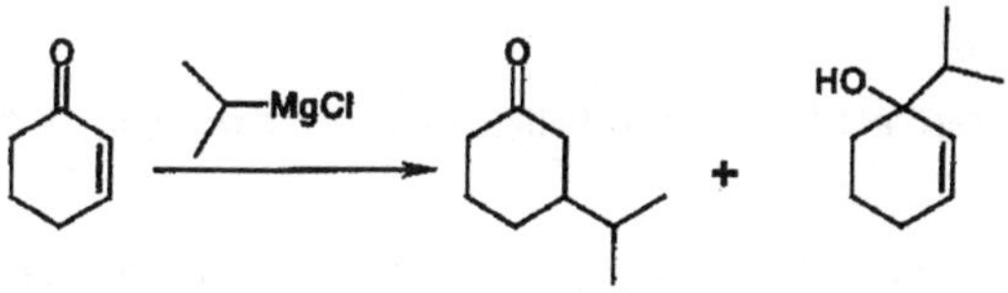

図6　CYTOS™-Lab Systemにより最適化を検討したグリニャール反応

(2) **触媒スクリーニングのスピードアップ**

　新規な多元系の不均一系触媒探索は，一般に非効率な作業である。ドイツのケムニッツ工科大学のHönickeとZechはマインツ・マイクロ技術研究所（IMM社）と共同でパラレルに不均一系触媒の活性を分析するための積層フレームマイクロチャンネルリアクター（Stacked Frame Microchannel Reactor）を開発した（図7）[26]。装置はステンレスフレームにセットした触媒的に活性物質をコートしたアルミニウム製マイクロチャネルプレートを35枚積層したものである。フレームはガス漏れのないように表面研磨された高品質のステンレス材料で作製し，一方触媒プレートは安価で使い捨てできるアルミニウム製である。質量分析装置に結合した300μm幅のシリカキャピラリーに生成混合物を導入してサンプリングする装置を開発し，それによりサンプリングのサイクルタイムは60秒で，35の触媒サンプル全ての全操作に要する時間は1時間半以下を実現

マイクロリアクター —新時代の合成技術—

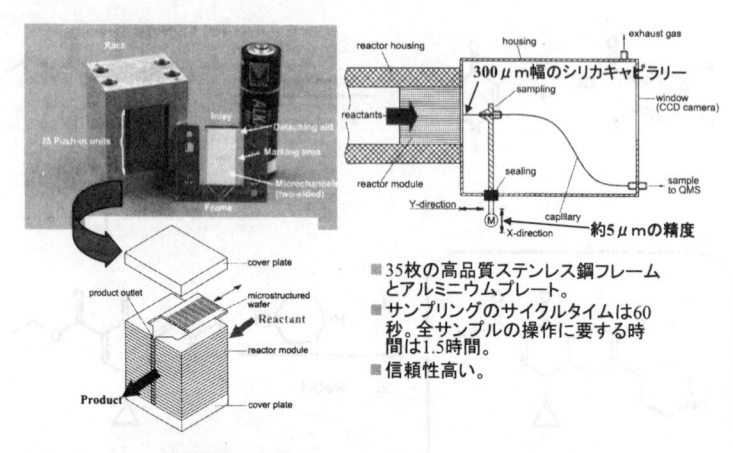

図7 触媒探索用積層フレームマイクロチャンネルリアクター[26]

している。

また，最近 IMM 社は48-fold titer-plate を有するユニークなマイクロ構造スクリーニングリアクターを発表している[27]。

均一系触媒の効率的探索にもフランスの Bellefon らはマイクロミキサーを利用したシステムを提案している[28]。

以上のように，マイクロリアクターを触媒のスクリーニングに使う研究はかなり進んでいる。触媒技術は従来のバッチ式製造においても重要であるが，マイクロリアクターによる製造においても後述するように重要である(特に不均一系触媒)。触媒の探索が効率化されるメリットは大きく，その進歩に期待したい。

3.2 スケールアップ技術の革新

研究室で開発された反応を実用化する際に重要になる技術として，「スケールアップ技術」がある。この技術は化学工学の重要な研究分野である。そのステップとして少量・中量・大量の段階を経るのが普通であり，一般に少量での収率をスケールアップして簡単に再現することはないので，実生産に到達するための労力と時間はかなりのものである。これまで，化学産業では避けられないと考えられていたこのステップが，マイクロリアクターの適用により不要になるかもしれない。

さて，マイクロリアクターではどのように大量の物質生産を行うのであろうか。マイクロリアクターはマイクロ（流路）空間のサイズ効果を利用した技術であるから，図8に示した従来のバ

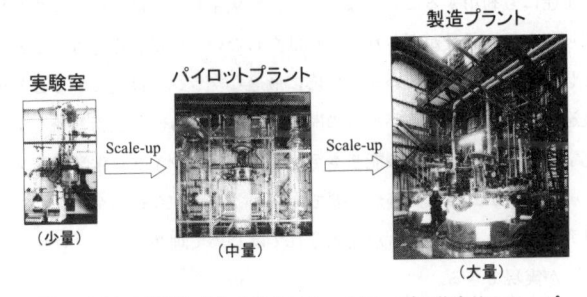

第 12 章 化学産業におけるマイクロリアクターへの期待

図 8 　現在の物質生産におけるスケールアップの基本的ステップ

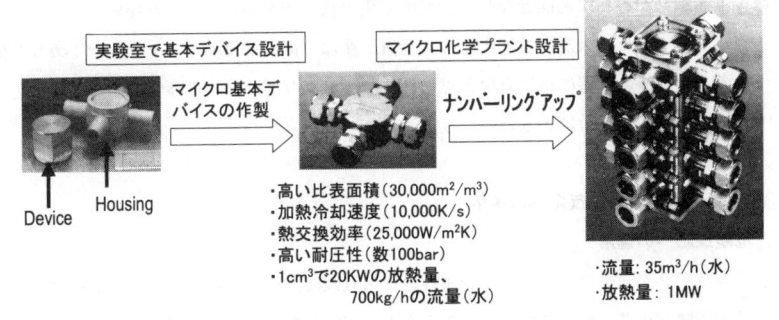

図 9 　マイクロ基本デバイス（熱交換器）の並列化（ナンバーリングアップ）の例[29]
　　　（ドイツ・カールスルーエ研究センター開発の熱交換器）

ッチ式反応装置の場合のように，実験室レベルのフラスコ実験→パイロットプラントでの実証実験→製造プラントでの製造，というふうにサイズを大きくしてスケールアップしては全く意味がなくなる。

そこでマイクロリアクターでのスケールアップは，従来の方法とは全く異なる方法をとる。すなわち，マイクロリアクターの並列化（ナンバーリングアップ）と反応流体をフローするランニングタイムの増大により行うのである。そのイメージをつかんでもらうために，ドイツのカールスルーエ研究センターが開発したマイクロ熱交換器のナンバーリングアップの例を図 9 [29]に示したが，まず実験室で熱交換用デバイス設計を行い，それを実用的な形（金属容器に入れるなど）にして基本デバイスを完成させる。そして，マイクロ化学プラントに実装する場合は，熱交換を行う流体量に応じてナンバーリングアップして用いる。

このようにマイクロリアクターの考えでは，実験室で反応用に最適設計したマイクロリアクタ

一を基本的に実生産にも利用することになるので、実験室レベルにおいてコストも考慮した、すなわち大量製造可能な最適設計がなされなければならない。大量製造を考えるとマイクロリアクターは単機能とし、それらを組み合わせて反応に最適なプラント構造にすることが好ましい。そのためには、最適な各単機能基本デバイスの開発を可能にする設計理論とマイクロ単位操作の確立、マイクロ化学反応系の構築、単機能基本デバイス集積型マイクロ化学プラントの最適設計およびオペレーションシステムの確立等が必要であり、これらが今後のマイクロリアクター開発における大きな研究課題である。これらが達成されてはじめて理想的マイクロリアクター（マイクロ化学プラント）が実現できる。

医薬品や機能性材料においては、スケールアップでさえ要因変更であり、そのたびに安全性やその他の試験をして問題がないことを確認しなければならない。もしマイクロリアクターの並列化の数で生産調整が容易に可能となれば、要因変更の扱いが変わるかもしれない。

マイクロリアクターの大規模並列化による物質生産は、高付加価値なファインケミカルや医薬品レベルのスケールの生産に特に有用と思われ、マイクロリアクターを多数並列化することを可能とする技術に対する期待は大きい。

3.3 安全性上懸念される反応への適用
(1) 危険反応への適用

マイクロリアクターをコンパクトな金属容器に入れれば、一種の小型オートクレーブのようになり、反応空間が小さく反応時間も短いこともあって従来のバッチ式装置では行えない高温・高圧反応も高度に制御して安全かつ確実に実施できるようになる。実際、金属容器に入れられた、流路壁に触媒を担持したマイクロリアクターを用いて水素と酸素の爆発的反応を安全に行うことができることが確認されている[30]。環境上はクリーンな反応でも、爆発性等の安全上の問題で工業化が困難だった反応は多い（特に酸化反応）。マイクロリアクターでそのような反応が可能となれば環境および経済上のメリットは大きい。

また、通常の方法では発熱が激しく制御が困難なフッ素ガスを用いたフッ素化反応がマイクロ熱交換器を搭載したマイクロリアクターで行うと安全にしかも収率よく行えることを示した報告例[30]などがあり、最近本技術を利用して従来はコントロールが難しく危険とされていた反応へ適用する試みの報告例が増えている。

(2) 生成物の安全性に懸念がある反応への適用（オンサイト・オンデマンド合成）

有毒だが物質生産上は有用な化合物は多い。例えばホスゲンやイソシアネート類はポリマー（ポリカーボネート、ポリウレタン）や医農薬の合成原料として重要である。しかしながらこれらは極めて有毒であり、前者は日本では移動禁止物質になっており、後者（メチルイソシアネート）

第12章 化学産業におけるマイクロリアクターへの期待

はインドで大事故を起こしたことは記憶に新しい。このような化合物を移動運搬させずに，消費地に近いところでフレキシブルに製造できるようになれば非常にメリットが大きい。

マイクロリアクターは，製造プラントをコンパクトで安全性の高い製造装置にすることができる。そうなると小型のトラックで移動運搬できるようになるかもしれない。もしホスゲンなどを簡便に製造できるマイクロリアクターが実現できれば，有毒なホスゲンを運搬するのではなく，ホスゲン合成用マイクロリアクターとより安全なホスゲン合成原料（例えば塩素と一酸化炭素）を消費地に運び，そこでオンサイト・オンデマンド合成を行うことも夢ではなくなる。イソシアネート類はホスゲンから容易に合成できるので，ホスゲンのオンサイト・オンデマンド合成の実現はイソシアネート類のそれをも意味する。

この観点で米国マサチューセッツ工科大学（MIT）の Jensen および Schmidt らはホスゲン合成用のマイクロリアクターを研究し発表している。彼らはシリコン基板上にシリコン微細加工技術（Photolithography と Deep Reactive Ion Etching（DRIE））を用いて，独自のマイクロリアクター（Micropacked-Bed Reactor）を作製し，活性炭触媒を用いて塩素と一酸化炭素から安全にホスゲンが合成できることを示した[31]。彼らのマイクロリアクターの大きな特徴は，Pyrex ガラスでキャップしたシリコンマイクロチャンネル（長さ20mm，幅625μm，深さ300μm，体積3.75μL）中に直径60μm の活性炭微粒子を詰め，その中を塩素と一酸化炭素を流す構造である点である。後述するようなチャンネル壁に触媒を担持する構造ではない。出口には活性炭微粒子が流れ出ないように25μm 隙間の堰のようなフィルターを有する。またチャンネル上を横切るように熱電対も埋め込まれており，全体が金属カバープレートで包まれている。10個のマイクロチャネルを有するマイクロリアクターを使って反応すると（塩素：一酸化炭素＝1：1，流速は8標準cm^3/min，200℃），ホスゲンを約100kg/年のスケールで製造可能としている（図10）。

塩素や一酸化炭素も決して安全な物質とは言えないが，毒ガスにもなるホスゲンに比べれば格段に安全である。日本では現在ホスゲンを利用した合成は大掛かりなホスゲン製造装置をもつ工場に限られるので，運搬可能な装置によるオンサイト，オンデマンド製造の実現はその利用の可能性を拡大する。

マイクロリアクターにより有毒で危険な化合物を運搬する機会を少なくできるなら，日本のような人口密度の高い国でのメリットは極めて高い。この観点でのマイクロリアクターの発展に期待したい。

3.4 反応の高度制御実現

マイクロリアクターを用いれば反応温度と時間の高度制御が可能となる。そのため，従来のバッチ法に比べて反応の選択性が高まり大幅な反応収率改善へ結びつく可能性がある。この利点を

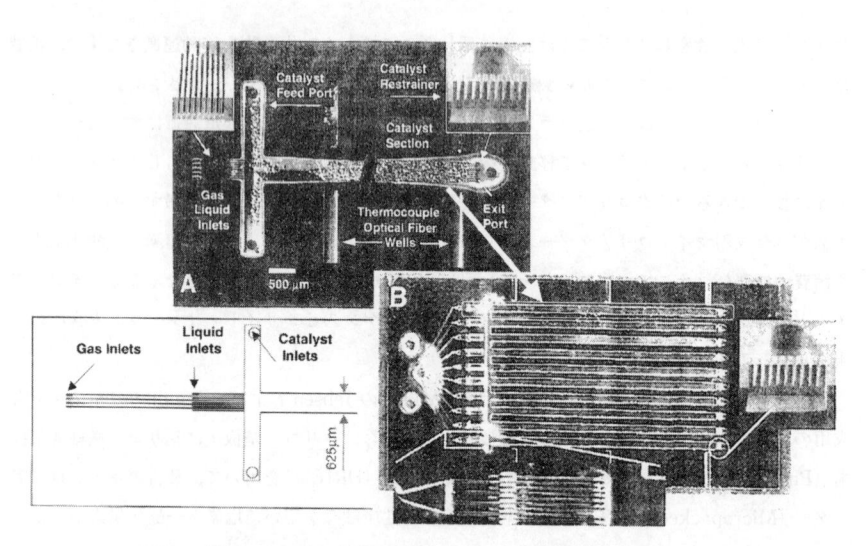

図10　ホスゲン合成用のMicropacked-Bed Reactor[5,31]

生かす方法として考えられるのは，発熱が激しくバッチ式装置では制御が困難な反応や高温化で行う触媒反応であると思われる。特に触媒反応とマイクロリアクターの反応高度制御機能が結びつけば，これまでのバッチ式では実現できなかったような反応が可能になる可能性がある。そのためこの分野の研究に対する期待は大きい。

(1) 発熱反応の制御

Merck 社（独）では，発熱液相反応（$\Delta H° = \sim -300KJ/mol$）であるカルボニル化合物と有機金属試薬との反応にマイクロリアクター（IMM 社のマイクロミキサー）を適用する実験を行い，フラスコ（$-40℃$）よりも高い温度（$-10℃$）でも副生成物の生成が抑制され，優れた収率（88%→95%）で目的生成物を得ている（図11）[32]。これはマイクロリアクターの熱交換効率のよさが生かされた結果である。前記危険反応の項で触れたが，フッ素化反応も高発熱の反応であり，それがうまく制御できるのはマイクロリアクターの優れた熱交換効率に基づく。

発熱反応の制御は，高度な温度制御が可能なマイクロリアクターが得意とする部分であり，バッチ法で行う反応では，反応装置に滞留する間に引き続く反応を受けるために取り出しができなかった一次生成物を，フロー式のマイクロリアクターにより製造可能にするなど，応用の可能性は多々あると思われる。

(2) 触媒担持マイクロリアクター

触媒的合成反応の分野におけるマイクロリアクターの利用は，主に不均一系触媒反応の分野で

第12章 化学産業におけるマイクロリアクターへの期待

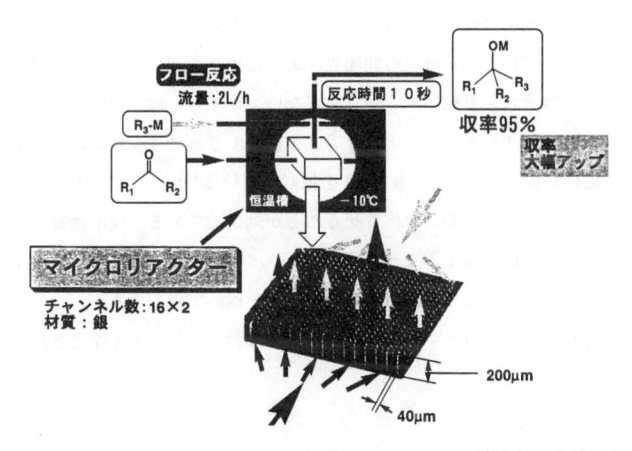

図11 発熱的有機金属反応へのマイクロミキサーの利用（イメージ図）

検討されている。

　不均一系触媒反応用のマイクロリアクターの開発においては，マイクロチャンネルの器壁に十分な量の触媒活性材料をいかに高い比表面積と高い粘着力で担持するかが技術的ポイントとなっている。これはマイクロリアクターがこの分野で広く応用されるためにクリアされねばならない必須条件である。現時点で検討されている技術は物理・化学的沈着法（PVD，CVD），陽極酸化法，ゾル−ゲル法などである。この技術が確立されれば，極めて急速な熱・物質移動が可能なマイクロリアクターの高度制御機能を活かすことにより，選択性が極めて高い触媒反応を実現できるであろう。現在までの検討例の詳しい紹介は第9章に譲るが，従来の装置では選択性よく水素化接触還元することが難しい反応が，触媒担持マイクロリアクターを用いることにより高変換率，高収率で実現できたという報告例[20]がある。

　現在，触媒担持マイクロリアクターを電気自動車用やパソコン用の小型燃料電池に利用しようという研究が活発に進められている。燃料プロセッサー／燃料電池の組合せでは，液体メタノール（またはガソリン）を改質して水素に転換するが，その改質器に触媒担持マイクロリアクターを用いようという研究である[33~35]。これもマイクロリアクターの高度制御性に着目したものである。このように触媒担持マイクロリアクターの研究は単に化学産業の利用にとどまらない可能性を秘めている。

(3) **触媒担持マイクロリアクターと周期的プロセッシング**

　周期的プロセッシングは，固定プロセッシング（stationary processing）に比べて，選択性や生産率などの点で優れているため，精力的な学問的研究が行われてきた[36]。しかしながら，従来のマク

ロなリアクター内で周期的プロセスを行うことは，コントロール工学（control engineering）や生成物の再処理においていまだ未解決の問題点があるため，実現に至っていない。しかしながらマイクロリアクターはそれを可能にするかもしれない。ドイツでは，触媒によるアミンの脱アミノ反応やアルコールの脱水など，マイクロリアクター内でさまざまな触媒反応を用いた周期的プロセシング（周期的オペレーションとも言う）を検討している[37,38]。これらの反応の収率を高めるには，反応物質の流入量を周期的に変化させることが効果的である。反応物質の流れが中断されることで，反応速度が50倍に高まることもある（ストップ効果）。リアクターの性能を最高にするには，反応物質の流れを極めて高速に切り換えることが極めて重要である。こうした周期的操作は，容量が小さく反応時間が短いマイクロリアクターにおいて最もよく達成されると思われる。今後の研究に期待したい。

3.5 新しい材料開発への利用

マイクロスケール空間を利用すると，同じ化合物でもマクロスケール空間で合成したものと違った性能のものが得られる可能性がある。ナノ微粒子，ナノクリスタルなどナノスケール材料には既に大きな期待が寄せられているが，マイクロスケールのレベルでもマイクロリアクターで均一かつ安定的に材料が製造できるようになれば，これまで予想できなかったような機能をもつ材料が見出される可能性は十分にある。また，マイクロリアクターで製造したナノ微粒子は他の方法で作られるものと違った特性を示すかもしれないし，ナノ微粒子の効率的製造装置にマイクロリアクターがなる可能性もある。このようにマイクロリアクターのサイズ効果を物質の機能発現に活かし，新しい機能性材料の創製を目指した研究はマイクロリアクターの用途として期待が大きい分野である。

(1) 機能性多層型マイクロカプセルの調製

マイクロミキサーを用いて酵素や生細胞を内包化した均一のゲルビーズを作成し，それをポリマー層で膜コーティングすることにより，透過性，機械的安定性および生物学的互換性を制御した機能性の多層型マイクロカプセルが効率的に調製可能であることが示されている[39,40]。

次項の乳化分散とも関連するが，マイクロミキサーを用いると界面活性剤なしに単分散で4 μm程度の液滴サイズが達成できるとしているので，マイクロカプセル作製の装置としてマイクロミキサーは期待されている。

(2) 乳化分散への応用

マイクロミキサーは超高速ミキシングが可能であり，それを用いると液体同士の微細乳化分散液の調製が容易になる。調製された乳化物は単分散で安定であるのが特徴である[41]。また，中嶋らも独自の設計理論に基づくマイクロチャンネル乳化装置（シリコン基板）を作成し，単分散乳化

第 12 章 化学産業におけるマイクロリアクターへの期待

物の調製が可能であることを示した[42]。

環境保全の観点から, ディーゼルエンジンの排気ガスが含む NO_x と PM (黒煙等粒子状物質) 低減が強く望まれているが, それに応える技術にマイクロミキサーの高い乳化分散能力を使用しようという考えがある[43]。

ディーゼル燃料と水を混ぜてつくるエマルジョン燃料 (乳化燃料) は排気ガス中の NO_x と PM を大幅に減少させることができることは既に知られていた[44]。その原理は, 燃焼時にエマルジョン中の水が気化熱を奪うため燃焼温度が抑えられこと (NO_x 発生低減), 更に水の微爆によって燃料と酸素の混合が促進されてより完全な燃焼が得られること (PM 発生低減) による。漁船等の船舶のディーゼルエンジンにはこの原理に基づいた水噴射システムがすでに実用化されており, 発電機用には燃料油と水と界面活性剤を混ぜてつくったエマルジョン燃料を使用するディーゼルエンジンが実用化されているが, 自動車用ディーゼルエンジンへの実用化はできないでいた。その理由は, 自動車の走行パターンは船舶と異なり, 停止から高速走行まで多種多様でかつ長時間停止が頻繁にあるためである。自動車に実用するにはエンジンの負荷率に応じて, すなわち冷気時始動には純軽油を使い, その後水を加えてエマルジョンに移行するなど, その時々の運転状況に応じて水の混合率を自動的に調整できる燃料システムが必要である。これまで開発が難しいとされていたこのシステムが, 瞬間混合が可能なマイクロミキサーを使えば可能になるかもしれない。実際ドイツでは実用化されつつあるという話も聞く。この技術は燃料問題に関することであるので, 化学産業 (石油産業) にも影響を与える技術と考え紹介した。

その他の例が第 9 章でも述べられているが, マイクロミキサーによるマイクロミキシング技術はかなり有用な技術であり, 今後の発展が期待されるマイクロリアクターの研究分野である。

(3) **固体微粒子合成**

最近, ナノテクノロジーへの急速な関心の高まりもあって, 物質のサイズを制御することによりバルク材料とは全く異なる新規な電子的, 光学的, 電気的, 磁気的, 化学的および機械的特性を発揮させる研究が盛んになった。しかしながら, ナノ粒子の合成はスケールアップが難しく大量製造法として確立したものがいまだないと言って過言ではない。そのため市販されているナノ粒子は非常に少なく, サイズ分布, 化学組成, 材料の純度, 材料の種類, 結晶構造などを満足する粒子を入手することは難しい状況がある。よって, 粒子サイズの揃った, すなわち単分散微粒子 (数ナノ〜サブミクロン) の効率的大量合成法の確立は, 化学産業がその利用を研究し実用する上で優先度の高い極めて重要な課題である。この課題解決にマイクロリアクターの特徴である反応の高度制御性とナンバーリングアップ手法は役立つかもしれない。

実際, 無機 (金属または塩) のナノ微粒子をマイクロリアクターで合成できないか検討した例が最近増えてきている[45]。

191

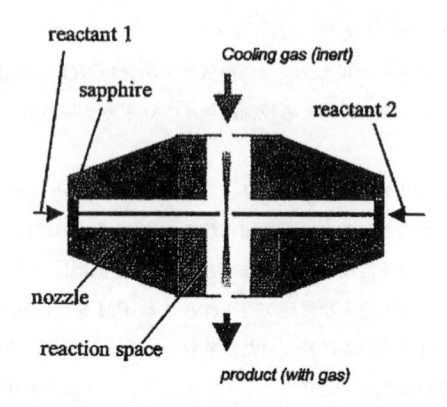

図12 Synthesechemie社開発のMicro Jet Reactor[53]

　前田および中村らはマイクロリアクターの高度な温度および反応時間制御性を利用し，シリコン[46]，CdS[47,48]，CdSe[49]，TiO$_2$[50]，および金ナノ粒子[47,51]が再現性よく合成できることを示した。
　スイスのEPFL Powder Technology Laboratoryは微粒子の連続製造用マイクロリアクターシステム（Segmented flow tubular reactor; Bubble Tube™）を発表している[52]。この装置は反応液をマイクロミキサーで瞬間混合した後，直ちに反応液と混じらない流体で液滴状に微分散し，分散された液滴中にて微粒子を合成するように設計された装置である。微粒子は液滴中で合成されるためチューブリアクターの壁と接触しない。そのため，チューブを閉塞することはなく，かつ粒子形状が均一でシャープな粒子径分布の微粒子が合成できる。
　また，ドイツのSynthesechemie社は目詰まりしないマイクロリアクターとしてマイクロジェットリアクター（MicroJetReactor）を発表している[53]。このリアクターは図12に示したように，二つの反応成分が共衝突する部分にガスをジェット気流として導入し，反応成分を微粒子化して装置外に取り出すことにより流路閉塞を防止するように設計されている。リアクターの大きさは約7×15mmであり，2箇所の反応成分導入ノズルはサファイア製で60～350μmの幅をもったものが用いられる。
　以上の報告はマイクロリアクターのこの分野への応用に期待をもたせるものである。

(4) 気体／液体の高速混合によるマイクロバブルの合成
　ガスと液体の十分な混合には通常大きい交換層が必要であるがマイクロミキサーを用いるとそのようなものは必要なく簡単に行えるようになる[54]。この特徴を活かした医療用マイクロバブルの製造を試みた報告[55]がある。ガスと液体の比率を変えてマイクロミキサーを通すだけで簡単に気泡径が調節できるようで，この性質を利用した物質生産は興味深い研究対象と思われる。

第 12 章　化学産業におけるマイクロリアクターへの期待

(5)　**ポリマー合成**

　第 9 章に述べられているように，マイクロリアクターをポリマー合成に使用する試みが報告されている。例えばアクリレートモノマーのリビングアニオン重合[56]とラジカル重合[57]の例があり，リビングアニオン重合ではブロック共重合体の合成が可能であること，ラジカル重合では分子量分布が狭くなることが報告されている。しかしながら，いずれの場合もモノマーと開始剤のプレミキシングをマイクロミキサーで行っているだけである。

　ポリマー合成においてマイクロミキサーの有用性は明らかなようであるが，マイクロチャンネル内で合成した例はないようである。マイクロチャンネル空間を使えば予想もしない機能をもったポリマーが得られるのではないかという漠然とした期待があるが，チャンネルが閉塞するのを回避するためには通常の反応の場合よりも高度な工学的対応が必要と思われる。

　以上，マイクロリアクターに対する期待を述べたが，本技術が実用化され，一般化されれば企業における研究・開発・製造に大きな変革をもたらすことは間違いない。

4　おわりに

　以上，物質生産に関わるものに絞って化学産業におけるマイクロリアクターへの現時点での期待を述べた。本年度（2002年）より経済産業省のナショナルプロジェクトとして本分野の技術が採用されたことにより[58]，今後新しい知見が加速度的に増えてくるものと思われる。そうすれば，化学産業における期待もさらに拡大するように思う。

　例えば，触媒担持マイクロリアクターの一つとして酵素などの生体触媒をマイクロチャンネル壁に固定したマイクロバイオリアクターの研究が最近なされているが[59]，現在は分析を主目的とする研究であるため，今回は取り上げなかった。しかしながら，酵素をマイクロチャンネル壁に固定したマイクロバイオリアクター（またはバイオマイクロリアクター）では，チャンネルサイズを小さくするに従い反応効率が増大することが報告[60]されている。バッチ式の酵素反応は，反応速度が遅いことが物質生産に用いる際のひとつの難点とされており，マイクロリアクター化すればそれを改善できる可能性を示しており興味深い。今後の研究の進展次第では物質生産技術として化学産業が期待できる技術になる可能性がある。

　本技術の発展のためには，化学と化学工学の研究者が今まで以上の連携を強める必要があり，それができるかどうかが発展の鍵を握っていると言ってよい。極端な話，二つの分野の垣根は取り払う必要があるかもしれない。学界においてだけでなく，企業内においてもそのような体制が要請されるだろう。

文　献

1) a) R.A. Sheldon, *Precision Process Technology* (*1st. Int. Conf.*), **1993**, 125. b) R.A. Sheldon, *CHEMTEC*, **24**, 38(1994)
2) a) ㈶化学技術戦略推進機構(JCII)マイクロリアクターWG調査報告書「化学合成を指向したマイクロリアクター技術に関する調査研究」2000年6月。(WGメンバー；吉田潤一(京大)、柳日馨(大阪府大)、藤井輝夫(東大)、細川和生(工業技術院機械技術研)、菅原徹(武田薬品創薬研究本部)、篠原悦夫(オリンパス光学基礎技術研)、西野充晃(三菱化学横浜総研)、小安幸夫(三菱化学横浜総研)、佐藤忠久(富士写真フイルム足柄研)。所属は報告書作成時。b) 佐藤忠久、ファインケミカル, **31**, 5(2002)
3) a) W. Ehrfeld, 「マイクロリアクター技術の現状と展望」、近畿化学協会編、1999年、109～117頁、㈱住化技術情報センター　b) 岡本秀穂、有機合成化学, **57**, 805(1999)
4) W. Ehrfeld, V. Hessel, H. Lehr, *Topics in Current Chemistry*, **194**, 233(1998)
5) W. Ehrfeld, V. Hessel, H. Löwe, "Microreactors," Wiley-VCH, Weinheim, (2000)
6) T. Zech, D. Hönicke, *Erdoel Erdgas Kohle*, **114**, 578(1998)
7) 等価直径(equivalent diameter)は相当(直)径とも呼ばれ、機械工学の分野で用いられる用語である。任意断面形状の配管(流路)に対し等価な円管を想定するとき、その等価円管の直径を等価直径といい、A：配管の断面積、p：配管のぬれぶち長さ(周長)を用いて、$d_{eq} = 4A/p$と定義される。
8) 吉田潤一、化学, **54**, 20(1999)
9) 北森武彦、化学, **54**, 14(1999)
10) a) M. A. Burns *et al.*, *Science*, **282**, 484(1998). b) 鈴木博章、化学, **54**, 65(1999)
11) K. Schubert, *Wiss. Ber.-Forschungszent. Karlsruhe*, **1998**, 53
12) リソグラフィと電気メッキを組み合わせた微細構造形成技術。カールスルーエ原子力研究所に在籍当時のW. Ehrfeldらが開発。「LIGA」はドイツ語のLithographie(lithography)、Galvanoformung(electroforming)、Abformung(molding)の頭文字を取ったもの。
13) R. S. Wegeng, C. J. Call, M. K. Drost, *Proc. of 1996 Spring National Meeting AIChE*, Feb. 25-29, New Orleans, pp. 1-13
14) 岡本秀穂、化学工学, **63**, 27(1999)
15) 特表平10-507406号(WO96/12540)(国際公開日1996.5.2、優先日1994.10.22)、特表平10-507962号(WO96/12541)(国際公開日1996.5.2、優先日1994.10.22)
16) 特表2001-521816号(WO99/22857)(国際公開日1999.5.14、優先日1997.11.5)
17) J. R. Burns, C. Ramshaw., *Chem. Eng. Res. Des.*, **77**, 206(1999)
18) H. Hisamoto, T. Saito, M. Tokeshi, A. Hibara, T. Kitamori, *Chem. Commun.*, **2001**, 2662
19) a) E. V. Rebrov, *et al.*, *Catalysis Today*, **69**, 183(2001). b) H. Kestenbaum *et al.*, *Ind. Eng. Chem. Res.*, **41**, 710(2002)
20) G. Wießmeier, D. Hönicke, *Ind. Eng. Chem. Res.*, **35**, 4412(1996)
21) a) H. Löwe, W. Ehrfeld, M. Küpper, A. Ziogas, *Microreaction Technology* (*Proceeding*

第12章 化学産業におけるマイクロリアクターへの期待

    of IMRET3), 136-156, Springer-Verlag, Berlin(2000) b) S. Suga, M. Okajima, K. Fujiwara, J. Yoshida, *J. Am. Chem. Soc.*, 123, 7941(2001) c) 山田和彦ら, 化学工学会第67年会 (2002年) 講演番号 C306
22) a) 金幸雄ら, 機械振興, 2001年4・5月合併号, 42〜49頁 b) 中西博昭, 同誌, 68〜75頁
23) 菅原徹, ファルマシア, **36**, 34(2000)
24) a) S. Taghavi-Moghadam, A. Kleemann, K. G. Golbig, *Org. Proc. Res. Dev.*, **5**, 652(2001). b) K. Kleemann, *Innovations in Pharmaceutical Technology*, **1**, 72(2001)
25) CPC Cellular Process Chemistry GmbH. Website: www. cpc-net. com
26) a) T. Zech, D. Hönicke, A. Lohf, K. Golbig, T. Richter, *Microreaction Technology (Proceeding of IMRET 3)*, 260-266, Springer-Verlag, Berlin(2000) b) W. Ehrfeld, V. Hessel, H. Löwe, "Microreactors," Wiley-VCH, Weinheim, 271-274(2000)
27) A. Müller, V. Hessel, H. Löwe, T. Richter, to be published in Proc. of ECCE, Nürnberg (2001)
28) C. de Bellefon *et al., Chem. Eng. Sci.*, **56**, 1265(2001)
29) ドイツのカールスルーエ研究センター (FZK) 技術資料に基づき作成した。
30) a) G. Veser, *Chem. Eng. Sci.*, **56**, 1265(2001). b) J. Janicke, H. Kestenbaum, U. Hagendrof, F. Schüth, M. Fichtner, K. Schubert, *J. Catal.*, **191**, 282(2000)
31) a) S. K. Ajmera, M. W. Losey, K. F. Jensen, M. A. Schmidt, *AIChE Journal*, **47**, 1639(2001). b) K. F. Jensen, *Chem. Eng. Sci.*, **56**, 293(2001)
32) H. Krummdradt, U. Koop and J. Stold, *GIT Labor-Fachz.*, **43**, 590(1999)
33) a) K. Kusakabe, S. Morooka, H. Maeda, *Korean J. Chem. Eng.*, **18**, 271(2001). b) 五十嵐哲, 化学工学, **66**, 67(2002)
34) a) P. M. Irving, W. L. Allen, T. Healey, Q. Ming, *Microreaction Technology (Proceeding of IMRET 5)*, 286-294, Springer-Vevlag, Berlin(2001) b) G. A. Whyatt, W. E. TeGrotenhuis, J. G. Geeting, J. M. Davis, R. S. Wegeng, L. R. Rederson, *ibid.*, 303-312 c) P. Reuse, P. Tribolet, L. Kiwi-Minsker, A. Renken, *ibid.*, 323-331 d) A. V. Pattekar, M. V. Kothare, *ibid.*, 332-342
35) a) 河村義弘ら, 化学工学会第67年会(2002年), 講演番号 C318. b) 小椋直嗣ら, 同年会, 講演番号 C319. c) 山本ら, 化学工学会第35回秋季大会 (2002年), 講演番号 G206
36) P. Silveston, R. R. Hudgins, A. Renken, *Catal. Today*, **25**, 91(1995)
37) a) J. P. Baselt, A. Förster, J. Herrmann, D. Tiebes, *Proceeding of 2nd International Conference on Microreaction Technology*, 13-17(1998) b) M. Liauw, M. Baerns, R. Broucek, O. V. Buyevskaya, J.-M. Commenge, J.-P. Corriou, L. Falk, K. GeBauer, H. J. Hefter, O.-U. Langer, H. Löwe, M. Matlosz, A. Renken, A. Rouge, R. Schenk, N. Steinfeld, S. Walter, *Microreaction Technology (Proceeding of IMRET 3)*, 224-234, Springer-Verlag, Berlin(2000)
38) a) A. Rouge, B. Spoetzl, K. Gebauer, R. Schenk, A. Renken., *Chem. Eng. Sci.*, **56**, 1419(2001) b) A. Rouge, A. Renken, *Studies in Surface Science and Catalyst*, **133**, 239(2001)
39) R. Pommersheim, H. Löwe, V. Hessel and W. Ehrfeld, *Proceeding of 2nd International*

Conference on Microreaction Technology, 169-174(1998)
40) R. Pommersheim, A. Noack, S. Scholz, *Microreaction Technology* (*Proceeding of IMRET 3*), 500-504, Springer-Verlag, Berlin (2000)
41) a) W. Ehrfeld, K. Golbig, V. Hessel, H. Löwe, T. Richter, *Ind. Eng. Chem. Res.*, **38**, 1075(1999) b) V. Hessel, W. Ehrfeld, V. Haverkamp, H. Löwe, J. Schiewe, "Dispersion Techniques for Laboratory and Industrial Scale Processing," R. H. Müller, B. H. L. Böhm edt., 45-59(2001)
42) a) T. Kawakatsu, Y. Kikuchi, M. Nakajima, *J. Am. Oil. Chem. Soc.*, **74**, 317(1997) b) I. Kobayashi, M. Nakajima, Y. Kikuchi, K. Chun, H. Fujita, *Microreaction Technology* (*Proceeding of IMRET 5*), 41-48, Springer-Verlag, Berlin(2001)
43) W. Ehrfeld, V. Hessel, WO 00/62914, (国際公開日2000.10.26, 優先日1999.4.16) "Method for producing a water-in-diesel-oil emulsion as a fuel and uses thereof."
44) http://www.news-wing.co.jp, http://www.komatsu.co.jp/
45) F. Eisenbeiss, J. Kinkel, DE 19920794(公開日2000.11.9)
46) http://unit.aist.go.jp/Kyushu/
47) 中村浩之, 平成13年度産業技術総合研究所九州センター研究講演会講演要旨集（2002年2月), 12-17頁
48) 中村浩之ら, 化学工学会第67年会 (2002年), 講演番号C303
49) 中村浩之ら, 化学工学会第35回秋季大会 (2002年), 講演番号G315
50) H. Wang, H. Nakamura, M. Uehara, M. Miyazaki, H. Maeda, *Chem. Commun.*, 1462(2002)
51) 荻野和也ら, 化学工学会第35回秋季大会 (2002年), 講演番号G313
52) EP 0912238, http://www.bubbletube.com
53) a) B. Penth, *Abstract of 5th International Conference on Microreaction Technology* (*IMRET 5*), 2001, 163-167. b) EP 1195411, EP 1195413, EP 1195414, EP 1195415
54) V. Hessel, W. Ehrfeld, K. Golbig, V. Haverkamp, H. Löwe, Th. Richter, *Proceeding of 2nd International Conference on Microreaction Technology*, 259-266(1998)
55) 前一廣ら, 化学工学会第67年会 (2002年), 講演番号C204
56) 特開平9-3102号
57) a) T. Bayer, D. Pysall, O. Wachsen, *Microreaction Technology* (*Proceeding of IMRET 3*), 165-170, Springer-Verlag, Berlin(2000) b) 特表2002-512272号(WO 99/54362)
58) 経済産業省は平成14年度より「革新的部材産業創出プログラム」の中の「高効率マイクロ化学プロセス技術プロジェクト」(約50億円/5年) として本技術の研究推進を決定した。
59) 関実, 化学工学, **66**, 6 (2002)
60) 金野潤ら, 化学工学会第35回秋季大会 (2002年), 講演番号G323

第VI編　原著論文

第Ⅳ編　児童論文

Chapter 5 Microsystems for Chemical Synthesis, Energy Conversion, and Bioprocess Applications

Klavs F. Jensen

Departments of Chemical Engineering and Materials Science and Engineering

Massachusetts Institute of Technology

77 Massachusetts Avenue

Cambridge, MA 02139

USA

Introduction

Microfabrication techniques and scale-up by replication have fueled spectacular advances in the electronics industry and more recently in microanalysis chips for chemical and biological applications. Integration of advances in Micro Total Analysis Systems (μTAS) [1] and chemical synthesis promises to yield a wide range of efficient devices for high throughput screening, reaction kinetic studies, and process optimization. Rapid screening of reaction pathways, catalysts, and materials synthesis procedures could provide faster routes to new products, and optimal operating conditions. Moreover, microchemical systems would clearly require less space, be easier to vent, use fewer utilities, produce less waste, and offer safety advantages over conventional synthesis set-ups in chemical fume hoods.

Microreactors with sub-millimeter dimensions have been demonstrated for a wide range of chemical reactions [2-4]. Reduction in size from conventional synthesis platforms has been accomplished for both homogeneous and heterogeneous chemical reactions and, in many cases, produced improved performance relative to macroscopic systems. In particular, the high heat and mass transfer rates possible in microfluidic systems allow reactions to be performed under more aggressive conditions with higher yields than can be achieved with conventional reactors. More importantly, new reaction pathways deemed too difficult to control in conventional macroscopic equipment can be conducted safely because of the high heat transfer and ease of confining small volume. These inherent safety characteristics of microreactors also imply that systems of multiple microreactors could be deployed in distributed point-of-use synthesis of small volume chemicals with storage and shipping limitations, such as highly reactive and toxic intermediates.

The high energy density of chemical fuels has created interest in integrated microchemical systems for power generation as alternatives to batteries. The precise control of heat and mass transfer provides new opportunities for fuel conversion. Microchemical systems have the further advantage of short thermal response times allowing rapid startup and shut down. However, development of fuel processors capable of chemical/electrical conversion with a net power output on a portable scale represents significant technological challenges for microreactors and microfabrication techniques.

Extensive efforts have been devoted to developing μTAS systems for biological assays and medical applications [1,5]. Microfabricated biological systems could also serve as platforms for bioprocess discovery and development. As examples of this approach we present batch microfermentors with integrated sensors for the measurement of dissolved oxygen, pH, and biomass. Such systems could ease the incorporation of modern tools of biology in bioprocess screening and development.

The following section gives examples from the MIT effort where microfabricated chemical and biological systems have been used, starting with chemical systems to obtain information about chemical reactions and screening catalysts. These examples are followed by discussion of multiphase chemical systems where microfabrication enhances mass transfer and enables handling of reactive, potentially hazardous chemistry. A microtube reactor and heat exchanger illustrates some of the challenges in realizing micropower devices for conversion of hydrocarbon fuels to hydrogen and ultimately electrical energy. Batch microfermentors with integrated sensors exemplify potential applications of microsystems in bioprocess discovery and development. Finally, we summarize challenges to the development of integrated microchemical systems requiring advances in the individual components (microreaction technology, separation methods at micron scales, and chemical analysis) as well as integration techniques (e.g., microfluidic elements, control, and packaging).

第VI編　原著論文

Microchemical Systems

Integrating optical spectroscopy

The integration of optical spectroscopy, specifically Fourier transform infrared (FTIR) and ultra violet-visible (UV-vis) spectroscopy, by transparent windows, wave-guides, and fibers provides opportunities for monitoring reaction conversion and selectivity. This ability, when combined with flow and temperature sensing capabilities, provides an opportunity for on-line optimization of reaction products as well as for obtaining reaction kinetic data. Gas chromatography and mass spectrometry can also be used to monitor reaction as long as the sample size and its collection are properly matched to the microfluidic volume.

Figure 1 shows an example of a microfabricated liquid phase reactor that integrates laminar mixing, hydrodynamic focusing, rapid heat transfer, and temperature sensing. When reactions can be followed by UV-visible spectroscopy, the channel can be interfaced to an optical fiber light source and detector to enable on-line monitoring. Alternatively, the infrared transparent properties of silicon can be used to integrate the reactor with Fourier infrared spectroscopy for species monitoring [6]. This approach is not feasible for gas phase systems where the absorbance is low. In that case, photoacoustic infrared spectroscopy is a possible technique that scales favorably for MEMS based devices [7]. Integration of quartz windows into microreactors provides opportunities for UV spectroscopy as well as for conducting photochemical reactions, as illustrated by Lu et al. [8] for pinacol formation reaction of benzophenone in isopropanol.

Catalyst testing

The interest in faster development of new catalysts has led to significant advances in high-throughput screening and combinatorial methods in which large arrays of catalysts are rapidly screened. Characterization of catalytic systems is challenging in terms of measuring the catalytic activity as well as measuring properties of small amounts of catalyst. Microfabrication of chemical reactors, such as micro packed-beds, could provide unique advantages for the efficient testing of catalysts, including reduced transport limitations and increased surface area-to-volume ratios for enhanced heat transfer. Microfabrication also gives flexible control over the reactor geometry enabling configurations difficult to realize in macroscopic testing systems.

マイクロリアクター —新時代の合成技術—

Heat Exchanger

Thin-Film Temperature Sensor

air gap
cooling fluid
reaction mixture

Optical fiber spectroscopy

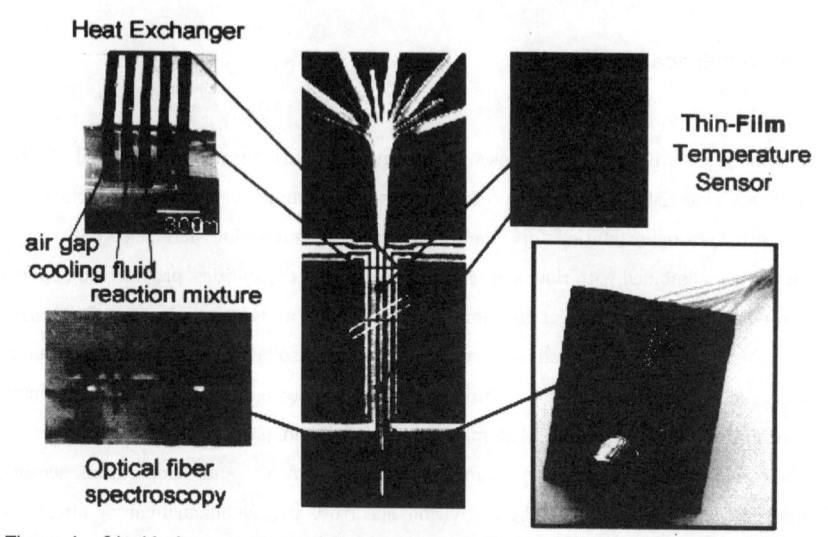

Figure 1. Liquid phase reactor with lamination of fluid streams, hydrodynamic focusing, and integrated with heat exchangers and temperature sensors in downstream reaction zone. Lower left and right hand insert show different optical fiber interfaces [6].

Figure 2A illustrates a catalytic reactor in which the catalyst is coated on the surface of a thin solid membrane integrated with temperature sensors and heaters [9]. Membrane systems are relatively simple to build and the thermal isolation of the membrane offers opportunities for performing calorimetric measurements. When integrated with thermoelectric components, these systems can be run autothermally to convert heat from catalytic combustion into electrical current [10]. The use of a permeable membrane also allows the integration of separation with chemical reaction, e.g., the integration of a submicron-thick palladium membrane makes a highly efficient hydrogen purification device [10].

It is often desirable to handle catalysts in powder form from common catalysts synthesis procedures and to allow for post reaction catalyst characterization. Figure 2B illustrates a silicon packed-bed microreactor [12] that uses standard catalyst particles (~50 μm) in a cross-flow design that realizes gradientless operation. The cross-flow geometry causes the bed to be isothermal and isobaric. This design integrates short parallel beds into a continuous wide packed-bed providing for short contact time with sufficient catalyst to characterize the reaction performance and catalyst post-reaction structure. The operation of this cross

-flow microreactor has been described through finite element simulations and experiments with model catalytic reactions, such as CO oxidation on supported catalyst [12]. Analysis of the transport effects in the microreactor indicates that the small catalyst particle size and reactor geometry eliminate mass and thermal gradients both internal and external to the catalyst particles.

The pressure drop in long microreactor channels (>10 mm) packed with micron-sized particles can become large. In such cases it may be advantageous to use microfabrication to produce microstructure catalyst supports (Figure 2C) with lower pressure drops than reactors packed with catalyst powder [13]. These systems would have the further advantage of being preloaded with catalyst by use of wash coats and tethering of homogeneous catalysts.

Multiphase microreactors

Gas-liquid-solid reactions (e.g., hydrogenation, chlorination, and oxidation) are ubiquitous throughout the chemical industry and provide unique opportunities for microreaction technol-

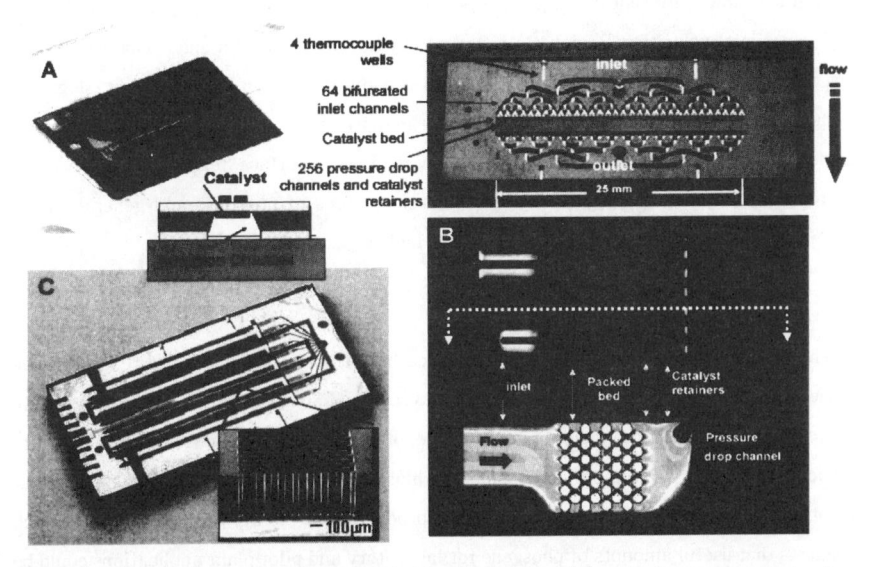

Figure 2. A : Membrane microreactor with thin film catalyst [9]. B : Cross microreactor for testing catalyst - photograph (top) - cross-section (bottom) [12]. C: Multichannel microreactor with microstructured catalyst support [13].

ogy. The high surface-to-volume ratios attainable in microfabricated structures, leading to improved thermal management and fast mass transfer, suggest that microfabricated multiphase systems could have performance advantages relative to conventional macroscopic systems for both characterization as in the above section and for synthesis. Values of the mass transfer coefficient for multiphase microreactors (see Figure 2C) have been determined to be two orders of magnitude larger than those reported for typical macroscopic reactors [14]. The greatly improved mass transfer in the microreactor over its macroscale counterpart is due, in part, to the high gas-liquid interfacial area generated by the microreactor.

The design of multichannel gas-liquid systems with desired flow and mass transfer characteristics across all reaction channels requires understanding of the underlying multiphase fluid flow phenomena. For single-phase systems, flows are laminar and computational fluid dynamics predictions are reliable and feasible, even for complex channel networks. However, such predictions are not yet possible for general gas-liquid systems that are characterized by transient phenomena. Instead, flow regime diagrams (see Figure 3) are used to summarize flow characteristics [15].

Figure 3 shows different gas-liquid flows expected to occur for varying gas (j_G) and liquid (j_L) superficial velocities. Region (1) is covered by literature data for single channel devices for heat exchange applications [16]. Regimes are referred to as bubbly, churn, slug, and annular flow. Gas-liquid microreactors are operated preferably at liquid deficient conditions, region (2), i.e., in the slug and annular flow regimes. Surface tension effects become increasingly important at small channel dimensions (tens of microns) and generally shift boundaries between the flow regimes towards higher gas flow rates.

Microreactors for reactive chemistry

The production of phosgene over activated carbon in a micro packed bed reactor exemplifies the use of microreactors as an on-demand source of an important, but toxic, intermediate compound [17]. The reaction is highly exothermic and reactants and products are difficult to handle. Complete conversion of chlorine to phosgene is achieved at 235°C at chlorine flow rates corresponding to phosgene production of ~5 kg/year per channel, which suggests that useful amounts of phosgene for laboratory and pilot plant applications could be realized with a modest number of devices. The produced phosgene can subsequently be used on-line in reactions such as formation of isocyanates, thus avoiding storage highly toxic

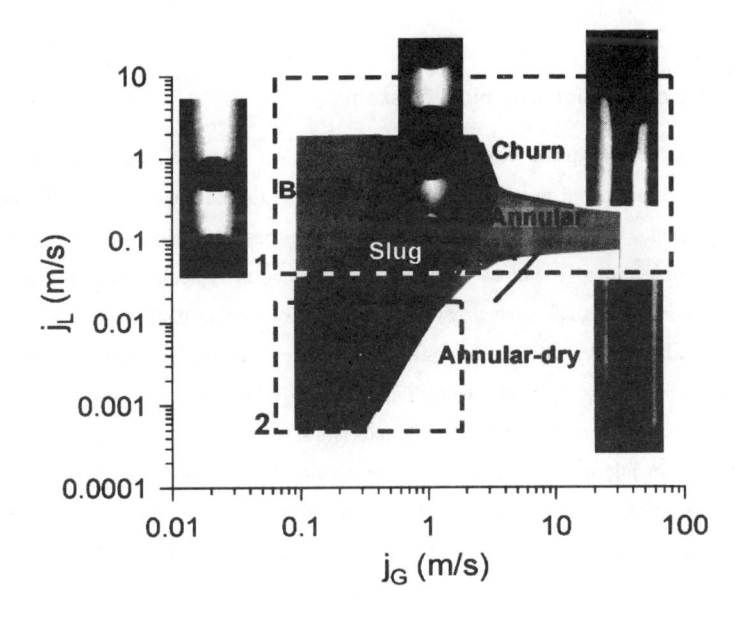

Figure 3. Gas-liquid flow regime diagram representing bubbly, slug, churn, and annular flows (shown as inserts clockwise from lower left corner). In region (1), transition lines were previously obtained for air-water flows in triangular channels. Region (2) is preferred for gas-liquid reactions.

compounds.

The use of chlorine gas at elevated temperatures raises the issue of materials compatibility. Clearly, materials of construction must be compatible with the chemistry for microreactors to be safe. In the case of chlorine, this is accomplished by oxidizing the inner surface to produce a glass surface. For direct fluorination reactions, the microreactor channel can be coated with Ni to render it compatible with fluorine and hydrogen fluoride [18].

The reduced channel size in microreactors greatly improves the control of fast exothermic reactions, such as direct fluorination, by preventing flow maldistributions and localized hot spots. As a result, direct fluorination can be performed using more aggressive conditions than in bench top systems, thereby improving conversion while maintaining good temperature control. For commercial applications, microreactors would ideally be fully stand-alone systems with integrated sensing, flexible chip-to-macro interface, and supporting control capabilities.

Separation in Microchemical Systems

Application of multiphase reactions in microchemical systems requires integration of efficient microfabricated gas-liquid separation units. Surface tension effects in multiple capillary columns enable complete liquid separation of gas and liquid without gas entrainment. In conventional chemical synthesis, the product is typically separated from the reactor effluent by methods such as crystallization, extraction, or distillation. Solid formation is typically not desired in microsystems due to the potential for plugging. The exception is materials synthesis, where microfluidics can provide control of particle size distribution, surface chemistry, and materials characteristics.

Extraction in microsystems has been done previously by using the laminar nature of microfluidic flows to co-flow the extracting fluid and reactor effluent so that the product is able to diffuse into the product stream [19]. However, the liquid-liquid interface can be difficult to stabilize for immiscible liquids, such as water-organic solvent mixtures, typically surfactants have to be used to create a stable emulsion. Moreover, the interfacial area for mass transfer between two co-flowing streams is small - even for a microsystem - when compared to reactor effluent broken up into small droplets in the extracting solvent. To address theses issues, it might be useful to consider extraction techniques that first form a mixture of small droplets and then make use of the excellent scaling of electric field phenomena in microsystems to initiate coalescence and to segregate the two phases.

Microsystems for Energy Conversion

Since combustible fuels store up to a hundred times more energy per unit weight than batteries, there is considerable interest in miniaturizing electric generators for use in low-power applications. However, generators have proven difficult to miniaturize because of a number of challenges, including tight geometrical tolerances, power requirements of pumps and valves, and most importantly, thermal losses in miniaturized systems. Thermal loss caused by the rapid heat transfer across small devices is a major problem for any miniaturized system involving one or more high temperature steps, such as combustion engines, thermoelectric (TE) and thermophotovoltaic (TPV) generators, and fuel cell systems based on high-temperature fuel processors for hydrogen production.

Figure 4 shows a suspended-tube reactor that directly addresses the thermal management issues in small fuel processors [20]. This micro fuel processor consists of four thin-walled silicon nitride tubes, comprising two separate U-shaped fluid channels. On one end, the tubes are fixed into a silicon substrate containing fluidic channels and ports; on the other end, the channels form a free-standing structure. This free end (hot zone) is partially encased in silicon to form a thermally isolated silicon region in which the chemical reactions take place. Heat conduction along the length of the tubes is very small due to the high aspect ratio (2 μm wall thickness, 3 mm length) and low thermal conductivity of the siliconnitride tubes. The tubes contain silicon slabs that permit heat transfer between fluid streams (for heat recuperation) without significantly adding to heat loss down the length of the tubes. In the case of hydrogen production (e.g., ammonia cracking or hydrocarbon reforming), combustion in one stream provides the energy required for endothermic reforming in the other stream. The high thermal conductivity of the silicon in the reaction zone improves the heat transfer between the two process streams. In TE and TPV applications, the thermally isolated silicon zone would serve as a nearly isothermal fuel combustor that either heats the hot junction (TE) or radiates to a photovoltaic cell (TPV).

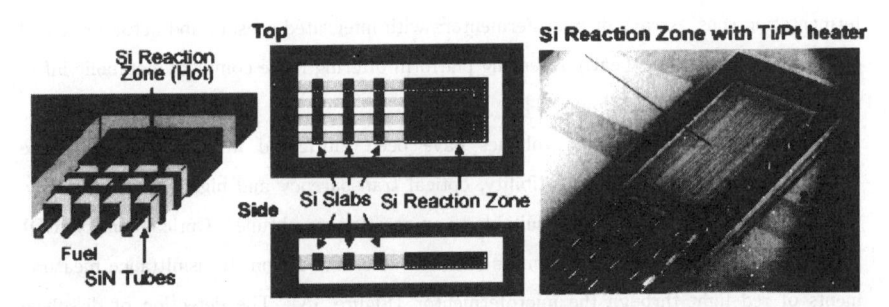

Figure 4. Schematic and SEM of suspended-tube reactor showing four suspended SiNx tubes connecting to the Si reaction zone, Si slabs thermally linking the four tubes, and a meandering Ti/Pt resistive heater/temperature sensor (shown in SEM only) [20].

The suspended-tube reactor has additional features, including a thin-film heater and temperature-sensing resistor (TSR), internal vertical posts within the tubes and silicon reaction zone, and passive stop valves. The thin-film heater is used to initiate and/or carry out chemical reactions, while the temperature sensors are for control. The internal vertical posts serve two purposes. First, they improve heat transfer by reducing the characteristic length for heat conduction in the gas phase. Secondly, they greatly improve the catalyst surface area achievable using catalyst washcoats. The stop valves use surface tension effects to produce controlled deposition of combustion and partial oxidation catalysts.

The suspended tube design efficiently isolates a high-temperature zone and maintains a temperature gradient of greater than 2000℃/mm while simultaneously minimizing heat loss to the environment. The device can be used to produce hydrogen from a variety of fuels, with a projected hydrogen production of $>$ 1 W per reactor.

Microsystems for Bioprocessing Applications

Information that can be used to evaluate the interactions between biological systems and bioprocess operations is essential in high-throughput screening of bacterial strains for determining phenotype and optimizing a production strain. Metabolic information and growth characteristics, e.g. optical density (OD), dissolved oxygen (DO), and pH, are essential for bioprocess optimization. Typical scale-up processes start with a fast initial screening for possible hits, followed by subsequent screening for more in-depth knowledge of the strains selected. Currently, this requires labor-intensive shake-flask or bench-scale fermentation runs. Arrays of microfermentors with integrated sensors and actuators could potentially provide a new early screening platform offering more complete metabolic information than current technology [21].

Microfermentors with μliter volumes have been fabricated in polydimethylsiloxane (PDMS) because of its biocompatibility, optical transparency and high gas permeability. The latter characteristic makes it suitable as an aeration membrane. Optical density (OD) was used as a measurement of biomass and was determined from transmittance measurements of red light through the microfermentor (Figure 5A). The detection of dissolved oxygen (DO) and pH was carried out using fluorescence measurements.

Figure 5B shows the OD and DO curves for a typical *E.* coli fermentation in the microfer-

第VI編　原著論文

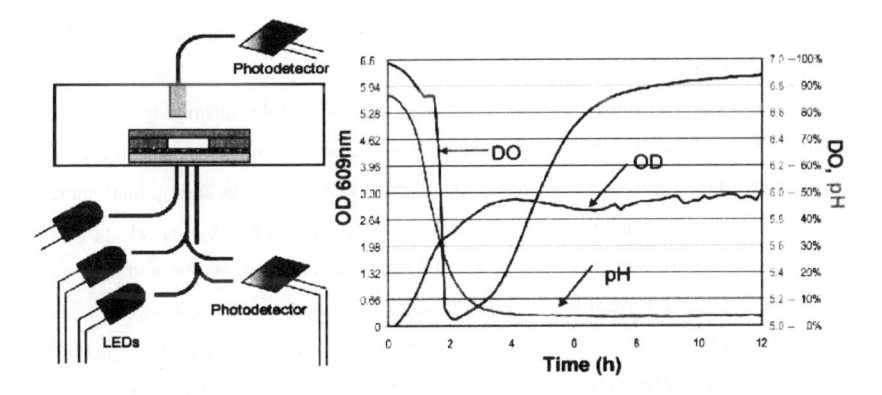

Figure 5. A : Schematic of experimental setup showing microfermentor with optical sensors for DO, OD, and pH. B: Example of on-line monitoring of OD, DO, and pH during growth of *E. coli* cells in a 5 μ microfermentor [21].

mentor. The oxygen level drops rapidly during the exponential growth phase of the bacteria, stays at a minimum while the bacteria remain in an active growth phase, and finally returns to the initial value as the cells enter stationary phase. This growth behavior and the cell count at the end of the run ($\sim 10^9$ cells/ml) are very similar to those observed in macroscale laboratory fermentors. This similarity in behavior and the abilty to measure OD, DO, and pH on-line indicate that microfermentors, and the associated enabled parallelization and automation, could be a promising technology with applications in bioprocessing.

Conclusion

The above examples represent a small fraction of the variety of designs for microreactors being pursued at many academic institutions and company research laboratories. In developing microreaction technology, it will be essential to focus on systems where microfabrication can provide unique chemical fuel processing, and bioprocessing advantages. The necessity of synthesizing sufficient quantities for subsequent evaluation usually dictates that microchemical systems be operated as continuous systems. These systems will need fluid controls for adjusting reagent volumes and isolating defective units. Early implementation of integrated microchemical systems is likely to involve modular systems with microreactors, separation units, and analytic components mounted on electrical, fluidic, and optical "circuit boards" (see Figure 6).

The realization of integrated microchemical systems could ultimately revolutionize research by providing flexible tools for rapid screening of reaction pathways, catalysts, and materials synthesis procedures as well faster routes to new products and optimal operating conditions. Moreover, such microsystems for chemical, energy, and biological applications would clearly require less space, use fewer resources, produce less waste, and offer safety advantages. Progress towards integrated systems will require continued development and characterization of microreactors, separation units, and integrated analytical methods as well as new, innovative approaches for connecting modular microfluidic components into flexible fluidic networks allowing active control and providing potential for matching components to a particular application.

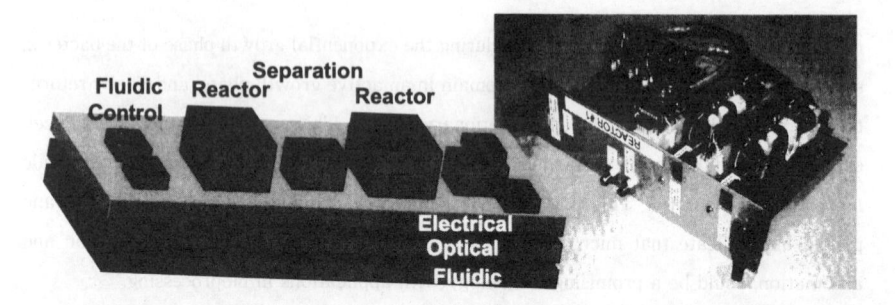

Figure 6. Schematic of modular, integrated microchemical system (left). Example of microreactor electrical-fluid board from mutireactor catalyst test station (right) [22].

Acknowledgements

The author thanks Professor Martin A. Schmidt and members of the research group for collaborations forming the basis for this contribution, as well as DARPA, ARO and the members of the MicroChemical Systems Technology Center for funding.

第VI編　原著論文

References

1) Y. Baba, S. Shoji, and A. van den Berg, "*Micro Total Analysis Systems 2002*" Dordrecht: Kluwer Academic, 2002
2) W. Ehrfeld, V. Hessel, and H. Lowe, *Microreactors : New Technology for Modern Chemistry*. 2000, Weinheim : Wiley-VCH
3) P. D. I. Fletcher, S. J. Haswell, E.Pombo-Villar, B. H. Warrington, P. Watts, S. Y. F. Wong, and X. L. Zhang "Micro reactors : principles and applications in organic synthesis", Tetrahedron, **58** 4735-4757 (2002)
4) K. F. Jensen, "Microreaction engineering-is small better?" *Chem. Eng. Sci.*, **56**, 293-303, 2001
5) M. A. Burns,"Everyone's a (Future) Chemist", *Science*, **296**, 1818-9 (2002)
6) T. M. Floyd, M. A. Schmidt, K.F. Jensen, "A silicon microchip for infrared transmission kinetics studies of rapid homogeneous liquid reactions", MicroTotal Analysis Systems (μTAS) 2001, J. M. Ramsey & A. van den Berg (Eds.), Kluwer Academic, Dordrecht (2001). pp. 277-9
7) S. L. Firebaugh, K.F. Jensen, M.A. Schmidt, "Miniaturization and integration of photoacoustic detection with a microfabricated chemical reactor system", *J. MEMS*, **10** 232-238, 2001
8) H. Lu, M. A. Schmidt, and K. F. Jensen, "Photochemical reactions and on-line UV detection in microfabricated reactors", *Lab on a Chip* **1**, 22-28 (2001)
9) R. Srinivasan, , I.-M. Hsing, P. E. Berger, K. F. Jensen, S. L. Firebaugh, M. A. Schmidt, M. P. Harold, J. J. Lerou, and J.F. Ryley, "Micromachined reactors for catalytic partial oxidation reactions", *AIChE Journal*, **43**, 3059-3069, 1997
10) S. B. Schaevitz, A. J. Franz, K. F. Jensen, and M. A. Schmidt, A combustion-based MEMS thermoelectric power generator, *11th International Conference on Solid-State Sensors and Actuators*, Munich, Germany, 2001, pp.30-33
11) A. Franz , K.F. Jensen, and M.A. Schmidt, "Palladium membrane microreactors", in *Microreaction Technology : Industrial Prospects*, W. Ehrfeld, Ed. 2000, Springer: Berlin. pp.267-276
12) S. K. Ajmera, C. Delattre, M. A. Schmidt, and K. F. Jensen, "Microfabricated differential reactor for heterogeneous gas phase catalyst testing", *J. Catalysis* **209**, 401-412 (2002)
13) M. W. Losey, R. J. Jackman, S. L. Firebaugh, M. A. Schmidt, and K. F. Jensen, "Design and fabrication of microfluidic devices for multiphase mixing and reaction", *J. of MicroElectromechanical Systems* **12**, 709-717 (2002)
14) M. W. Losey, M. A. Schmidt and K. F. Jensen, "Microfabricated multiphase packed-bed reactors: Characterization of mass transfer and reactions", *Ind. Eng. Chem. Res*, **40**, 2555-2562, 2001

15) A. Günther, M. Jhunjhunwala, N. de Mas, M. A. Schmidt, and K. F. Jensen, "Gas-liquid flows in microchemical systems, in [1]
16) T. S. Zhao, and Q. C. Bi, "Co-current air-water two-phase flow patterns in vertical triangular microchannels", *Int. J. Multiphase Flow* **27**, 765-782 (2001)
17) S. K. Ajmera, M. W. Losey, and K. F. Jensen, "Microfabricated packed-bed reactor for distributed chemical synthesis : The heterogeneous gas phase production of phosgene as a model chemistry", *AIChE J.* **47**, 1639-1647, 2001
18) N. de Mas, A. Günther, M. A. Schmidt, Klavs F. Jensen, "Microfabricated chemical reactors for the selective direct fluorination of aromatics", *Ind. Eng. Chem. Res.* (to appear 2003)
19) J. R. Burns and C. Ramshaw, "The intensification of rapid reactions in multiphase systems using slug flow in capillaries", *Lab on a Chip*, **1**, 10-15 (2001)
20) L. R. Arana, S. B. Schaevitz, A. J. Franz, K. F. Jensen, and M. A. Schmidt, "A Microfabricated Suspended-Tube Chemical Reactor for Fuel Processing", *Proceedings of the Fifteenth IEEE International Conference on Micro ElectroMechanical Systems*, IEEE, New York, pp.212-215 (2002)
21) N. Szita, A. Zanzotto, P. Boccazzi, A. J. Sinskey, M. A. Schmidt, and K. F. Jensen, "Monitoring of cell growth, oxygen and pH in microfermentors", in [1]
22) D. J. Quiram, J. F. Ryley, J. Ashmead, R. D. Bryson, D. J. Kraus, P. L. Mills, R. E. Mitchell, M. D. Wetzel, M. A. Schmidt, and K. F. Jensen, "Device level integration to form a parallel microfluidic reactor system", *MicroTotal Analysis Systems (μTAS) 2001*, J. M. Ramsey & A. van den Berg (Eds.), Kluwer Academic, Dordrecht (2001). pp. 661-3.

Chapter 6 Microstructure Devices for Thermal and Chemical Process Engineering

J. Brandner, L. Bohn, U. Schygulla, A. Wenka and K. Schubert

Forschungszentrum Karlsruhe GmbH

Institute for Micro Process Engineering

D-76031 Karlsruhe, Germany

Abstract

Metallic microstructure devices have been manufactured and tested for applications in chemical and thermal process engineering as well as for laboratory work. Micromachining of metal foils, multilamination and diffusion bonding of those foils stacked together followed by welding the stack into housings or connecting it to flanges has become a well established process yet. Other connection methods like laser beam welding have been successfully applied. Crossflow and counterflow microstructure heat exchangers of different geometries have been developed and manufactured. They have water throughputs of up to 7 t/h per passage, leading to a heat transmission power of about 200 kW. In devices with enhanced heat transfer, overall heat transfer coefficients of around 56000 W/m²K have been achieved with water as test fluid. Electrically heated microstructure devices for easy controllable and fast heating of temperature sensitive fluids have been build. They can also be used as evaporators or generate superheated liquids. Static micromixers of different types have been developed for fast and complete mixing of reactants. Microstructure devices have been made of catalytic active material like noble metals. They proofed to have superior performance for chemical applications. Several methods to obtain thin coating layers in already manufactured microstructure device fluid passages have been developed. These coatings can be used as base layers for catalysts of, i.e., heterogeneously catalyzed reactions.

1 Introduction and Summary

Applications in chemical and thermal process engineering may benefit from the use of microstructure devices such as microstructure reactors, microstructure mixers and microstructure heat exchangers, especially when small sizes of the devices, high heat and/or mass transfer rates and inherent safety are of advantage for the process. In various publications, the advantages and characteristics of microstructure devices have been pointed out. [1, 2, 3, 4, 5]

This paper will give an overview to the developments, experimental results and possible application fields of metallic microstructure devices manufactured at the Institute for Micro Process Engineering (IMVT) of the Forschungszentrum Karlsruhe (Karsruhe Research Center). Recent fields of applications have been automotive industry, chemical industry, food industry, environmental technology and aviation and space industry.

The manufacturing process will be outlined. Some experimental results with crossflow and counterflow heat exchangers, electrically driven heat exchangers and microstructure reactors will be given. Static micromixers will be presented as well as an overview to the development of catalytic microstructure reactors.

2 Manufacturing

All microstructure devices have been designed for scalable throughputs in industrial and laboratory applications. To guarantee leak-tightness as well as temperature, corrosion and overpressure resistant devices, metals and alloys have been chosen as base materials for the microstructures. Those materials can be micromachined by numerous methods and easily joined by high-temperature processes to stable and leak-tight structures. [1] Meanwhile, other materials like ceramics and plastics are tested for specific applications. [6]

2.1 Micromachining

As first step of the manufacturing process, metal foils are micromachined by precision milling or precision turning. These cost effective and fast methods can be applied to a wide spectrum of materials like stainless steel, titanium, noble metals, copper, hastelloy, brass and many more. The tools used for this are tiny cutters made of natural diamonds or boron nitride. Other methods like laser cutting, μEDM or micro etching are also used.

Figure 1 is a view of a mechanically micromachined copper foil. The foil is 100 μm thick having grooves of 100 μm×70μm. The bottom and the remaining fins are 30μm thick.

2.2 Multilamination and Connecting

After the metal foils are micromachined, they are cut to the desired format and stack-

第Ⅵ編　原著論文

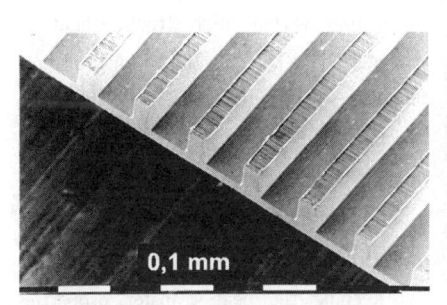

Fig.1: SEM of a mechanically micromachined copper foil having microgrooves with dimensions of $100\mu m$ x $70\mu m$.

Fig.2: SEM of an etched cross section of a diffusion bonded foil stack having crosswise arranged microchannel rows.

ed on top of eachother. Depending on the design of the foils, the arrangement will lead to a crossflow or counterflow device, other designs are used to produce microstructure reactors.

The foil stack is then connected either by diffusion bonding or another connection technology like electron beam welding, laser welding, soldering or even glueing. Especially the diffusion bonding process (transfer of the stack into a vacuum oven, hot-press at temperatures between 500℃ and 1000℃ at forces of several 10s of kN) leads to very stable devices. A cross section of a properly bonded device is shown in figure 2.

2.3 Fluid Adaptation

The microstructure body is welded to cover plates and suitable adapter fittings which include conventional tube fittings or flanges. In general, this step is done with electron beam welding because with this method it is possible to join different materials vacuum tight and with high stability without stressing the microstructure very much by high temperature loads.

2.4 Quality Control

All manufacturing processes are accompanied by quality control steps and documentation. Finally, the devices are tested for their leak rates and overpressure resistance. The mean hydraulic diameter and the mean throughput per passage are determined with N_2 as test fluid at a defined flow and pressure drop.

He leakrates have been measured between the passages as well as between the passages and the environment. They have been found typically in the range of 10^{-8} to 10^{-10} mbar l/s.

For stainless steel devices, static overpressure tests up to 1000 bar pressure difference at room temperature and up to 50 bar pressure difference at 300°C for 6 hours without affecting the properties of the device have been done. Furthermore, dynamic pressure difference tests showed also no effects on the microstructure devices. No increase of the leakrates could be measured.

Figure 3 shows a variety of microchannel devices for different throughputs and applications. They can either directly be used (i. g. microstructure heat exchangers or micromixers) or they are equipped with a catalytic coating if they shall be used as catalytic microreactors.

3 Microstructure Heat Exchangers

For applications in industry and at the laboratory, various microstructure heat exchangers have been developed for crossflow and counterflow operation. Furthermore, electrically heated microstructure devices have been manufactured and tested.

The multilamination principle allows to design the devices with scalable throughputs by keeping the heat transfer properties essential constant. This is a precondition for a fast scaleup of processes which has been developed in the laboratory and shall be transferred to technical realization. Devices for technical applications have thousands of uniform microchannels per flow passage and specific heat transfer surfaces of up to 15000 m^2/m^3.

3.1 Crossflow Microchannel Devices

In figure 4, standardized crossflow microchannel reactors / heat exchangers with active volumes of 1 cm³, 8 cm³ and 27 cm³ are shown without fluid adapters. With water as test fluid in both passages, a thermal power of up to 200 kW could be transferred with the largest device having a side length of $3\times3\times3$cm. The water throughput is in the range of 700 kg/h per passage for the 1 cm³ device up to 7000kg/h per passage for the 27 cm³ device.

3.1.1 Experimental Results on Heat Transfer

Using water with approximately 90°C in

Fig.3: Microchannel devices for applications in chemical and thermal process engineering. Crossflow and counterflow devices of different sizes are shown as well as two static micromixers and a combined device including a micromixer and a crossflow microstructure.

Fig.4: Standardized crossflow microstructure heat exchanger bodies of 1cm³, 8cm³ and 27cm³ active volume without fluid adapters.

one and water with around 8℃ in the other passage as test fluids, overall heat transfer coefficients of up to 25000W/m²K have been obtained depending on the hydraulic diameter and the size of the microstructure heat exchanger. Residence times of a few milliseconds and heat-up or cooldown rates of up to 15000 K/s are reached.

3.1.2 Numerical Studies

The temperature distribution inside of crossflow microstructure heat exchanger have been calculated with a CFD model. [7, 8] The mean calculated temperatures agree with the experimental values within a few percent of deviation in various flow regimes. However, it was not possible to measure and verify the actual temperature inside the heat exchanger.

3.2 Counterflow Devices

Counterflow devices are mandatory for applications where approximately the same thermal conditions have to be provided in every microchannel and where the temperature difference between the two fluids shall be kept low. In chemical applications, counterflow devices may have advantages when, for example, exothermic and endothermic processes shall be combined. [9]

Experimental results on the heat transfer shows a behaviour expected from macroscopic devices : The efficiency of the counterflow device is slightly above the efficiency measured with the crossflow device. [10]

3.3 Devices with Enhanced Heat Transfer

One approach to increase the overall heat transfer coefficient is certainly to reduce the hydraulic diameter of the microchannels. [4] This increases the risks of fouling and blocking the channels by particles.

A possible solution could be the use of microstructures with wide openings of the microstructure system but different internal microstructure to achieve a flow regime different from the laminar flow inside of linear microchannels. This can be achieved, for example, with structures consisting of microcolumns in a certain arrangement instead of microchannels.

A laboratory prototype of such a microcolumn crossflow heat exchanger was build and tested. With this device, an overall heat transfer coefficient of up to 56000 W/m²K could be achieved using water as test fluid in both passages. [10, 11]

3.4 Microstructure Heaters and Evaporators

For a fast and easy controllable heating of fluids electrically heated microstructure heat exchangers have been developed and tested. For fluid driven devices are normally temperature limited to about 350℃, electrically heated devices can reach higher temperatures without problems.

A combination of microstructures and highpower resistor cartridge heaters lead to devices with overall heat transfer coefficients of around 17500W/m²K, while conventional electrical heaters reach values of only about 2500W/m²K. The surface temperature of the microstructures remains close to the desired fluid temperature, which is suitable for the use of fluids sensitive against overheating. Control of the temperature is easily done by conventional program controllers or specifically designed control siftware.

With the developed devices, a maximum overall electrical power of 15kW can be applied. Gas streams can be heated to about 850℃ with heating rates of around 680000K/s. Even inflammable gas mixtures can safely be heated. Liquids can be superheated under pressure or evaporated. [12]

In figure 5, an electrically heated microstructure heat exchanger is shown.

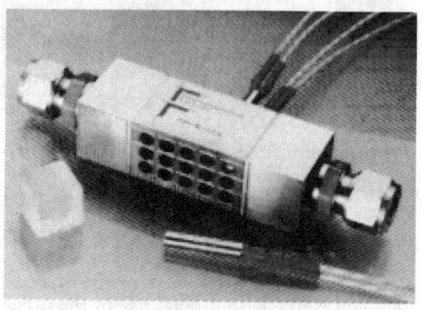

Fig.5 : Electrically heated microstructure heat exchanger, for liquids and gases made of stainless steel. Maximum electrical power : 15 kW.

4 Static Micromixers

Beside microstructure heat exchangers, micro mixers may have distinct advantages in process engineering. Static micro mixers provide fast and complete mixing of reactants by diffusive mixing of numerous substreams at the outlet of the mixing device at low mixing energy.

Two types of static mixers have been developed, a V-type and a P-type micromixer. In figure 6 a and b, the schematic design of those mixer types is shown.

CFD calculations for the mixing of methane and oxygen at the outlet of a V-type micro mixer lead to a mixing length of around 500μm and a mixing time of about 30 μs, depending on the gas flow. Experimental determination of the mixing length with a V-type mixer and mixtures of N_2 and Ar or He came to comparable results. [4, 13]

The performance of the V- and the P-type micro mixers was investigated and compared to the performance of a commonly used jet mixer. The static mixers reached the same mixing efficiency with the mixing energies beeing one to two decades lower compared to the common jet mixer. [14]

5 Microstructure Reactors

Due to their outstanding heat and mass transfer capabilities, chemical process technology may benefit in different ways from microstructure devices. The main benefits are the possibility of precise control of the reaction conditions (i.g. temperature, reactants composition, pressure and residence time) wich is a preconditition to achieve high space-time yields. Another aspect is the inherent safety of the devices due to their small hold-up, their overpressure resistance, leak tightness and the flame arresting capabilities of the microchannel systems.

For non-catalyzed, homogeneously or heterogeneously catalyzed reactions devices

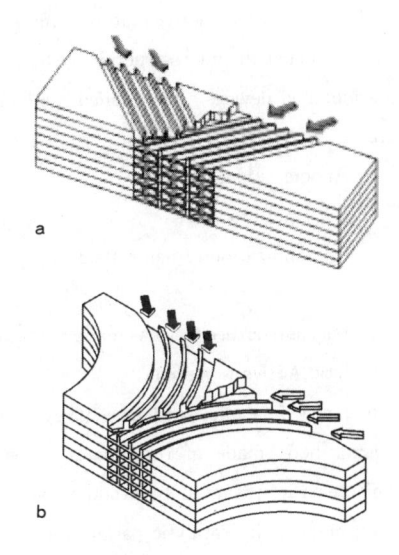

Fig.6a : Schematic design of a V-type static micromixer
Fig.6b : Schematic design of a P-type static micromixer.. In Fig. 6a, the substreams leave the outlet at a relative space angle of 90°, in Fig. 6b the angle is 0°. For representation, the upper foil of each design is cut.

similar to those mentioned in the previous chapters can be utilized. Beside this, some special designed microstructure devices have been developed like flanged microstructure reactors with low dead volume or reactors for unsteady state running of chemical reactions by temperature or composition cycling [15, 16, 17].

There are several methods to obtain catalytic active microstructure devices. One possibility is to manufacture the complete device of a catalytic active material, another way is to coat the microstructure system of the mounted devices. The applied methods are:

- Anodic oxidation
- Sol / gel processes
- Immobilization of nanoparticles

5.1 Microstructure Devices made of Catalytic Active Material

In figure 7, a microstructure honeycomb reactor body made of rhodium is shown. This reactor was used to produce syngas from methane by catalytic patial oxidation in the high pressure range at 20 bar. [18]

5.2 Anodic Oxidation

The utilization of anodic oxidation of aluminum for shell catalysts was introduced several years ago. [19] It has been applied successfully for partial hydrogenation reactions in microstructure devices. [20]

The method has been developed further to achieve uniform mesoporous Al_2O_3 layers even in fine capillaries and complete microstructure devices. [21] In figure 8, the result of a postcoating process of a crossflow microstructure reactor made of diffusion bonded aluminum foils is shown.

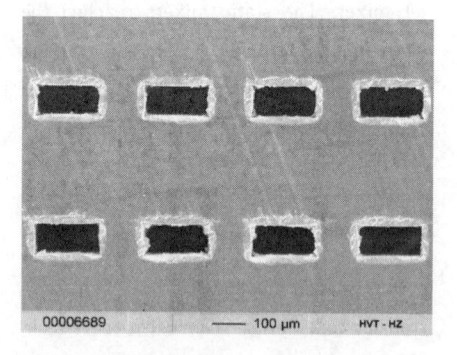

Fig.8: SEM of a cross section of a diffusion bonded and afterwards anodically oxidized crossflow microstructure reactor. The microchannels are surrounded by a layer of Al_2O_3 which is uniform in thickness.

Fig.7: Microstructure Rhodium honeycomb reactor for the partial oxidation of methane to syngas at 20 bar.

5.3 Sol / Gel Process

A second possibility to implement a postcoating of a microchannel system is the sol/gel process which can be used for dip-coating of the microstructures. With this method, a variety of oxidic materials can be provided as carriers for the catalytically active components. It is a challenge to produce crack-free, highly porous layers which are nevertheless mechanically stable and have good sticking abilities to the surface of the base metal. [22] In figure 9, stainless steel microchannels with sol / gel coatings are shown.

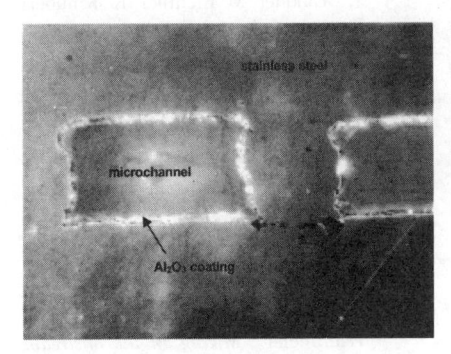

Fig.9 : Sol / gel coating of stainless steel microchannels.

5.4 Immobilization of Nanoparticles

Catalytic active layers made of immobilized and sintered nanoparticles are another successfull approach to coat capillaries cut into metal surfaces with a washcoat of variable composition. One of the advantages is that the active component can be added to the slurry as nanoparticle. [23]

In figure 10, a Pd/ZnO catalyst is shown which has been developed and used for methanol steam reforming. Brought into a microchannel device, high turnovers at residence times by one order of magnitude lower than in technical reactors have been observed. The catalyst shown here was consisting of Pd and wet impregnated with ZnO nanoparticles.

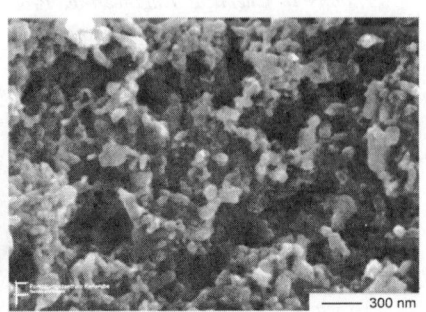

Fig.10 : SEM picture of a Pd/ZnO catalyst (mass ratio 1 :99 for Pd on nanoparticles ZnO)

6 References

[1] W. Bier, W. Keller, G. Linder, D. Seidel and K. Schubert : *Manufacturing and Testing of Compact Heat Exchangers with High Volumetric Heat Transfer Coefficicents.* Symposium Volume, DSC-Vol.19, ASME, 189-197, 1990

[2] W. Ehrfeld, V. Hessel, H. Mobius, Th. Richter, K. Russow : *Potentials and Realization of Microreactors.* DECHEMA Monographie Vol.132, VCH, 1-28, 1996

[3] O. Worz, K.P. Jackel, Th. Richter, A. Wolf : Microreactors, *a New Efficient Tool for Optimum Reactor Design. Proceedings of the 2nd Int. Conf. On Microreaction Technology*, 183-185, 1998

[4] K. Schubert, W. Bier, J. Brandner, M. Fichtner, C. Franz, G. Linder : *Realiza-*

tion and Testing of Microstructure Reactors, Micro Heat Exchangers and Micromixers for Industrial Applications in Chemical Engineering. Proc. of the 2nd Int. Conf. On Microreaction Technology, 88-95, 1998

[5] Marc Madou : Fundamentals of Microfabrication : The Science of Miniaturization. CRC Press, 2. Edition, 1997

[6] D. Göhring, R. Knitter, P. Risthaus, St. Walter, M.A. Liauw, P. Lebens : Gas-Phase Reactions in Ceramic Microreactors. Proc. of the 6th Int. Conf. On Microreaction Technology, 55-60, 2002

[7] A. Wenka, M. Fichtner, K. Schubert : Investigation of the Thermal Properties of a Micro Heat Exchanger by 3 D Fluid Dynamics Simulation. Proc. of the 4th Int. Conf. on Microreaction Technology, 256-263, 2000

[8] A. Wenka, J. Brandner, K. Schubert : A Computer Based Simulation of the Thermal Processes in an Electrically Powered Micro Heat Exchanger. Proc. of the 6th Int. Conf. On Microreaction Technology, 345-350, 2002

[9] J. Frauhammer, G. Eigenberger, L. v. Hippel, D. Arntz : A new reactor concept for endothermic high-temperature reactions. Chem. Eng. Science 54, 3661-3670, 1999

[10] J. Brandner, M. Fichtner, G. Linder, U. Schygulla, A. Wenka, K. Schubert : Microstructure Devices for Applications in Thermal and Chemical Process Engineering. Proc. of the Int. Conf. on Heat Transfer and Transport Phenomena, 41-53, 2000

[11] J. Brandner, M. Fichtner, U. Schygulla, K. Schubert : Improving the Efficiency of Micro Heat Exchangers and Reactors. Proc. of the 4th Int. Conf. on Microreaction Technology, 244-249, 2000

[12] J. Brandner, M. Fichtner, K. Schubert : Electrically Heated Microstructure Heat Exchangers and Reactors. Proc. of the 3rd Int. Conf. on Microreaction Technology, 213- 223, 1999

[13] T. Zech, D. Hönicke, M. Fichtner, K. Schubert : Superior Performance of Static Micromixers. Proc. of the 4th Int. Conference on Microreaction Technology, 390-399, 2000

[14] S. Ehlers, K. Elgeti, T. Menzel, G. Wießmeier : Mixing in the offstream of a microchannel system., Chem. Eng. Proc. 39, 291-298, 2000

[15] M. Kraut, A. Nagel, K. Schubert : Oxidation of Ethanol by Hydrogen Peroxide in a Modular Microreactor System. Proc. of the 6th Int. Conf. On Microreaction Technology, 351-356, 2002

[16] J. Brandner, M. Fichtner, K. Schubert, M.A. Liauw, G. Emig : A New Microstructure Device for Fast Temperature Cycling for Chemical Reactions. Proc. of the 5th Int. Conf. On Microreaction Technology, 164-174, 2001

[17] J. Brandner, G. Emig, M.A. Liauw, K. Schubert : Fast Temperature Cycling with Microstructure Devices. Proc. of the 6th Int. Conf. On Microreaction Technology, 275-280, 2002

[18] J. Mayer, M. Fichtner, K. Schubert : A Microstructured Reactor for the Catalytic Partial Oxidation of Methane to

Syngas., Proc. of the 3rd Int. Conference on Microreaction Technology, 187-196, 1999
[19] D. Honicke, Appl. Catalysis Vol. 5, 179, 1983
[20] A. Kursawe, E. Dietzsch, S. Kah, D. Honicke, M. Fichtner, K. Schubert, G. Wiessmeier : *Selective Reactions in Microchannel Reactors.*, Proc. of the 3rd Int. Conf. on Microreaction Technology, 213-223, 1999
[21] M. Fichtner, W. Benzinger, K. Haas-Santo, R. Wunsch, K. Schubert : *Functional Coatings for Microstructure Reactors and Heat Exchangers.*, Proc. of the 3rd Int. Conf. on Microreaction Technology, 90-101, 1999
[22] K. Haas-Santo, M. Fichtner, K. Schubert : *Preparation of microstructure compatible porous supports by sol-gel synthesis for catalyst coatings.*, Sent to : Appl. Catalysis A
[23] P. Pfeifer, M. Fichtner, M. Liauw, G. emig, K. Schubert : *Microstructured Catalysts for Methanol Steam Reforming.*, Proc. of the 3rd Int. Conf. on Microreaction Technology, 372-382, 1999

Chapter 7 Microreactors - An Emerging Technology for Chemical Industry

Holger Löwe, Volker Hessel, Katharina Russow,

Institut für Mikrotechnik Mainz GmbH

Carl-Zeiss-Str. 18-20, 55129 Mainz

1 Introduction

Why are chemical engineers interested in miniaturizing their equipment? Does this, regarding the huge amounts of chemicals produced per day, make sense? Yes, in certain cases miniaturization does make sense, both for applications in production and research, and offers economical and ecological benefits over conventional techniques.

2 Basic characteristics of microreaction systems

Small characteristic dimensions and the ability to combine a large number of system components within small volumes form the basis for the unique properties of microreaction systems [1-4]. This strongly affects chemical processes as reaction conditions compared to conventional reaction regimes may be significantly changed, e.g. by enhanced heat management or by establishing strong gradients with respect to physical properties along the reaction pathway :

The decrease of linear dimensions increases, for a given difference in a physical property, the respective gradient. Consequently, the driving forces for heat transfer, mass transport, diffusional flux per unit volume or unit area increase when using microreactors, thus enabling extremely fast response times. Thus, microreactors permit experiments under new process regimes not feasible in conventional reactors due to reactions involving fast processing of unstable intermediates as well as safety aspects.

The decrease of volume due to the reduction of the linear dimensions, typically amounting to a few μl, reduces the material hold-up of a reactor significantly. For typical continuous flow operation in microdevices this also leads to increased process safety and, compared to the conventional batch process, improved selectivity due to shorter residence times.

Defined flow characteristics due to the laminar flow conditions in microchannels lead to narrow residence time distributions and uniform mass transport kinetics.

The operation on-demand and on-site is possible due to easy and safe handling of microreactors, thus avoiding storage and transportation of explosive or hazardous chemicals.

But nevertheless microreaction technology may not be used to miniaturize all equipment for chemical production as certain conditions need to be fulfilled to render miniaturization a success. One of the most outstanding features of microreactors is the fact that the performance of reactions under conditions not feasible in the large scale is possible, e.g. within the explosion limits, under periodic operation, or with extreme physical gradients.

3 Fabrication techniques for microreactor components

Microreaction technology is a group of strategies and techniques used to reduce the size of functional units as well as complex chemical reactors. Different microfabrication techniques, such as LIGA, micro electro discharge machining, micro mechanical techniques, or etching are being used to manufacture microstructures in various materials, as discussed below [5-7]. The assembly of these core components is achieved in steel packages and optimized to allow easy handling. Connectors at the inlet and outlet of the microreactor allow the

Table 1 : *3D-Microfabrication processes and appropriate materials*

Materials / Production techniques	Semi conductor materials	Metals	Plastics	Ceramics	Glass	Fabrication of complex shapes
Wet chemical anisotr. etching	■	□	□	□	□	□
Advanced Silicon Etching	■	□	□	□	□	■
Photolithography	■	■	■	■	■	□
Mechanical micromachining	□	■	■	▨	□	▨
LIGA Process	□	■	■	□	□	■
Photoetching of glass	□	□	□	□	■	□
Micro EDM	▨	■	□	▨	□	■

■ suitable   ▨ partly suitable   □ not suitable

adaptation to standard laboratory equipment such as pumps, storage tanks and analytical instruments. Generally only the core component of a functional unit or reaction system, e.g. mixer, heat exchanger, or reaction chamber, is miniaturized in order to profit from the benefits of microreactors and to minimize the engineering effort. To determine the optimal manufacturing strategy for a microreactor, the best material regarding chemical and thermal resistance as well as the desired channel dimensions for the chosen reaction is selected. Finally an appropriate fabrication technique is chosen (see Tab.1).

4 Advantages of microreactors in production and research

Potential benefits regarding the applications of microreactors have stimulated lively interest in this new discipline of chemical engineering [8]. The multiple repetition of fluidic microdevices, either operated in parallel using a common feed line for production purposes or fed separately in screening applications is advantageous for several reasons [3,9-11]. Due to this increase of the number of units microreactors support fast and cost-saving screening of materials and processes and enable more flexible production :

- Faster transfer of research results into production
- Earlier start of production at reduced costs
- Smaller plant size
- Easy scale-up of production capacity
- Cost reduction for transportation, energy and materials
- Flexible response to market demands

Regarding microreactors as tools for information gathering their advantages are obvious. Ease and flexibility of construction and disassembly, small experimental set-up and small material consumption make them attractive. Whereas information gathering is independent of the size of the analysis system for production issues a high throughput is indispensable. However, specific fields have been identified where the use of microreactors is nevertheless favorable and their lower specific capacity is counter-balanced due to enhanced performance or other reasons :

- Replacing a batch by a continuous process
- Intensification of process
- Safety issues

- Change of product properties
- Distributed production

This leads to growing acceptance and a sustainable development; the related economical and ecological aspects make the miniaturization concept attractive for end-users from research and industry.

5 State-of-the-art in microreaction technology

5.1 Micromixers-a flexible tool for research and process development

A micromixing device developed at the Institut für Mikrotechnik Mainz uses flow multilamination of fluid lamellae with subsequent diffusional mixing. Two incoming fluids are split into many substreams which are dispersed, yielding a multilayered system with a typical layer thickness of a few ten micrometers (see Fig.1). The micromixer has been realized in a variety of materials and with different designs [3]. A huge number of experiments concerning mixing of miscible and non-miscible fluids have been performed. This choice of materials and designs as well as the broad experimental know-how stimulated commercial interest so that the micromixer has become a successful microreactor product available in a small-series production.

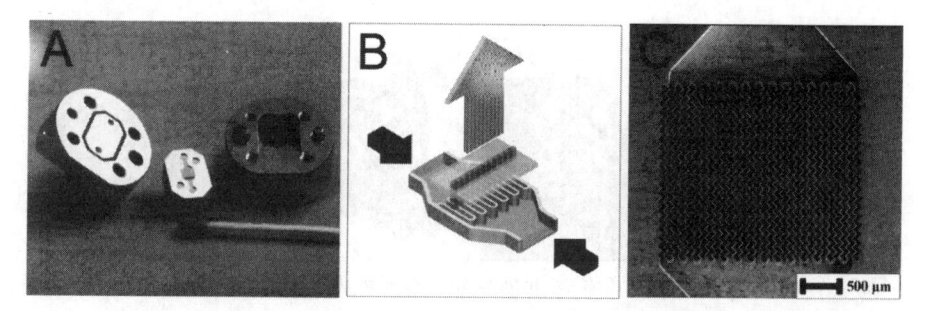

Fig.1 : *Micromixer consisting of a LIGA device with an interdigital channel structure (A) Photograph of mixing unit (here : Nickel) and housing (stainless steel); (B) Multimlamination of streams in the interdigital configuration leads to fast mixing through diffusion; (C) Scanning electron micrograph of a mixing element.*[3]

Micromixers for radical polymerization of acrylates

Radical polymerization processes are industrially employed for the large-scale production of various polymers and copolymers, including poly(methyl-methacrylate) (PMMA) (Fig. 2). Polymerization was so far realized by batch or semi-batch processes. Recently, continuous radical polymerization has shown enhanced process reliability and reactor efficiency as well as increased safety.

Fig.2 : *Polymerization of acrylic acid*

To evaluate these potential benefits a team of researchers at Axiva (Frankfurt, Germany) tested a tube reactor equipped with static mixers [3]. The process is in particular sensitive to micromixing effects, so it is necessary to obtain uniform concentration profiles of initiator and monomer directly after mixing the reactants. When using a 5mm static mixer fouling of the tube reactor was always observed due to insufficient mixing conditions at the feed point of the tube reactor. In order to increase the homogenization of monomer and initiator a micromixer was installed at the reactor inlet and served as a pre-mixer. This ensured fast and efficient mixing on the microscale [13] and fouling was reduced tremendously. (Fig.3).

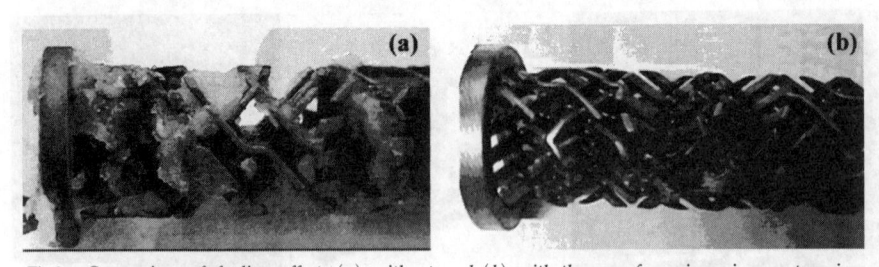

Fig.3 : *Comparison of fouling effects (a) without and (b) with the use of a micromixer as premixer.*

In order to transfer the results obtained with the micromixer on a lab-scale to a production process the concept of numbering-up based on the parallel operation of identical devices was employed in two steps. On the laboratory scale one mixer array integrating ten mixing units was able to reach a throughput of 6.6kg/h at a pressure drop of 6.5 bar. A pre-basic design for industrial scale showed that 32 such micromixers combined in an assembly enable a production capacity of 2,000 tons of acrylate per year.

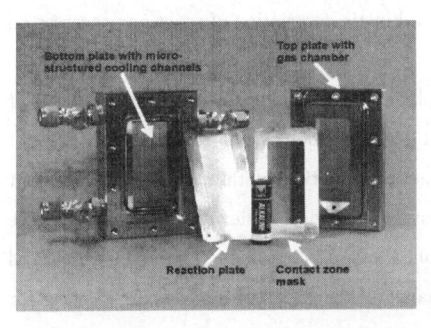

5.2 The falling film microreactor-process intensification by miniaturization of a gas/liquid contacting module

As discussed above the advantages of the microreaction concept lead to an affection of chemical processes due to enhanced heat and mass transfer. The resulting intensification of processing does, in selected cases, allow the performance of chemical reactions not feasible in the macroscopic range due to lacking turnover rates or safety reasons.

In gas/liquid microreactors with enhanced heat and mass transfer high gradients for heat and mass transfer can be utilized. These transport enhancements do in general allow an improvement in the reaction performance for reactions that are thermally controlled.

A special-type microreactor for gas/liquid contacting, a so-called falling film microreactor (see Fig. 4) has been designed and tested [14]. The microreactor contains a reaction plate, a housing with integrated micro heat exchanger and an UV- and IR-transparent plate for inspection. The system is gas tight up to a pressure of 10 bar. In the falling film microreactor thin films are generated by means of gravity force on a reaction plate, thereby achieving a high specific interfacial area. The liquid reactant is divided into many substreams at the top of a vertical reaction plate. The flow direction of the gaseous phase can be directed co- or countercurrently relative to the liquid phase.

The reactor was modeled with respect to its specific interfacial area, the overall mass transfer efficiency and fluid equipartition. The theoretical results were experimentally evaluated under non-reacting conditions by monitoring the absorption of CO_2 in aqueous NaOH solutions. The film thickness was determined by non-contact surface measurements using a so-called Microfocus- UBM. The falling film microreactor generates liquid films as thin as $25\mu m$, corresponding to specific interfacial areas of about 20.000m^2/m^3 exceeding the performance of conventional gas/liquid contacting equipment by at

Fig.4 *Components of falling film microreactor*

least one order of magnitude. Very narrow residence time distributions of the flows in the channels were achieved by using a pressure barrier. A thermographical method for the dynamic monitoring of fluid equipartition and heat release in real-time was established, providing information on the temperature distribution at high spacial resolution on the reaction plate.

As a test reaction the direct fluorination of aromatic compounds was chosen, the reactants being common fine chemicals, e.g. for the synthesis of pharmaceuticals and organic dyes. For production on the industrial scale a multi-step process using nucleophilic substitution, namely the Schiemann process, is employed [15]. Direct fluorination of toluene is not possible on the large scale due to limitations of mass and heat transfer as well as for safety reasons. Too large heat release leads to the formation of undefined products and often causes explosions.

The direct fluorination of toluene dissolved in acetonitril was feasible in the falling film microreactor as proven by the synthesis of quantitative amounts of monofluorinated products. The reaction was performed with elemental fluorine (10% F_2 in N_2), reaching a conversion rate of 50% and yielding up to 20% of the desired products.

5.3 Screening of catalysts

Devices for catalyst screening in heterogeneous gas phase reactions are becoming increasingly popular despite of recent efforts in describing gas / surface interactions theoretically. However, due to the complexity of pore models as well as the huge computational power needed to describe gas / surface interactions on a molecular level, experimental efforts still are essential for efficient catalyst screening. With the aid of a miniaturized screening device we were able to demonstrate that insights achieved by a reactor description on a macroscopic fluiddynamic scale provide a valuable tool for a kinetic description of reaction processes on the basis of screening data [16].

The concept of using microstructured titer-plates in a screening device overcomes some of the difficulties present when using convenient screening devices. One major advantage of microstructured devices are the isothermal reaction conditions within the reaction zone. At the same time, rapid changes in reactor temperature are achievable allowing e.g. the distinction between diffusion or rate controlled reaction regimes. The microstructured modular reactor enables a fast and easy exchange of the different modules, accounting for gas distribution, analysis and the reaction process (see Figure 5(a)). The heart of the reactor

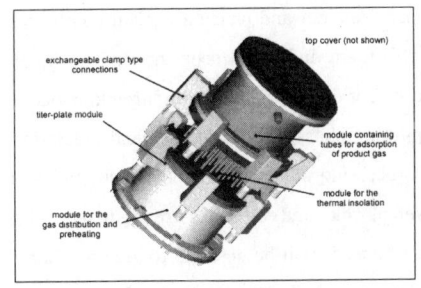

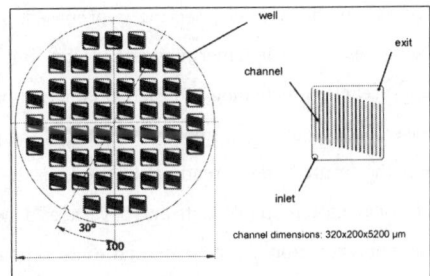

Fig.5 (a): Microstructured screening reactor (b) 48-fold titer-plate

consists of a stainless steel reaction plate microstructured by an etching process or a ceramic reaction plate, containing up to 48 single reaction wells (Figure 5(b)). The heating capacity of the system allows reaction temperatures up to 650°C at pressure ranges between atmospheric pressure and 10 bar. Up-scaling is possible by increasing the size of the reaction module.

In order to fabricate appropriate titer plates coated with catalytic active layers, new coating techniques had to be developed. Among others, simultaneous sputtering of metal and non-metal layers was used. During this process, the layer thickness of each component was either de- or increased, resulting in a homogeneous multi-component layer. Using this sputtering technique, preparation time of a single titer plate with up to 48 reaction zones was reduced to less than 20 minutes. Furthermore, sol-gel dip-coating techniques were used to achieve thin layers showing comparatively high porosities.

First experiments using sputtered and liquid coated procedure proved that individual catalyst mixtures can be distinguished by their turnover rates. For the partial oxidation of methane, used as a model reaction, turnover rates between 10% and nearly 100% were achieved at good reproducibilities.

6 Conclusions

The utilization of microstructures for chemical applications has begun to play an important role in chemical processing leading to the development of new process regimes as well as techniques for highly parallel screening of catalysts. Thus, a high impact of this novel R&

D field on chemical engineering is proposed, most chemical and pharmaceutical companies being aware of this emerging technology. But still many industrial users hesitate to imply microreaction technology to their production processes due to the lack of a large knowledge base. Today numerous applications are in the piloting phase, mostly in chemical industries. For the future wide-spread applications in the processing industries, namely cosmetics and personal care, food products and beverages as well as coke and refineries are predicted. With the microreaction components and tools existing today it will be possible to gain a reliable knowledge base for future applications, including the processing of chemicals as well as screening and analytical purposes in various industrial fields.

7　References

[1] Ehrfeld, W.; *Micro-system technology for chemical and biological microreactors*, DECHEMA Monographs, Vol.132, pp.51-69, Verlag Chemie, Weinheim (1996)

[2] Ehrfeld, W., Hessel, V., Haverkamp, V.; *"Microreactors"*, Ullmann's Encyclopedia of Industrial Chemistry, Wiley-VCH, Weinheim, (1999)

[3] Ehrfeld, W., Hessel, V., Lowe, H.; *Microreactors*, Wiley-VCH, Weinheim (2000)

[4] Benson, R. S., Ponton, J. W.; *"Process miniaturization - a route to total environmental acceptability?"*, Trans. Ind. Chem. Eng. 71, A2 (1993) 160-168

[5] Heuberger, A.; *Mikromechanik*, Springer-Verlag, Berlin (1991)

[6] Menz, W., Mohr, J.; *Mikrosystemtechnik fur Ingenieure*, 2nd ed; VCH, Weinheim (1997)

[7] Rai-Choudhury, P.; *"Handbook of Microlithography, Micromachining and Microfabrication"*, SPIE Monograph PM39/40 ; IEE Materials and Devices Series 12/12B, SPIE Optical Engineering Press, Washington, (1997)

[8] Jensen, K. F., Hsing, I.-M., Srinivasan, R., Schmidt, M. A., Harold, M. P., Lerou, J. J., Ryley, J. F.; *"Reaction engineering for microreactor systems"*, in Ehrfeld, W. (Ed.) Microreaction Technology, Proceedings of the 1st International Conference on Microreaction Technology; IMRET 1, pp.2-9, Springer-Verlag, Berlin, (1997)

[9] Franz, A. J., Ajmera, S. K., Firebaugh, S. L., Jensen, K. F., Schmidt, M. A.; *"Expansion of microreactor capabilities trough improved thermal management and catalyst deposition"*, in Ehrfeld, W. (Ed.) Microreaction Technology : 3rd International Conference on Microreaction Technology, Proceedings of IMRET 3, pp.197-206, Springer-Verlag, Berlin, (2000)

[10] Jackel, K. P.; *"Microtechnology : Application opportunities in the chemical industry"*, in Ehrfeld, W. (Ed.) Microsystem Technology for Chemical and Biological Microreactors, Vol.132, pp.29-50, Verlag Chemie, Weinheim, (1996)

[11] Rinard, I. H.; *"Miniplant design methodology"*, in Ehrfeld, W., Rinard, I. H., Wegeng,

第VI編　原著論文

R. S. (Eds.) *Process Miniaturization : 2nd International Conference on Microreaction Technology; Topical Conference Preprints,* pp.299-312, AIChE, New Orleans, USA, (1998)
[12] Bayer, T., Pysall, D., Wachsen, O.; "*Micro mixing effects in continuous radical polymerization*", in Ehrfeld, W. (Ed.) *Microreaction Technology : 3rd International Conference on Microreaction Technology, Proceedings of IMRET 3,* pp.165-170, Springer-Verlag, Berlin, (2000)
[13] Ehrfeld, W., Golbig, K., Hessel, V., Löwe, H., Richter, T.; "*Characterization of mixing in micromixers by a test reaction : single mixing units and mixer arrays*", Ind. Eng. Chem. Res. **38**, 3 (1999) 1075-1082
[14] Jahnisch, K., Baerns, M., Hessel, V., Ehrfeld, W., Haverkamp, W., Lowe, H., Wille, C., Guber, A.; "*Direct fluorination of toluene using elemental fluorine in gas/liquid microreactors*", J. Fluorine Chem. **105**, 1 (2000) 117-128
[15] Balz, G., Schiemann, G.; Ber. Dtsch. Chem. Ges. **60**, (1927) 1186
[16] Muller, A., Hessel, V., Löwe, H., Lohf, A., Richter, Th.; "*Microstructured Modular Reactor for Parallel Gas Phase Catalyst Screening*", to be published in Proc. of ECCE, Nurnberg, June 2001

233

《CMCテクニカルライブラリー》発行にあたって

　弊社は、1961年創立以来、多くの技術レポートを発行してまいりました。これらの多くは、その時代の最先端情報を企業や研究機関などの法人に提供することを目的としたもので、価格も一般の理工書に比べて遙かに高価なものでした。

　一方、ある時代に最先端であった技術も、実用化され、応用展開されるにあたって普及期、成熟期を迎えていきます。ところが、最先端の時代に一流の研究者によって書かれたレポートの内容は、時代を経ても当該技術を学ぶ技術書、理工書としていささかも遜色のないことを、多くの方々が指摘されています。

　弊社では過去に発行した技術レポートを個人向けの廉価な普及版《CMCテクニカルライブラリー》として発行することとしました。このシリーズが、21世紀の科学技術の発展にいささかでも貢献できれば幸いです。

2000年12月

株式会社　シーエムシー出版

マイクロリアクターの開発と応用　　(B0855)

2003年1月31日　初　版　第1刷発行
2008年9月24日　普及版　第1刷発行

　　監　修　吉田　潤一　　　　　　　　　　Printed in Japan
　　発行者　辻　　賢司
　　発行所　株式会社　シーエムシー出版
　　　　　　東京都千代田区内神田1-13-1　豊島屋ビル
　　　　　　電話 03 (3293) 2061
　　　　　　http://www.cmcbooks.co.jp

〔印刷〕　倉敷印刷株式会社　　　　　　　　　© J. Yoshida, 2008

定価はカバーに表示してあります。
落丁・乱丁本はお取替えいたします。

ISBN978-4-7813-0022-1 C3043 ¥3200E

本書の内容の一部あるいは全部を無断で複写(コピー)することは、法律で認められた場合を除き、著作権者および出版社の権利の侵害になります。

CMCテクニカルライブラリーのご案内

超小型燃料電池の開発動向
編著／神谷信行・梅田 実
ISBN978-4-88231-994-8　　B848
A5判・235頁　本体3,400円＋税（〒380円）
初版2003年6月　普及版2008年5月

構成および内容： 直接形メタノール燃料電池／マイクロ燃料電池・マイクロ改質器／二次電池との比較／固体高分子電解質膜／電極材料／MEA（膜電極接合体）／平面積層方式／燃料の多様化（アルコール，アセタール系）／ジメチルエーテル／水素化ホウ素燃料／アスコルビン酸／グルコース 他／計測評価法（セルインピーダンス）／パルス負荷 他
執筆者： 内田 勇／田中秀治／畑中達也 他10名

エレクトロニクス薄膜技術
監修／白木靖寛
ISBN978-4-88231-993-1　　B847
A5判・253頁　本体3,600円＋税（〒380円）
初版2003年5月　普及版2008年5月

構成および内容： 計算化学による結晶成長制御手法／常圧プラズマCVD技術／ラダー電極を用いたVHFプラズマ応用薄膜形成技術／触媒化学気相堆積法／コンビナトリアルテクノロジー／パルスパワー技術／半導体薄膜の作製（高誘電体ゲート絶縁膜 他）／ナノ構造磁性薄膜の作製とスピントロニクスへの応用（強磁性トンネル接合(MTJ) 他）他
執筆者： 久保百司／高見 明／宮本 明 他23名

高分子添加剤と環境対策
監修／大勝靖一
ISBN978-4-88231-975-7　　B846
A5判・370頁　本体5,400円＋税（〒380円）
初版2003年5月　普及版2008年4月

構成および内容： 総論（劣化の本質と防止／添加剤の相乗・拮抗作用 他）／機能維持剤（紫外線吸収剤／アミン系／イオウ系・リン系／金属捕捉剤 他）／機能付与剤（加工性／光化学性／電気性／表面性／バルク性 他）／添加剤の分析と環境対策（高温ガスクロによる分析／変色トラブルの解析例／内分泌かく乱化学物質／添加剤と法規制 他）
執筆者： 飛田悦男／児島史利／石井玉樹 他30名

農薬開発の動向 -生物制御科学への展開-
監修／山本 出
ISBN978-4-88231-974-0　　B845
A5判・337頁　本体5,200円＋税（〒380円）
初版2003年5月　普及版2008年4月

構成および内容： 殺菌剤（細胞膜機能の阻害剤 他）／殺虫剤（ネオニコチノイド系剤 他）／殺ダニ剤（神経作用性 他）／除草剤・植物成長調節剤（カロチノイド生合成阻害剤 他）／製剤／生物農薬（ウイルス剤）／天然物／遺伝子組換え作物／昆虫ゲノム研究の害虫防除への展開／創薬研究へのコンピュータ利用／世界の農薬市場／米国の農薬規制
執筆者： 三浦一郎／上原正浩／織田雅次 他17名

耐熱性高分子電子材料の展開
監修／柿本雅明／江坂 明
ISBN978-4-88231-973-3　　B844
A5判・231頁　本体3,200円＋税（〒380円）
初版2003年5月　普及版2008年3月

構成および内容： 【基礎】耐熱性高分子の分子設計／耐熱性高分子の物性／低誘電率材料の分子設計／光反応性耐熱性材料の分子設計 他／【応用】耐熱注型材料／ポリイミドフィルム／アラミド繊維紙／アラミドフィルム／耐熱性粘着テープ／半導体封止用成形材料／その他注目材料（ベンゾシクロブテン樹脂／液晶ポリマー／BTレジン 他）
執筆者： 今井淑夫／竹市 力／後藤幸平 他16名

二次電池材料の開発
監修／吉野 彰
ISBN978-4-88231-972-6　　B843
A5判・266頁　本体3,800円＋税（〒380円）
初版2003年5月　普及版2008年3月

構成および内容： 【総論】リチウム系二次電池の技術と材料・原理と基本材料構成／【リチウム二次電池材料】コバルト系・ニッケル系・マンガン系・有機系正極材料／炭素系・合金系・その他非炭素系負極材料／イオン電池用電解液／ポリマー・無機固体電解質 他／【新しい蓄電素子とその材料編】プロトン・ラジカル電池 他／【海外の状況】
執筆者： 山崎信幸／荒井 創／櫻井庸司 他27名

水分解光触媒技術 -太陽光と水で水素を造る-
監修／荒川裕則
ISBN978-4-88231-963-4　　B842
A5判・260頁　本体3,600円＋税（〒380円）
初版2003年4月　普及版2008年2月

構成および内容： 酸化チタン電極による水の光分解の発見／紫外光応答性二段光触媒による水分解の達成（炭酸塩添加法／Ta系酸化物へのドーパント効果 他）／紫外光応答性二段光触媒による水分解／可視光応答性光触媒による水分解の達成（ドックス媒体／色素増感光触媒 他）／太陽電池材料を利用した水の光電気化学的分解／海外での取り組み
執筆者： 藤嶋 昭／佐藤真理／山下弘巳 他20名

機能性色素の技術
監修／中澄博行
ISBN978-4-88231-962-7　　B841
A5判・266頁　本体3,800円＋税（〒380円）
初版2003年3月　普及版2008年2月

構成および内容： 【総論】計算化学による色素の分子設計 他／【エレクトロニクス機能】新規フタロシアニン化合物 他／【情報表示機能】有機EL材料 他／【情報記録機能】インクジェットプリンタ用色素／フォトクロミズム 他／【染色・捺染の最新技術】超臨界二酸化炭素流体を用いる合成繊維の染色 他／【機能性フィルム】近赤外線吸収色素 他
執筆者： 蛭田公広／谷口彬雄／雀部博之 他22名

※書籍をご購入の際は、最寄りの書店にご注文いただくか、㈱シーエムシー出版のホームページ(http://www.cmcbooks.co.jp/)にてお申し込み下さい。

CMCテクニカルライブラリーのご案内

電波吸収体の技術と応用 II
監修／橋本 修
ISBN978-4-88231-961-0　　　B840
A5判・387頁　本体5,400円＋税（〒380円）
初版2003年3月　普及版2008年1月

構成および内容:【材料・設計編】狭帯域・広帯域・ミリ波電波吸収体【測定法編】材料定数／電波吸収量【材料編】ITS（弾性エポキシ・ITS用吸音電波吸収体 他）／電子部品（ノイズ抑制・高周波シート 他）／ビル・建材・電波暗室（透明電波吸収体 他）【応用編】インテリジェントビル／携帯電話など小型デジタル機器／ETC【市場編】市場動向
執筆者: 宗 哲／栗原 弘／戸高嘉彦 他32名

光材料・デバイスの技術開発
編集／八百隆文
ISBN978-4-88231-960-3　　　B839
A5判・240頁　本体3,400円＋税（〒380円）
初版2003年4月　普及版2008年1月

構成および内容:【ディスプレイ】プラズマディスプレイ他【有機光・電子デバイス】有機EL素子／キャリア輸送材料 他【発光ダイオード（LED）】高効率発光メカニズム／白色LED他／半導体レーザ】赤外半導体レーザ 他【新機能光デバイス】太陽光発電／光記録技術 他【環境調和型光・電子半導体】シリコン基板上の化合物半導体 他
執筆者: 別井圭一／三上明義／金丸正剛 他10名

プロセスケミストリーの展開
監修／日本プロセス化学会
ISBN978-4-88231-945-0　　　B838
A5判・290頁　本体4,000円＋税（〒380円）
初版2003年1月　普及版2007年12月

構成および内容:【総論】有名反応のプロセス化学的評価 他【基礎的反応】触媒的不斉炭素-炭素結合形成反応／進化するBINAP化学 他【合成の自動化】ロボット合成／マイクロリアクター 他【工業的製造プロセス】7-ニトロインドール類の工業的製造法の開発／抗高血圧薬塩酸エホニジピン原薬の製造研究／ノスカール錠用固体分散体の工業化 他
執筆者: 塩入孝之／富岡 清／左右田 茂 他28名

UV・EB硬化技術 IV
監修／市村國宏　編集／ラドテック研究会
ISBN978-4-88231-944-3　　　B837
A5判・320頁　本体4,400円＋税（〒380円）
初版2002年12月　普及版2007年12月

構成および内容:【材料開発の動向】アクリル系モノマー・オリゴマー／光開始剤 他【硬化装置及び加工技術の動向】UV硬化装置の動向と加工技術／レーザーと加工技術 他【応用技術の動向】缶コーティング／粘接着剤／印刷関連材料／フラットパネルディスプレイ／ホログラム／半導体用レジスト／光ディスク／光学材料／フィルムの表面加工 他
執筆者: 川上直彦／岡崎栄一／岡 英隆 他32名

電気化学キャパシタの開発と応用 II
監修／西野 敦／直井勝彦
ISBN978-4-88231-943-6　　　B836
A5判・345頁　本体4,800円＋税（〒380円）
初版2003年1月　普及版2007年11月

構成および内容:【技術編】世界の主なEDLCメーカー【構成材料編】活性炭／電解液／電気二重層キャパシタ（EDLC）用半製品、各種部材／装置・安全対策ハウジング、ガス透過弁【応用技術編】ハイパワーキャパシタの自動車への応用例／UPS 他【新技術動向編】ハイブリッドキャパシタ／無機有機ナノコンポジット／イオン性液体 他
執筆者: 尾崎潤二／齋藤貴之／松井啓真 他40名

RFタグの開発技術
監修／寺浦信之
ISBN978-4-88231-942-9　　　B835
A5判・295頁　本体4,200円＋税（〒380円）
初版2003年2月　普及版2007年11月

構成および内容:【社会的位置付け編】RFID活用の条件 他【技術的位置付け編】バーチャルリアリティーへの応用 他【標準化・法規制編】電波防護 他【チップ・実装・材料編】粘着タグ 他【読み取り書きこみ機編】携帯式リーダーと応用事例 他【社会システムへの適用編】電子機器管理 他【個別システムの構築編】コイル・オン・チップRFID 他
執筆者: 大見孝吉／椎野 潤／吉本隆一 他24名

燃料電池自動車の材料技術
監修／太田健一郎／佐藤 登
ISBN978-4-88231-940-5　　　B833
A5判・275頁　本体3,800円＋税（〒380円）
初版2002年12月　普及版2007年10月

構成および内容:【環境エネルギー問題と燃料電池】自動車を取り巻く環境問題とエネルギー動向／燃料電池の電気化学 他【燃料電池自動車と水素自動車の開発】燃料電池自動車市場の将来展望 他【燃料電池と燃料】固体高分子型燃料電池用改質触媒／直接メタノール形燃料電池 他【水素製造と貯蔵材料】水素製造技術／高圧ガス容器 他
執筆者: 坂本良悟／野崎 健／柏木孝夫 他17名

透明導電膜 II
監修／澤田 豊
ISBN978-4-88231-939-9　　　B832
A5判・242頁　本体3,400円＋税（〒380円）
初版2002年10月　普及版2007年10月

構成および内容:【材料編】透明導電膜の導電性と赤外遮蔽特性／コランダム型結晶構造ITOの合成と物性 他【製造・加工編】スパッタ法によるプラスチック基板への製膜／塗布光分解法による透明導電膜の作製 他【分析・評価編】FE-SEMによる透明導電膜の評価 他【応用編】有機EL用透明導電膜／色素増感太陽電池用透明導電膜 他
執筆者: 水橋 衞／南 内嗣／太田裕道 他24名

※書籍をご購入の際は、最寄りの書店にご注文いただくか、㈱シーエムシー出版のホームページ(http://www.cmcbooks.co.jp/)にてお申し込み下さい。

CMCテクニカルライブラリーのご案内

接着剤と接着技術
監修／永田宏二
ISBN978-4-88231-938-2　　　　B831
A5判・364頁　本体5,300円＋税（〒380円）
初版2002年8月　普及版2007年10月

構成および内容：【接着剤の設計】ホットメルト／エポキシ／ゴム系接着剤　他【接着層の機能－硬化接着物を中心に－】力学的機能／熱的特性／生体適合性／接着層の複合機能　他【表面処理技術】光オゾン法／プラズマ処理／プライマー　他【塗布技術】スクリーン技術／ディスペンサー　他【評価技術】塗布性の評価／放散VOC／接着試験法
執筆者：駒峯郁夫／越智光一／山口幸一　他20名

再生医療工学の技術
監修／筏　義人
ISBN978-4-88231-937-5　　　　B830
A5判・251頁　本体3,800円＋税（〒380円）
初版2002年6月　普及版2007年9月

構成および内容：再生医療工学序論／【再生用工学技術】再生用材料（有機系材料／無機系材料　他）／再生支援法（細胞分離法／免疫拒絶回避法　他）【再生組織】全身（血球／末梢神経）／頭・頸部（頭蓋骨／網膜　他）／胸・腹部（心臓弁／小腸　他）／四肢部（関節軟骨／半月板　他）【これからの再生用細胞】幹細胞（ES細胞）／毛幹細胞　他
執筆者：森田真一郎／伊藤敦夫／菊地正紀　他58名

難燃性高分子の高性能化
監修／西原　一
ISBN978-4-88231-936-8　　　　B829
A5判・446頁　本体6,000円＋税（〒380円）
初版2002年6月　普及版2007年9月

構成および内容：【総論編】難燃性高分子材料の特性向上の理論と実際／リサイクル性【規制・評価編】難燃規制・規格および難燃性評価方法／実用評価【高性能化事例編】各種難燃剤／各種難燃性高分子材料／成形加工技術による高性能化事例／各産業分野での高性能化事例（エラストマー／PBT）【安全性編】難燃剤の安全性と環境問題
執筆者：酒井賢郎／西澤　仁／山崎秀夫　他28名

洗浄技術の展開
監修／角田光雄
ISBN978-4-88231-935-1　　　　B828
A5判・338頁　本体4,600円＋税（〒380円）
初版2002年5月　普及版2007年9月

構成および内容：洗浄技術の新展開／洗浄技術に係わる地球環境問題／新しい洗浄剤／高機能化水の利用／物理洗浄技術／ドライ洗浄技術／超臨界流体技術の洗浄分野への応用／光励起反応を用いた漏れ制御材料によるセルフクリーニング／密閉型洗浄プロセス／周辺付帯技術／磁気ディスクへの応用／汚れの剥離の機構／評価技術
執筆者：小田切力／太田至彦／信夫雄二　他20名

老化防止・美白・保湿化粧品の開発技術
監修／鈴木正人
ISBN978-4-88231-934-4　　　　B827
A5判・196頁　本体3,400円＋税（〒380円）
初版2001年6月　普及版2007年8月

構成および内容：【メカニズム】光老化とサンケアの科学／色素沈着／保湿／老化・シミ保湿の相互関係　他【制御】老化の制御方法／保湿に対する制御方法／総合的な制御方法　他【評価法】老化防止／美白／保湿　他【化粧品への応用】剤形の剤形設計／老化防止（抗シワ）機能性化粧品／美白剤とその応用／総合的な老化防止化粧品の提案　他
執筆者：市橋正光／伊福欧二／正木仁　他14名

色素増感太陽電池
企画監修／荒川裕則
ISBN978-4-88231-933-7　　　　B826
A5判・340頁　本体4,800円＋税（〒380円）
初版2001年5月　普及版2007年8月

構成および内容：【グレッツェル・セルの基礎と実際】作製の実際／電解質溶液／レドックスの影響　他【グレッツェル・セルの材料開発】有機増感色素／キサンテン系色素／非チタニア型／多色多層パターン化　他【固体化】擬固体色素増感太陽電池　他【色素電池の新展開及び特許】ルテニウム錯体　自己組織化分子層修飾電極を用いた光電池　他
執筆者：藤嶋昭／松村道雄／石沢均　他37名

食品機能素材の開発II
監修／太田明一
ISBN978-4-88231-932-0　　　　B825
A5判・386頁　本体5,400円＋税（〒380円）
初版2001年4月　普及版2007年8月

構成および内容：【総論】食品の機能因子／フリーラジカルによる各種疾病の発症と抗酸化成分による予防／フリーラジカルスカベンジャー／血液の流動性（ヘモレオロジー）／ヒト遺伝子と機能性成分　他【素材】ビタミン／ミネラル／脂質／植物由来素材／動物由来素材／微生物由来素材／お茶（健康茶）／乳製品を中心とした発酵食品　他
執筆者：大澤俊彦／大野尚仁／島崎弘幸　他66名

ナノマテリアルの技術
編集／小泉光恵／目義雄／中條澄／新原晧一
ISBN978-4-88231-929-0　　　　B822
A5判・321頁　本体4,600円＋税（〒380円）
初版2001年4月　普及版2007年7月

構成および内容：【ナノ粒子】製造・物性・機能／応用展開【ナノコンポジット】材料の構造・機能／ポリマー系／半導体系／セラミックス系／金属系【ナノマテリアルの応用】カーボンナノチューブ／新しい有機－無機センサー材料／次世代太陽光発電材料／スピンエレクトロニクス／バイオマグネット／デンドリマー／フォトニクス材料　他
執筆者：佐々木正／北條純一／奥山喜久夫　他68名

※書籍をご購入の際は、最寄りの書店にご注文いただくか、㈱シーエムシー出版のホームページ(http://www.cmcbooks.co.jp/)にてお申し込み下さい。